# Títulos relacionados

**UALACIÓN
REPARACIÓN
SUPERFICIES**

QUÍN GONZALO GRACIA,
IÁS GÓMEZ MORALES,
É LUIS GARCÍA JIMÉNEZ,
IARDO ÁGUEDA CASADO Y
É MARTÍN NAVARRO

N: 978-84-9732-987-3

**PINTADO
DE VEHÍCULOS**

JOSÉ LUIS GARCÍA JIMÉNEZ,
EDUARDO ÁGUEDA CASADO,
JOSÉ MARTÍN NAVARRO,
JOAQUÍN GONZALO GRACIA Y
TOMÁS GÓMEZ MORALES

ISBN: 978-84-9732-988-0

**TÉCNICAS DE
REACONDICIONAMIENTO
Y PREENTREGA**

EDUARDO ÁGUEDA CASADO,
JOSÉ MARTÍN NAVARRO,
JOAQUÍN GONZALO GRACIA,
JOSÉ LUIS GARCÍA JIMÉNEZ Y
TOMÁS GÓMEZ MORALES

ISBN: 978-84-283-9997-5

**Solicítalos en**

- **Librería**
- **www.paraninfo.es**
- **Solicitudes nacionales 902 995 240**
- **Solicitudes fuera de España +34 913 308 907**
  **+34 913 308 919**

# Protección de superficies

Tomás Gómez Morales
José Luis García Jiménez
Eduardo Águeda Casado
José Martín Navarro
Joaquín Gonzalo Gracia

Paraninfo

Paraninfo

**Protección de superficies**


**Gerente Editorial**
María José López Raso

**Equipo Técnico Editorial**
Alicia Cerviño González
Nuria Duarte González

**Editora de Adquisiciones**
Carmen Lara Carmona

**Producción**
Nacho Cabal Ramos

**Diseño de cubierta**
Ediciones Nobel

**Preimpresión**
Artedis


1ª edición, 2013

C/ Velázquez, 31, 3° dcha / 28001 Madrid, ESPAÑA
Teléfono: 902 995 240 / Fax: 914 456 218
clientes@paraninfo.es / www.paraninfo.es

ISBN: 978-84-9732-986-6
Depósito legal: M-3517-2013

(18082)

**Impreso en España / *Printed in Spain***
Servicecom

# Agradecimientos

En la elaboración de la siguiente obra hemos contado con la colaboración de personas y empresas que nos han brindado su apoyo técnico e ilusión, para llevar a cabo este proyecto. A todas ellas, desde aquí, les expresamos nuestro más sincero agradecimiento.

3 M España
Alfa Romeo
Aermatic
Akzo Nobell
Alava Ingenieros
Barnes Group Kent, SLU
Berner Montaje y Fijación, S.L.
Blowttherm
Celiber
Erkules
Exfasa
Evonik Stockhalusen GmbH
Fiat Auto España
Ford España
Geinsa
Glasurit
GT Motive
ICI Autocolor
IRT
Loctite. Teroson
Makita
Menzerna polishing compounds GmbH
Mercedes Benz España, S.A.
Mipa Madrid Paints
Pinturas Mundo Color
Pinnaclewax.com
P.P.G. Ibérica, S.A.
Sagola
Standox
Seat
Stegoband
Volkswagen - Audi España S.A.
Wolfgang Concours-Series
Würth

# Índice

# Introducción normativa

La Ley Orgánica 5/2002, de 19 de junio, de las Cualificaciones y de la Formación Profesional fue el primer texto legislativo que reguló de forma exclusiva las enseñanzas profesionales en España. Relaciona directamente la formación con el empleo, permitiendo las convalidaciones y equivalencias entre la Formación Profesional del sistema educativo, la Formación Profesional para el empleo y experiencia laboral. Para poder desarrollar estas medidas se creó el Sistema Nacional de Cualificaciones Profesionales y dos instrumentos básicos: el Catálogo Nacional de Cualificaciones Profesionales y el Catálogo Modular de Formación Profesional.

Las Cualificaciones profesionales responden a la iniciativa que impulsa el Marco Europeo de las Cualificaciones (MEC) para el aprendizaje permanente (EQF), que aspira a facilitar un espacio abierto de aprendizaje y de empleo, así como la adecuación entre oferta y demanda no solo a nivel estatal, sino entre los distintos países.

El Catálogo Nacional de Cualificaciones Profesionales ordena las cualificaciones profesionales, incluyendo el contenido de la formación profesional asociada a cada cualificación, de acuerdo con una estructura de módulos formativos articulados en un Catálogo Modular de Formación Profesional. Entre sus principales objetivos tiene el posibilitar la integración de las ofertas de formación profesional, adecuándolas a las características y demandas del sistema productivo.

Para conseguirlo, este Catálogo, además de identificar y definir las cualificaciones profesionales que requiere el sistema productivo, establece los contenidos formativos básicos que resultan necesarios para que las ofertas formativas garanticen la adquisición de las competencias profesionales apropiadas para el desempeño profesional.

Las Cualificaciones profesionales se acreditan mediante "Títulos" de Formación Profesional del sistema educativo, y Certificados de Profesionalidad de Formación para el Empleo. Ambas acreditaciones tienen carácter oficial y son válidas en todo el Estado.

Los contenidos asociados a las diferentes unidades de competencia de las cualificaciones profesionales constituyen el Catálogo Modular de Formación Profesional, que se estructura en módulos formativos.

Mediante la superación de los módulos formativos, diseñados en itinerarios específicos para cada Cualificación profesional, se puede obtener el Certificado de Profesionalidad correspondiente. Además, se posibilita la convalidación de determinados módulos profesionales incluidos en los títulos de Formación Profesional del sistema educativo, asociados a Unidades de competencia comunes.

El Certificado de Profesionalidad es, por tanto, el instrumento de acreditación oficial, en el ámbito de la Administración laboral, de las cualificaciones profesionales incluidas en el Catálogo Nacional de Cualificaciones Profesionales, adquiridas a través de procesos formativos o mediante procedimientos de reconocimiento de competencias profesionales que acreditan la capacitación para el desarrollo de una actividad laboral con significación para el empleo, que asegura la formación necesaria para su adquisición y que pueden ser adquiridas por experiencia laboral o vías no formales de formación, regulados por el Real Decreto 1224/2009, de 17 de julio.

**ESTRUCTURA DE UNA CUALIFICACIÓN**

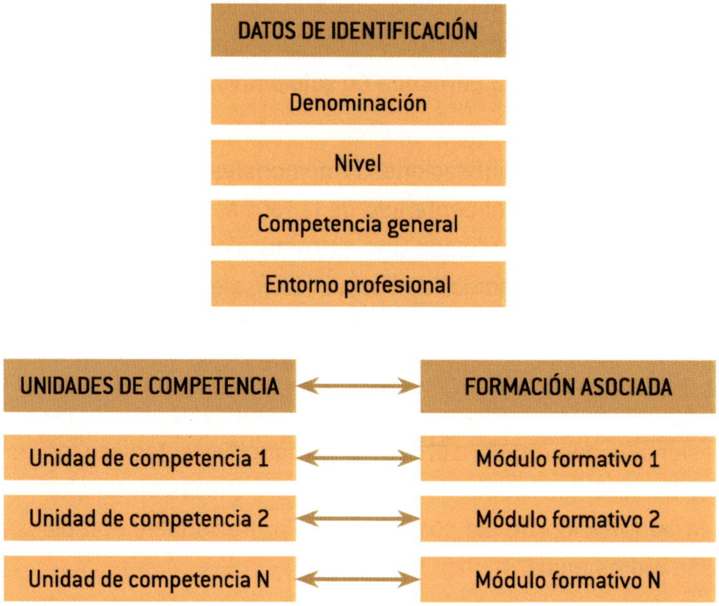


Las Cualificaciones profesionales se estructuran en Unidades de competencia, que se definen como agrupaciones de tareas productivas específicas que debe realizar el profesional. Las diferentes Unidades de competencia de un certificado de profesionalidad conforman la Competencia general, definiendo el conjunto de conocimientos y capacidades que permiten el ejercicio de una actividad profesional determinada.

Cada Unidad de competencia lleva asociado un módulo formativo, donde se describe la formación necesaria para adquirir esa Unidad de competencia, pudiendo dividirse en unidades formativas.

El módulo formativo es el bloque coherente de formación asociado a cada una de las Unidades de competencia que configuran la cualificación. Cada módulo formativo tiene un formato normalizado que incluye los datos de identificación y las especificaciones de la formación que se incluyen en las ofertas formativas conducentes a la obtención de los certificados de profesionalidad.

**DATOS DE IDENTIFICACIÓN:**

- Denominación
- Nivel de cualificación al que se vincula.
- Unidad de competencia a la que está asociado.
- Código alfanumérico y duración en horas.

**ESPECIFICACIONES DE LA FORMACIÓN:**

- Capacidades: expresión de los resultados esperados de las personas en situación de aprendizaje al finalizar el Módulo Formativo.
- Criterios de evaluación: conjunto de precisiones para cada capacidad que indican el grado de concreción aceptable de la misma. Delimitan el alcance y nivel de la capacidad y el contexto en el que va a ser evaluada.
- Contenidos formativos necesarios para adquirir las competencias a las que se asocia. Requisitos básicos del contexto formativo: espacios e instalaciones y perfil profesional del formador. Estos requisitos tienen carácter orientador para la normativa básica reguladora de las ofertas formativas.

El presente libro desarrolla la Unidad Formativa: PROTECCIÓN DE SUPERFICIES, **Código:** UF0955, **Duración:** 80 horas.

Corresponde al módulo formativo denominado: Preparación de superficies (MF0122_2) asociado a la Unidad de competencia UC0122_2: Realizar la preparación, protección e igualación de superficies de vehículos, perteneciente a la Cualificación profesional TMV 044_2: Pintura de vehículos (de nivel 2), incluida en el Certificado de Profesionalidad TMVL0509 PINTURA DE VEHÍCULOS de la familia profesional de Transporte y Mantenimiento de Vehículos.

Según el Real Decreto 723/2011, de 20 de mayo, los contenidos que en esta obra se recogen se corresponden con una duración de 80 horas. El objetivo de este libro es conocer cómo desarrollar las actividades relacionadas con la preparación de superficies necesarias para la aplicación de los diferentes productos de protección, y el conocimiento de los mismos.

Tanto la estructura como el desarrollo del libro se ajustan al citado Real Decreto y más concretamente a los contenidos de la Unidad Formativa **"Protección de superficies".**

1. **El fenómeno de la corrosión.**
   - Definición.
   - Causas de la corrosión.
   - Clasificación de la corrosión.
   - Ensayos de corrosión.
   - Pilas de corrosión.
   - La corrosión en el automóvil.
2. **Protección anticorrosiva.**
   - Protección anticorrosiva en reparación: procesos, productos y equipos.
   - Preparación de superficies.
   - Tratamiento de los recubrimientos metálicos.
   - Tratamientos de recubrimientos no metálicos.
   - Productos, herramientas y equipos.
   - Procesos de trabajo.
   - Seguridad.
   - Gestión medioambiental.
3. **Aplicación de los productos de protección.**
   - Composición y características de las pinturas anticorrosivas y materiales de protección.
   - Productos de protección de superficies:
     - Productos anticorrosivos.
     - Imprimaciones, tipos y sistemas.
   - Información técnica de pintura.
   - Pictogramas.

- Fichas técnicas y de seguridad.

4. **Equipos y útiles en la aplicación de productos para la protección de superficies.**
   - Instalaciones.
   - Equipos y herramientas para el lijado:
     - Tacos de lijado.
     - Lijadoras.
     - Soportes lijadores.
     - Abrasivos empleados en reparación.
   - Productos y útiles de enmascarado:
     - Productos para cubrir superficies.
     - Útiles para el enmascarado del contorno.
   - Cintas y burletes de enmascarar.
   - Equipos de aplicación.
     - Pistolas aerográficas.
     - Cabinas de aplicación.
     - Equipamiento auxiliar.
   - Equipamiento para la limpieza.
   - Equipos para el secado de productos.
5. **Procesos de pintado de productos de protección de superficies.**
   - Piezas de acero.
     - Pieza nueva.
     - Pieza reparada.
     - Pieza con daño superficial.
   - Piezas de materiales no férricos.
     - Criterios para su aplicación.
     - Pieza nueva.
     - Pieza reparada.
     - Pieza con daño superficial.

# 1. El fenómeno de la corrosión

## Contenidos

## INTRODUCCIÓN

En la mayoría de los casos, los fabricantes de automóviles ofrecen unos niveles de calidad y fiabilidad de sus carrocerías que permiten garantizar la protección anticorrosiva durante más de 12 años. Ello es posible gracias al conocimiento acumulado en cada paso de su construcción:

- La elección de los materiales más apropiados para cada elemento de la carrocería.
- La aplicación de métodos de fabricación adaptados a la misión de cada uno de los subconjuntos con los que se minimiza el comienzo de la oxidación.
- El diseño de los contornos, orificios de evacuación, aireación de piezas cerradas y orificios de acceso para aplicar productos de protección.
- El diseño de las uniones en los procesos de fabricación que evitan focos de oxidación.
- Los tratamientos anticorrosivos de protección y sellado que se aplican en los huecos y especialmente en las superficies más expuestas a su acción negativa.
- Las capas de embellecimiento que contribuyen a reforzar el efecto anticorrosivo general.

La naturaleza química de algunos materiales que componen las carrocerías de los automóviles hace que se produzca una reacción con el oxígeno cuando están expuestos al contacto directo entre ellos.

Esta reacción entre el metal y el oxígeno desencadena, a corto plazo, el deterioro superficial del metal y especialmente del acero. Cuando se mantiene durante

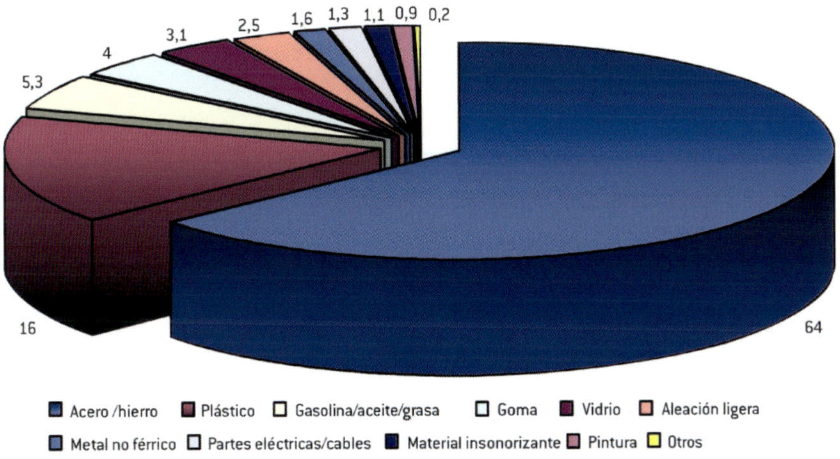


**Figura 1.1.** Diagrama comparativo de los componentes del vehículo.

largos períodos de tiempo se produce la destrucción del material. La rapidez del deterioro del metal varía para cada uno de ellos y se acelera según el ambiente que rodea a las piezas.

Para evitar los efectos destructivos de la oxidación, el fabricante emplea una serie de métodos que evitan el contacto metal-oxígeno como los que se acaban de enumerar de forma resumida.

De cara a una correcta reparación, es imprescindible conocer en detalle la composición de cada uno de ellos y los tratamientos de protección originales para poder trabajar de forma adecuada y conseguir unas reparaciones con la calidad requerida.

## 1.1 DEFINICIÓN DE LA CORROSIÓN

Por corrosión se entiende la degradación del metal o de una parte del mismo, debida a la tendencia natural para combinarse con el oxígeno (Figura 1.2).

**Figura 1.2.** Deterioro producido en la pieza por efecto de la corrosión.

La razón por la que algunos elementos se atraen y se combinan entre sí, se debe a que todos ellos intentan alcanzar un estado energético estable, o lo que es igual, a completar su última capa energética, con la excepción de los gases nobles que ya la tienen completa (de ahí su nombre). En el caso de los metales de la carrocería:

- Los metales que tienen pocos electrones en la última capa, tienden a cederlos dejando completa la anterior, como ocurre con el hierro de las piezas de acero.
- En cambio, los elementos "no metálicos", concretamente el oxígeno, suelen tener la última capa casi completa y tienden a terminar de rellenarla captando electrones.

Así, cuando ambos, hierro y oxígeno, llegan a ponerse en contacto se produce la lógica reacción de combinación entre ellos, denominada oxidación (Esquema 1.1).

De cara a evitar interpretaciones erróneas resulta conveniente diferenciar el significado de los dos conceptos, oxidación y corrosión, si bien la primera siempre produce corrosión aunque en distintos grados. Así se definen como:

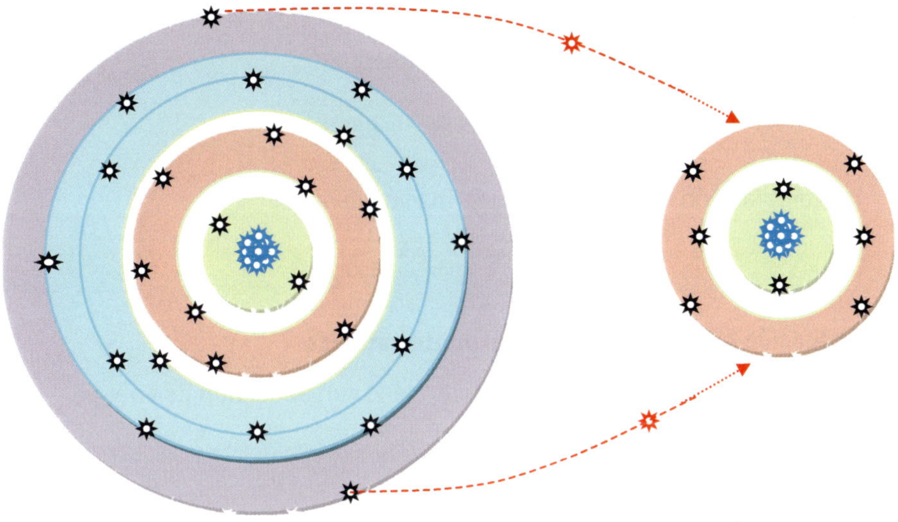


**Esquema 1.1.** El átomo de hierro (izquierda) queda cargado positivamente por ausencia de una carga negativa, y el de la derecha, queda cargado negativamente a causa de la llegada de esa misma carga, formando lo que se denomina "par galvánico".

- **Oxidación.** Proceso químico de oxidación-reducción en el que se produce la combinación química del metal con el oxígeno, cuyo producto es otro material diferente.
- **Corrosión.** Efecto físico resultante de la transformación producida al combinar el metal con el oxígeno, del que resulta otro producto con unas características mecánicas muy precarias.

Este nuevo material se produce a expensas de parte del espesor del metal, con ello, la pieza original no solamente cambia de aspecto, sino que además se va debilitando y puede llegar a destruirse por completo.

Pero es importante destacar que cada material se comporta de una forma distinta según sus características propias; de ahí que la corrosión de algunos metales puede resultar insignificante y hasta beneficiosa para su propia protección y en otros casos ocurre todo lo contrario.

La intensidad de la reacción y el efecto que produce puede variar en función de diferentes factores.

## 1.2 EL PROCESO DE LA CORROSIÓN. PILAS DE CORROSIÓN

El proceso de corrosión se inicia cuando se encuentran en contacto el metal con el oxígeno del aire o con un electrolito adecuado, según se detalla seguidamente:

## 1. Oxidación o reacción básica en el punto anódico

a) Disociación del hierro con cesión de energía:

$$4\,Fe \rightarrow 4\,Fe^{+2} + 8e^{-}$$

b) Combinación con el oxígeno y formación de agua:

$$4\,Fe^{+2} + 8\,OH^{-} + O_2 \rightarrow 2\,Fe_2O_3 + 4\,H_2O$$

## 2. Reducción o reacción ácida en el punto catódico

c) Combinación del oxígeno y del hidrógeno con absorción de energía:

$$8\,H^{+} + 2\,O_2 + 8e^{-} \rightarrow 4\,H_2O$$

La oxidación del hierro transforma el metal en escamas de óxido de hierro ($Fe_2O_3$) y la reducción equilibra eléctricamente de nuevo la fórmula, permitiendo que el proceso ocurra (Figura 1.3).

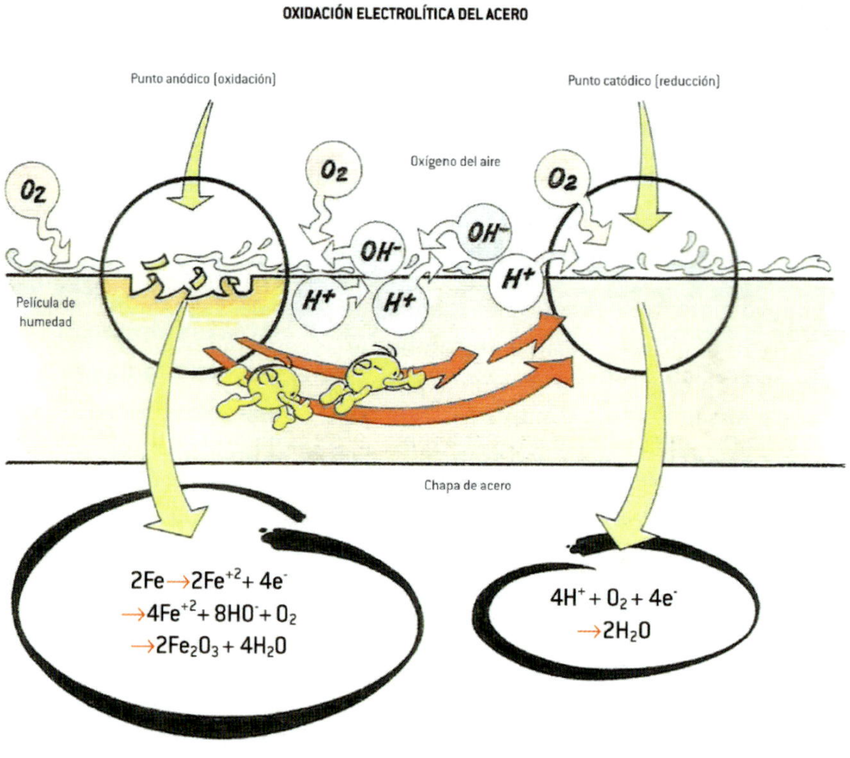


**Figura 1.3.** La tendencia del hierro a combinarse con el oxígeno genera el proceso de la corrosión, que tiene que ir acompañado de un proceso de reducción para que absorba los electrones que se liberan en la oxidación. En ambos procesos se produce agua, que favorece, de nuevo, su continuidad.

Como se ha mencionado anteriormente, la oxidación consiste en una reacción química en la que se produce un intercambio de electrones. Cuando el acero se encuentra en contacto con la humedad del ambiente se forman diminutas pilas eléctricas que producen la denominada oxidación electroquímica del acero. Estas pilas eléctricas también se forman al poner en contacto eléctrico dos materiales con distintas tendencias a perder o ganar electrones, de manera que el de mayor tendencia a perderlos cede sus electrones, constituyendo el ánodo; y el que los gana constituye el cátodo.

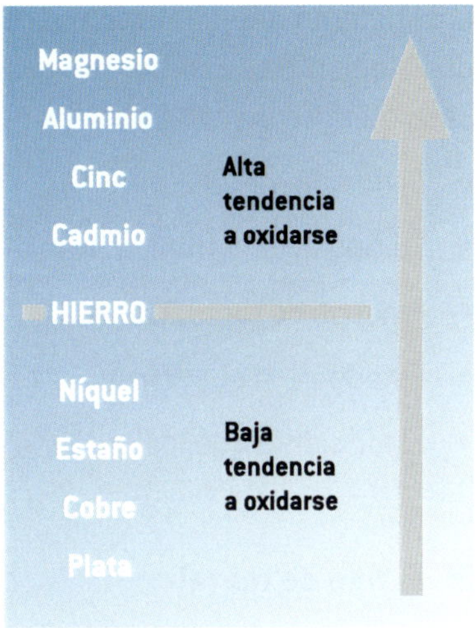


**Esquema 1.2.** Grado de tendencia a la oxidación de algunos metales.

Para que exista corrosión electroquímica, además del ánodo y el cátodo, debe haber un electrolito (por esta razón, también se suele llamar corrosión húmeda, aunque el electrolito también puede ser sólido). La transmisión de cargas eléctricas es por electrones del ánodo al cátodo (por medio del metal) y por iones en el electrolito.

Este par de metales constituye la llamada pila galvánica, en donde la especie que se oxida (ánodo) cede sus electrones, y la especie que se reduce (cátodo) acepta electrones. Al formarse la pila galvánica, el cátodo se polariza negativamente, mientras el ánodo se polariza positivamente.

Hay algunos metales como el hierro, cinc o aluminio, que tienen tendencia a perder electrones, es decir, a oxidarse. Por el contrario, hay otros metales como el cobre, estaño o plata que tienen poca tendencia a perder electrones y solo se oxidan en contacto con potentes oxidantes como los ácidos. También hay metales como el oro, con muy poca tendencia a perder electrones, por lo que es muy difícil su oxidación.

Por tanto, la oxidación del acero se puede producir al entrar en contacto con otro material con mayor tendencia a ganar electrones, es decir, más oxidante.

## 1.3 CAUSAS QUE INTERVIENEN EN LA CORROSIÓN DEL METAL

La capacidad de combinación o valencia de los elementos se concreta en el número de oxidación, que es el número de electrones que gana, cede o comparte un elemento cuando se une con otro u otros elementos. Puede ser positivo, negativo o nulo.

Los factores que controlan la concentración y capacidad de reacción entre los dos elementos se refuerzan cuando se dan las condiciones que facilitan el proceso químico y se deben a los apartados que se detallan a continuación.

- El tipo de metal.
- Composición química de la aleación.
- Proceso de fabricación.
- Estado de la superficie.
- El ambiente que los rodea.

## El tipo de metal

Una de las principales características que define la reacción química de la corrosión es el tipo de metal, ya que en algunos metales se presenta de forma más vigorosa que en otros.

La capacidad de combinación citada es la intensidad básica del proceso de oxidación. Se mide con un galvanómetro (medidor de corriente de baja intensidad), que indica la corriente que circula entre dos barras metálicas, unidas por unos cables cuando están sumergidas en un electrolito. Esta medida es la denominada *potencial redox* (corriente generada en el proceso de reducción-oxidación) (Figura 1.4).

La mayor parte de los metales se corroen cuando están sumergidos en disoluciones acuosas. La velocidad de la reacción de oxidación estará en función del

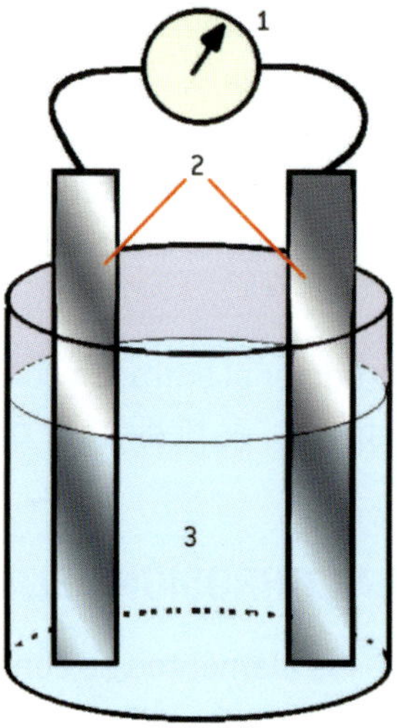


1. Galvanómetro que indica la corriente generada.
2. Barras de metal.
3. Electrolito.

**Figura 1.4.** El proceso de corrosión o disolución del metal genera una corriente eléctrica denominada potencial redox.

tipo de metal y del tipo de disolución en la que están sumergidos. Seguidamente se citan algunos ejemplos:

- El calcio, el sodio y el hierro, entre otros, se corroen en disoluciones acuosas neutras, aunque no exista oxígeno.
- Otros metales, como el plomo o el níquel, necesitan la presencia de oxígeno o de disoluciones ácidas.
- Metales como el cobre y la plata necesitan estar en disoluciones ácidas y en presencia de oxígeno.
- En el caso de los metales nobles, la corrosión no siempre se produce, aun dándose las circunstancias anteriores.

Seguidamente se muestra una relación comparativa de los potenciales normales en disoluciones ácidas (a 298 ºK, –25 ºC), en diferentes metales:; cuanto mayor es el potencial del metal, mayor es su capacidad de reacción con el oxígeno (Tabla 1.1).

**Tabla 1.1.** Potencial redox de diferentes metales. Cuanto más alto es el potencial redox más tendencia a la oxidación tienen.

| Metal | Ion | Potencial redox (en milivoltios) |
|---|---|---|
| Calcio | $CA^{2+}$ | 2.760 |
| Sodio | $Na^{+}$ | 2.712 |
| Aluminio | $Al^{3+}$ | 1.670 |
| Cinc | $Zn^{2+}$ | 762 |
| Cromo | $Cr^{3+}$ | 710 |
| Hierro | $Fe^{2+}$ | 410 |
| Níquel | $Ni^{2+}$ | 230 |
| Plomo | $Pb^{2+}$ | 126 |
| Hidrógeno | $H^{+}$ | 0 |
| Cobre | $Cu^{2+}$ | –345 |
| Plata | $Ag^{+}$ | –800 |
| Platino | $Pt^{2+}$ | –1.200 |
| Oro | $Au^{+}$ | –1.680 |

Por otro lado, si se ponen en contacto dos metales de diferente naturaleza, la velocidad e intensidad de la corrosión aumentará considerablemente (Figura 1.5).

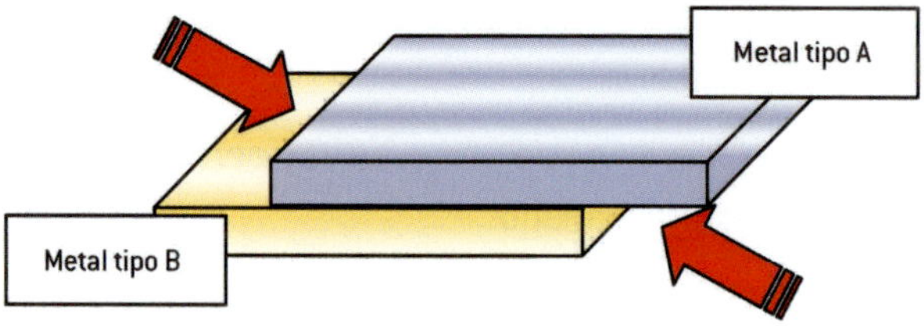


**Figura 1.5.** Zonas de corrosión.

## ■ Composición química de la aleación

De cara a evitar, o al menos reducir al máximo, la corrosión de la carrocería, cuando se realiza su diseño se tiene en cuenta la elección de los materiales de cada uno de sus elementos, piezas estructurales, de refuerzo, de revestimiento y demás, así según la función que tiene que realizar y la zona de carrocería que deba ocupar, se eligen los materiales y su composición o aleación para hacer frente tanto a la resistencia mecánica como a la duración (Figura 1.6).

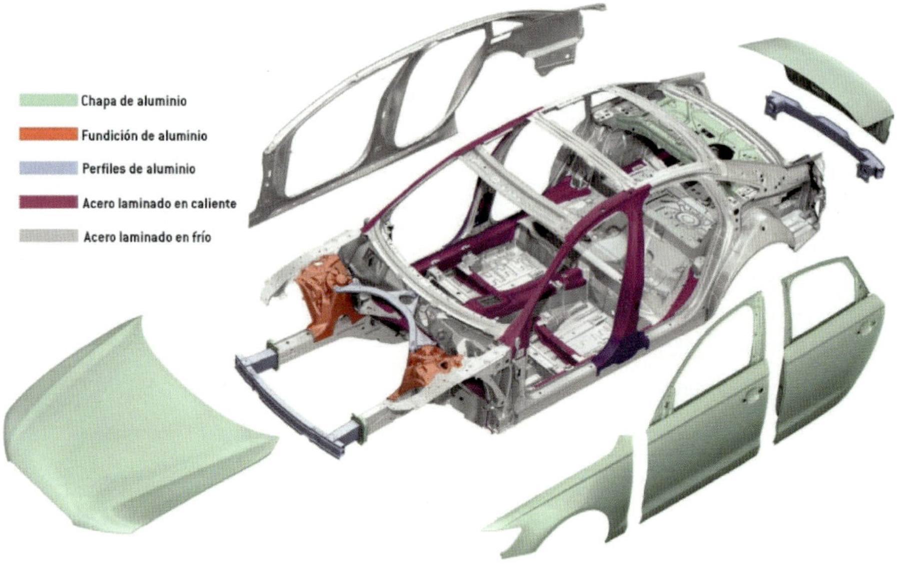


**Figura 1.6.** Diferentes materiales que componen la carrocería (Audi 6).

En esta selección, se eligen y aplican piezas plásticas para las partes de baja resistencia mecánica, de aluminio en piezas de gran tamaño y resistencia mecánica baja o en piezas especiales aleaciones que superan ampliamente la resistencia del acero usual, además de mejorar la resistencia a la oxidación. No se debe olvidar que algunos modelos de automóviles montan carrocerías realizadas íntegramente de aluminio y aleaciones del mismo.

## Proceso de fabricación

La obtención de los metales y sus aleaciones se realiza en los altos hornos aplicando calor a los materiales de origen y dejándoles enfriar en diferentes ciclos. Debido a esto, es materialmente imposible que los tratamientos afecten por igual a todas y cada una de las moléculas del metal. Estas diferencias pueden dar paso a la aparición de zonas en las que su pureza no sea totalmente homogénea; de hecho, siempre ocurre que el enfriamiento no resulta idéntico en toda su superficie, ni el metal está sometido a las mismas tensiones (doblado o curvado). Cualquiera de estos factores crea pequeñas diferencias de potencial que posteriormente generan pares galvánicos que influirán en la posible corrosión.

Con el fin de mejorar la resistencia mecánica, evitando las tensiones propias de las operaciones de conformación por embutido y limitando el número de uniones soldadas, en algunos casos se emplean técnicas de fabricación de materiales compuestos o mediante el hidroconformado, "fabricación a medida", que también contribuyen a la reducción de la oxidación en las esquinas y puntos de soldadura.

## Estado de la superficie

La reducción del efecto de la corrosión de la carrocería también se puede conseguir con la aplicación superficial de metales protectores como el galvanizado y las imprimaciones anticorrosivas o las capas de sellado como las pinturas de fondo y acabado.

## El ambiente que los rodea

Las condiciones medioambientales representan uno de los factores que más influyen en el proceso de corrosión, determinando de forma decisiva su velocidad (Figura 1.7).

Este es uno de los factores fundamentales, ya que las agresiones físicas, como un impacto, pueden romper las capas de pintura dejando expuesto el metal al contacto con el oxígeno. Por otra parte, se encuentran los agentes químicos que también pueden destruir las capas de pintura de protección y además acelerar la oxidación cuando se produce el contacto entre los dos elementos (metal-oxígeno).

La exposición de un metal en ambientes con presencia de humedad, oxígeno y/o acidez acelera considerablemente la corrosión. Del mismo modo sucede con las variaciones de temperatura y/o el contacto con algunos productos químicos (Figura 1.8).

1) Contaminación ambiental. 2) Sol. 3) Agua. 4) Excrementos. 5) Nieve. 6) Restos orgánicos. 7) Proyecciones.

**Figura 1.7.** Factores que influyen en la aceleración de la corrosión.

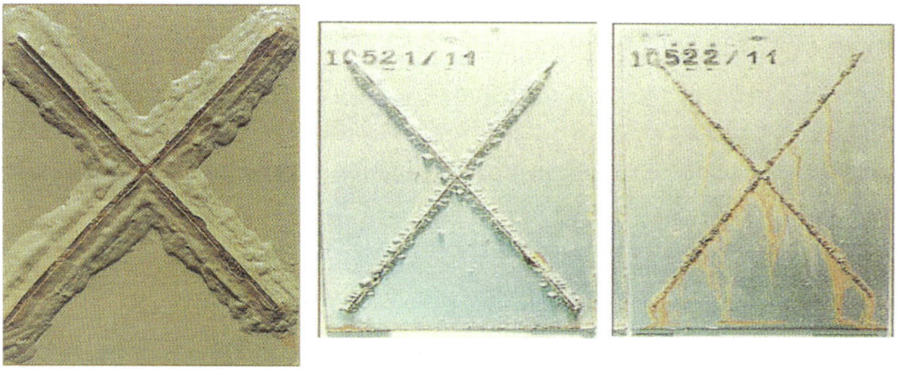

**Figura 1.8.** Resultado obtenido en metales idénticos sometidos a diferentes ambientes.

## 1.4 TIPOS DE CORROSIÓN

La corrosión del metal aparece bajo dos aspectos diferentes, que se distinguen en el avance del proceso y en que en uno de ellos gran parte del material ha desaparecido o está totalmente inservible. Estas dos formas son la corrosión cosmética y la perforante.

### ■ Corrosión cosmética

Es la que aparece en la superficie visible de la carrocería, afectando a la apariencia general, dando un aspecto desagradable al vehículo. No afecta a la seguridad de la estructura, aunque en todos los casos es una llamada de atención hacia la revisión de la seguridad del vehículo, ya que todas sus piezas han estado sometidas a condiciones similares y en algunos casos se puede tratar de una corrosión perforante que se extiende desde el interior. Su aparición es debida al deterioro de las capas de protección, a agresiones físicas sobre la pieza o a reparaciones inadecuadas (Figura 1.9).

**Figura 1.9.** Ejemplo de corrosión cosmética.

## Corrosión perforante

La corrosión perforante o destructiva es aquella que se ha formado a lo largo del tiempo, que además también es antiestética, en la que aparecen faltas de material en forma de agujeros irregulares que atraviesan la chapa. Aparece cuando la corrosión cosmética o la que surge desde el interior de las piezas huecas no ha sido controlada durante un período de tiempo muy prolongado (Figura 1.10).

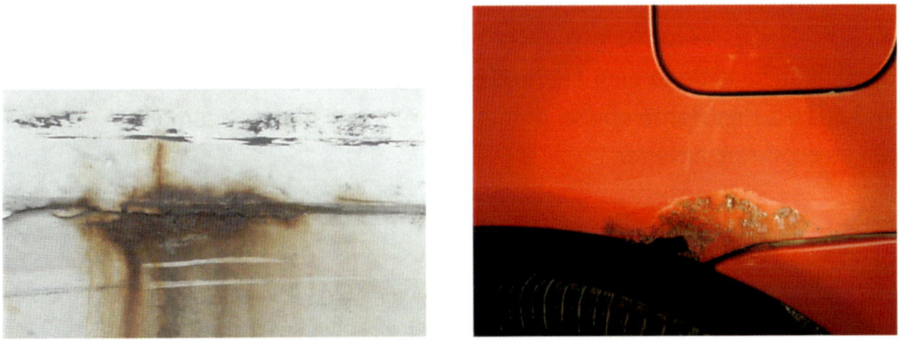

**Figura 1.10.** Efecto de la corrosión perforante. Izquierda: desde el exterior hacia el interior. Derecha: desde el interior hacia el exterior.

## 1.5 LA PROTECCIÓN ANTICORROSIVA

Al conocer los efectos negativos que surgen cuando hay contacto entre el acero y el medio ambiente surge la necesidad de aplicar algún tipo de protección que evite los efectos destructivos de la corrosión.

### 1.5.1 Los óxidos protectores

Si se compara la capa resultante de la oxidación en diferentes metales, se puede observar que su aspecto es totalmente distinto: color, rugosidad o dureza.

Para entender mejor estas diferencias se puede analizar el efecto de la oxidación:

Desde un punto de vista químico se puede observar que su estructura interna es diferente para cada metal, lo que implica que su aspecto físico también sea diferente. Estas características se pueden determinar partiendo de la fórmula detallada por N. Pilling (relación de Pilling), en la que se tienen en cuenta factores como: la densidad, el peso molecular del óxido y otros parámetros propios del metal en cuestión.

En cambio, si se analiza la capa de óxido desde el punto de vista físico más práctico, se observa que la capa puede ser hermética o porosa.

#### ■ Capa hermética

Cuando se ponen en contacto metales como el cinc o el aluminio con el oxígeno, se produce entre ellos una reacción de oxidación superficial que da lugar a una capa hermética capaz de sellar la superficie del metal respecto del medio ambiente. Al formarse esta capa queda detenido el efecto de la corrosión del metal, ya que impide el contacto entre ambos elementos de la reacción (Figura 1.11).

De ahí que se le denomine efecto de autopasivación al resultado de oxidación limitada o autosellante que se produce en algunos metales como los que se citan en el párrafo anterior.

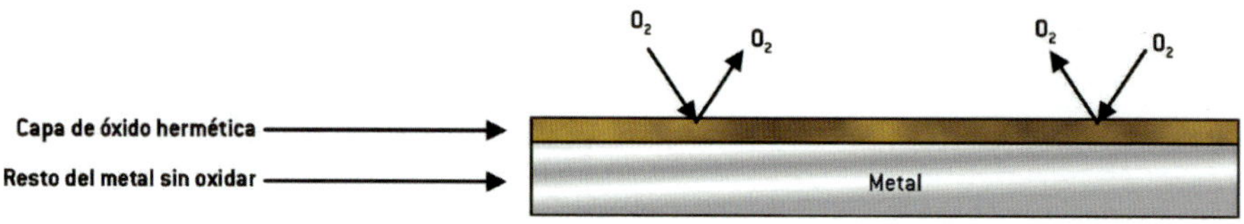


**Figura 1.11.** Óxido protector. La capa aísla al metal del contacto con el electrolito.

### Capa porosa

Cuando se ponen en contacto metales como el acero con el oxígeno se produce en ellos una reacción de oxidación que crea una capa de óxido porosa que permite el contacto del metal con el medio ambiente a través de sus poros, por tanto, la reacción no se detiene (Figura 1.12) puesto que continúan presentes todas las condiciones necesarias. La corrosión no solo no se detiene, sino que llega a reforzar su acción actuando como una esponja que puede absorber y almacenar humedad.

En consecuencia, es fácil entender que algunos metales, como es el caso del aluminio o el cinc, aunque en principio se oxidan más rápidamente que el acero debido a su mayor potencial redox (o lo que es lo mismo, su facilidad para reaccionar químicamente y oxidarse), no llegan a deteriorarse tanto como este último. De ahí que se empleen los galvanizados como protección sobre el acero, ya que la película de cinc se oxida formando una capa pasivante que impide la progresión en profundidad de la corrosión.

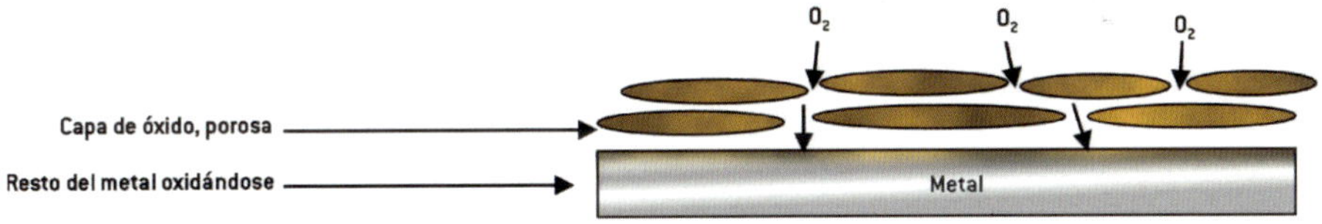


**Figura 1.12.** Óxido no protector. La capa no evita el contacto del metal con el electrolito y el proceso continúa.

## 1.5.2 Métodos de protección

Los métodos de protección más empleados son:

- La protección por aislamiento.
- La protección por sacrificio.

### La protección por aislamiento

El aislamiento es el método utilizado para evitar que se produzca la oxidación mediante la eliminación del oxígeno. Se consigue evitando el contacto entre el metal y el medio ambiente, al sellar la superficie libre del metal mediante una película hermética de pintura (Figura 1.13).

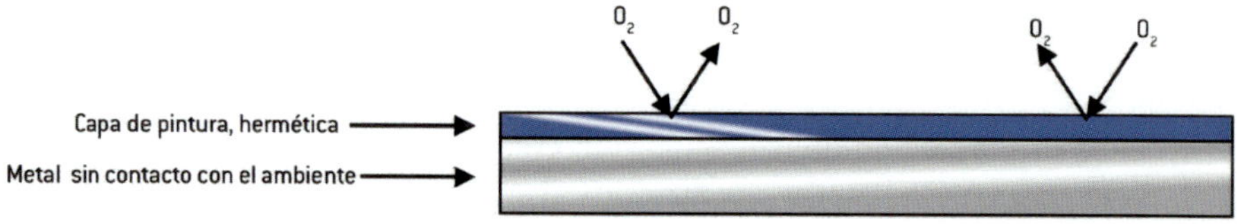


**Figura 1.13.** La capa de pintura aísla al metal del contacto con el oxígeno.

## La protección por sacrificio

El sacrificio de un metal en beneficio de otro es una forma de protección que consiste en colocar junto al metal que se quiere mantener intacto otro que absorba el oxígeno más rápidamente (Figura 1.14). Este último se oxida acumulando el oxígeno e impidiendo que reaccione con el metal que se quiere conservar.

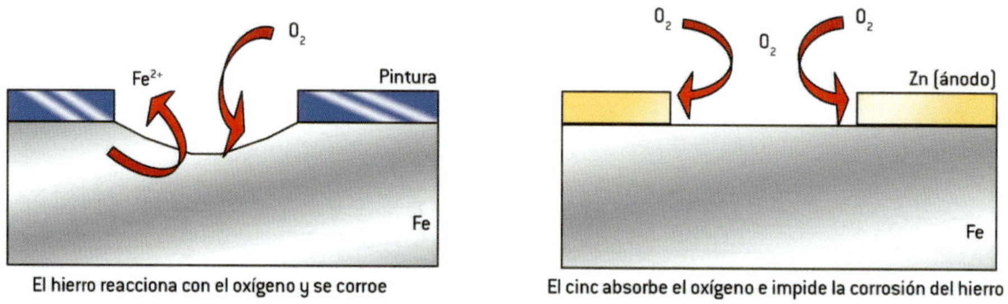


**Figura 1.14.** Protección por sacrificio. La capa de pintura solamente aísla la parte sobre la que se encuentra. La capa de cinc además de aislar esta zona, protege las que se encuentran próximas, ya que absorbe el oxígeno.

Las protecciones más efectivas resultan de la combinación de ambos sistemas (Figura 1.15), o de combinar diferentes métodos de aplicación y de protección sobre la misma pieza que den como fruto una acción sinérgica de ambas, cuyo resultado es superior a la suma de cada una de ellas individualmente.

# 1.6 ENSAYOS DE CORROSIÓN

Para aplicar la protección adecuada es imprescindible conocer, de forma fiable, el comportamiento de la carrocería y su destrucción paulatina frente al factor de la corrosión.

Estas conclusiones deben ser conocidas en la fase de diseño para minimizar su acción. En condiciones normales, esto supondría hacer un uso normal del vehículo e ir observando su comportamiento; este método resultaría utópico, ya que retrasaría el proceso de diseño, por lo que estos datos se consiguen mediante la realización de ensayos de corrosión.

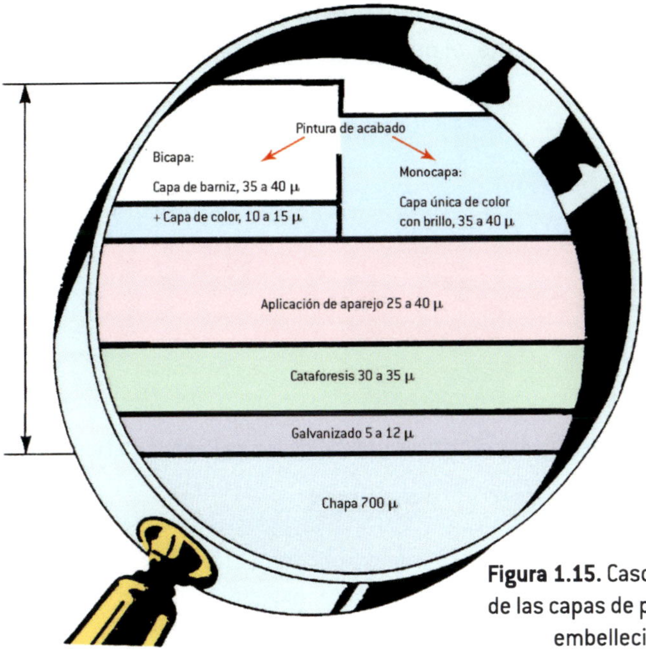


**Figura 1.15.** Caso práctico de la disposición de las capas de pintura para la protección y embellecimiento de la chapa.

Los citados ensayos son pruebas intensivas en las que se somete al vehículo a condiciones de funcionamiento extremas en las que se analiza el comportamiento ante cada una de las agresiones a que el vehículo estará sometido (exposición a los rayos UV, a los ambientes agresivos, a las vibraciones, a continuos cambios torsionales, etc.) (Figura 1.16). Los resultados de cada prueba se analizan por separado o cruzando los datos obtenidos entre ellas y se determina el tipo de protección adecuado a cada pieza que permita obtener datos sobre: idoneidad del producto, imagen del fabricante y mejora de los costes de desarrollo.

A) Prueba de recorrido con diferentes pavimentaciones. B) Prueba de subidas y bajadas de rampa. C) Prueba en cámaras climatológicas especiales.

**Figura 1.16.** Ejemplos de diferentes pruebas a que se somete la carrocería.

Una protección excesiva elevaría desmesuradamente los costes de producción; si por el contrario resulta insuficiente, el producto será de baja calidad.

**Figura 1.17.** Centro técnico de pruebas climáticas y ambientales de Renault en Francia.

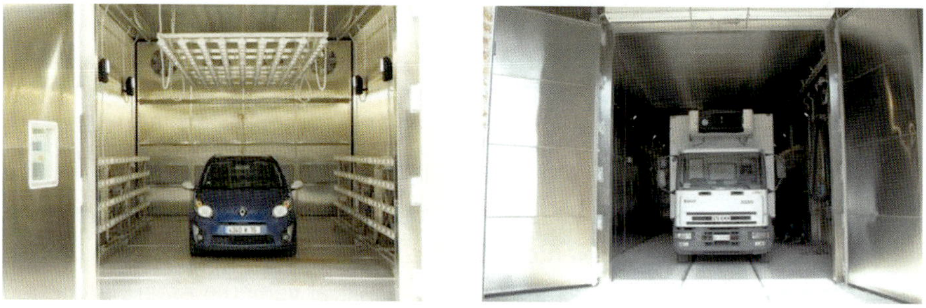

**Figura 1.18.** Cámaras climáticas y ambientales para comprobaciones de turismos y camiones.

## 1.6.1 Tipos de ensayos

Estas pruebas se realizan siguiendo normas y métodos de aplicación estandarizados a escala internacional, nacional o simplemente al nivel de fabricante. Las condiciones y su desarrollo no están ligadas al ámbito de aplicación, ya que cada una de estas pruebas analiza parámetros con diferentes objetivos, siendo necesario conocer las condiciones de la prueba y sus objetivos para poder comparar los resultados obtenidos.

A modo de resumen, estas comprobaciones se pueden agrupar en:

- **Ensayos de simulación ambiental.** Sometiendo a las piezas a largos almacenamientos, a temperaturas más extremas que las normales durante prolongados períodos de tiempo, realizando sucesivos cambios de temperatura más o menos bruscos (de hasta 60 °C de variación en un segundo), aplicando ciclos térmicos, simulando ambientes contaminantes (salinos o corrosivos), exponiéndolas a simulaciones intensivas de luz solar (rayos ultravioleta).
- **Ensayos mecánicos de respuesta a la vibración.** Se realizan mediante vibradores mecánicos neumáticos, electro-hidráulicos o electro-dinámicos.

- **Ensayos combinados.** Se trata de ensayos estandarizados repetidos de forma cíclica.
- **Ensayos de simulación de lluvia.** Son pruebas en las que se analiza la penetración y efectos producidos por los ambientes lluviosos.
- **Ensayos de penetración de polvo.** Se realizan con polvo fino (talco) o grueso (cemento). Se desarrollan para comprobar la resistencia al ataque de determinados tipos de polvo.
- **Ensayos de simulación de altitud.** Se realizan para conocer la reacción de diferentes revestimientos, especialmente a bajas presiones.
- **Ensayos de compatibilidad electromagnética.** Miden la interferencia entre diferentes sistemas eléctricos y electrónicos y su importancia viene dada por la gran presencia de componentes electrónicos en el automóvil (en los sistemas de control de la alimentación, encendido, airbags, ABS y otros muchos).

Estas investigaciones se realizan en función de las exigencias de las piezas, de la fiabilidad que se desee obtener y del coste que se asuma, ya que este puede elevarse a cifras "astronómicas" cuando se realizan ensayos combinados en los que se analizan, simultáneamente, gran cantidad de parámetros.

**Figura 1.19.** Estado real de comprobación después de un ciclo de pruebas.

Una de las condiciones más importantes que deben reunir todas estas pruebas es la de seguir unas pautas que las hagan medibles y comparables con otras similares y que les aporten una fiabilidad comparativa. Para ello, su proceso y condiciones de desarrollo están claramente definidos de antemano y su control debe ser exhaustivo. Con el fin de hacerlas "universales", existen una serie de normas que detallan las condiciones previas a la prueba, cada uno de sus pasos, las condiciones de desarrollo, la duración y finalmente las formas de valoración.

Seguidamente se muestran unos ejemplos ilustrados de las pruebas que se realizan para comprobar la calidad de los productos de protección:

## EJEMPLOS ILUSTRADOS

1

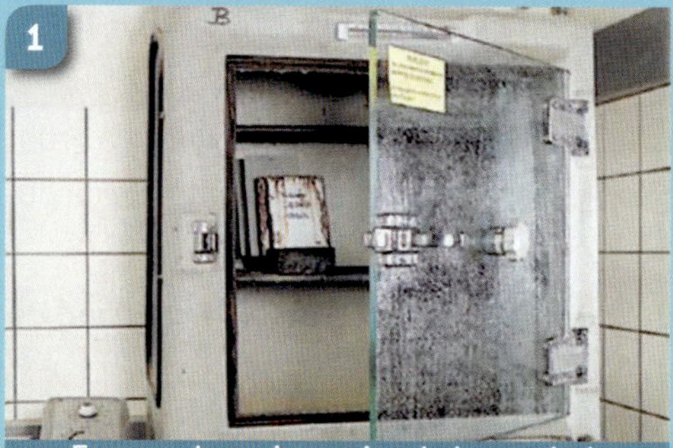

Ensayo de resistencia a la humedad, colocando las piezas recubiertas en una cámara climatizada a 55 °C y una humedad ambiental de 100 % durante cientos de horas.

2

Ensayo de resistencia de los protectores de bajos, aplicando diferentes protectores sobre probetas que se curvan y se someten a temperaturas de hasta 30 °C bajo cero.

3

Ensayo de rociado con sal, colocando las piezas recubiertas en una cámara especial se someten a una solución salina del 5 % a 35 °C en períodos de hasta 700 horas.

4

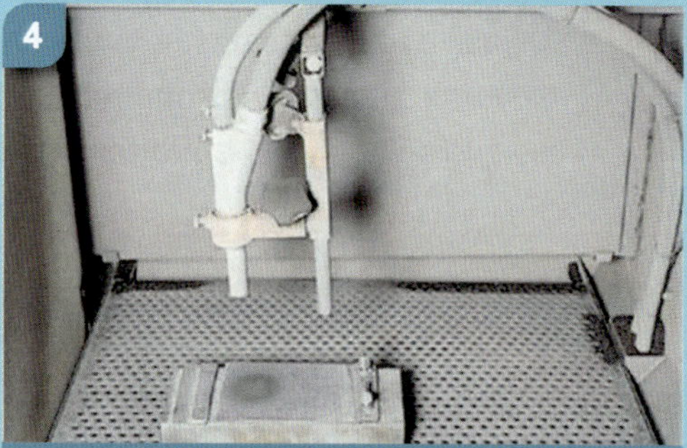

Ensayo de resistencia frente a impactos de piedras. Sobre chapas recubiertas con antigravilla se bombardean con gravilla de cantos agudos.

5

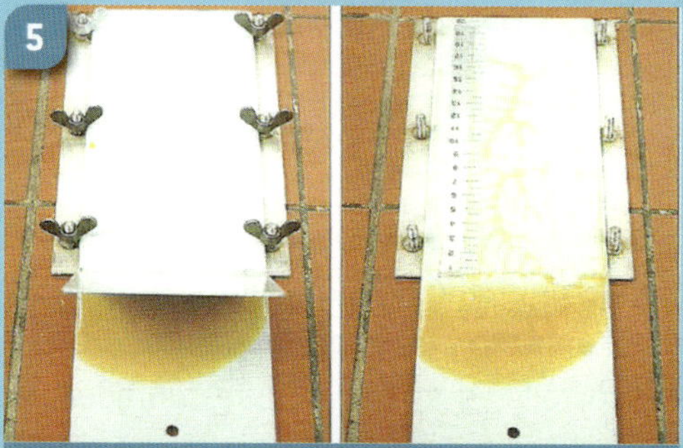

Ensayo de penetración de ceras, colocando dos chapas juntas se comprueba la penetración de la cera a las 24 horas.

Las condiciones de las pruebas están estandarizadas y son las que emplean las empresas de control de calidad para valorar y otorgar el sello que indica al reparador la calidad que puede obtener.

Algunas de las normas más empleadas para analizar la corrosión en la carrocería del automóvil son las que se citan a continuación:

| | |
|---|---|
| UNICHIM 692 (UNI 9399) | DIN 50021 ESS |
| UNICHIM 741 (UNI 9590) | DIN 50021 CASS |
| ASTM B-117 | DIN 50907 |
| ASTM B-287 | DIN 40046 |
| ASTM B-368 | DEF 1053 |
| ASTM D-17365 | DIN 50017 KFW |
| ASTM D-2447 | DIN 50017 KK |
| ASTM B-380 | NISSAN CCT-4 |
| VG 95210 | MIL STD-202D |
| VG 95332 | MIL STD-810E |
| CCTU 01-01ª | MIL STD-883C |
| ISO 7253 | ISO 3768 |
| ISO3769 | ISO 3770 |
| DIN 500958 | FTM 151A/B11.1 |
| DIN 50021 SS | DIN 50014 |

Entre las normativas de ensayos combinados más conocidas destacan las siguientes:

| | |
|---|---|
| VDA 621-415 | VW1210C |
| VDA 621-412 | NISSAN CCT-4 |

## 1.7. LA CORROSIÓN EN EL AUTOMÓVIL. PROCESOS DE REVESTIMIENTO DE CHAPAS EMPLEADAS PARA LA FABRICACIÓN DE LAS CARROCERÍAS

Una vez que se obtiene el acero laminado sobre la base de las exigencias del sector del automóvil, la resistencia a la corrosión se optimiza notablemente con el empleo de chapas prerrevestidas con metales que complementan eficazmente al resto de los tratamientos de protección. Por tanto, los suministradores siderúrgicos distribuyen el acero laminado con diferentes cualidades: sin recubrimientos, protegido por una cara o por ambas.

Los recubrimientos se realizan:

- Con diferentes aleaciones de metales protectores entre las que destacan la del cinc prácticamente puro o aleaciones en las que se emplean pequeñas cantidades de níquel, cromo o aluminio, con el cinc como componente mayoritario.
- Protegiendo las chapas por una o por ambas caras dando lugar a las chapas monocincadas o bicincadas.
- Utilizando los diferentes procesos de aplicación de los revestimientos que mejor se adapten a las aplicaciones que se van a desarrollar. Las chapas empleadas en carrocería son revestidas mediante procesos de galvanizado o electrocincado.

### 1.7.1 Clasificación de los revestimientos

Los revestimientos pueden ser:

- Metálicos.
- No metálicos.
- Dúplex.

#### Metálicos

Basándose en el proceso de su fabricación los recubrimientos pueden ser:

- Electrolíticos.
- Por inmersión en caliente.
- Por deposición en vacío (PVD, CVD), o por metalización en caliente (cinc y aluminio sobre acero).

Basándose en el proceso electroquímico, pueden ser:

- Anódicos. En los que el metal de recubrimiento es más electronegativo que el metal a proteger.
- Catódicos. Recubrimientos de estaño sobre acero (hojalata).

### No metálicos

- De conversión por cromatado, por fosfatado e inorgánicos (cementos, silicatos de cinc y esmaltes vítreos).
- Orgánicos, que incluyen pinturas a base de aceites, breas, alquitranes, betunes, plásticos y cauchos.

### Dúplex

Resultan de la combinación de los dos sistemas anteriores y presentan como ventaja que la calidad que se obtiene es notablemente superior a la suma de las dos protecciones por separado, a causa de la inter-reacción que se produce entre ambos. La duración de esta protección es 1,5 a 2,3 veces superior a la suma de ambas protecciones por separado.

## 1.7.2 Tipos de revestimientos

Los dos métodos más utilizados para la protección de las chapas, en su fabricación, son el galvanizado y el electrocincado (Figuras 1.20 y 1.21).

### Galvanizados y electrocincados, características principales

Ambos procesos son recubrimientos metálicos en los que sus componentes principales son el cinc y pequeñas cantidades de otros compuestos que protegen al metal base de dos formas:

- Formando una barrera física que aísla del contacto con el oxígeno.
- Proporcionando protección química al absorber el oxígeno para que no llegue al acero.

Ambos recubrimientos se realizan por inmersión de la chapa en soluciones metálicas, aunque los diferencia la forma de adherir la capa de protección. En el galvanizado, la consigue con aportación de calor, en cambio el electrocincado la consigue con aportación de corriente eléctrica.

En general, estos recubrimientos no detienen la corrosión totalmente, aunque la atenúan en gran medida.

### Galvanizados en continuo, sistema "SENDZIMIR modificado"

Consisten en la inmersión de una banda de acero, adecuadamente acondicionada, en un baño de cinc fundido que produce una reacción entre ambos materiales. Como resultado de esta reacción se crea una capa protectora.

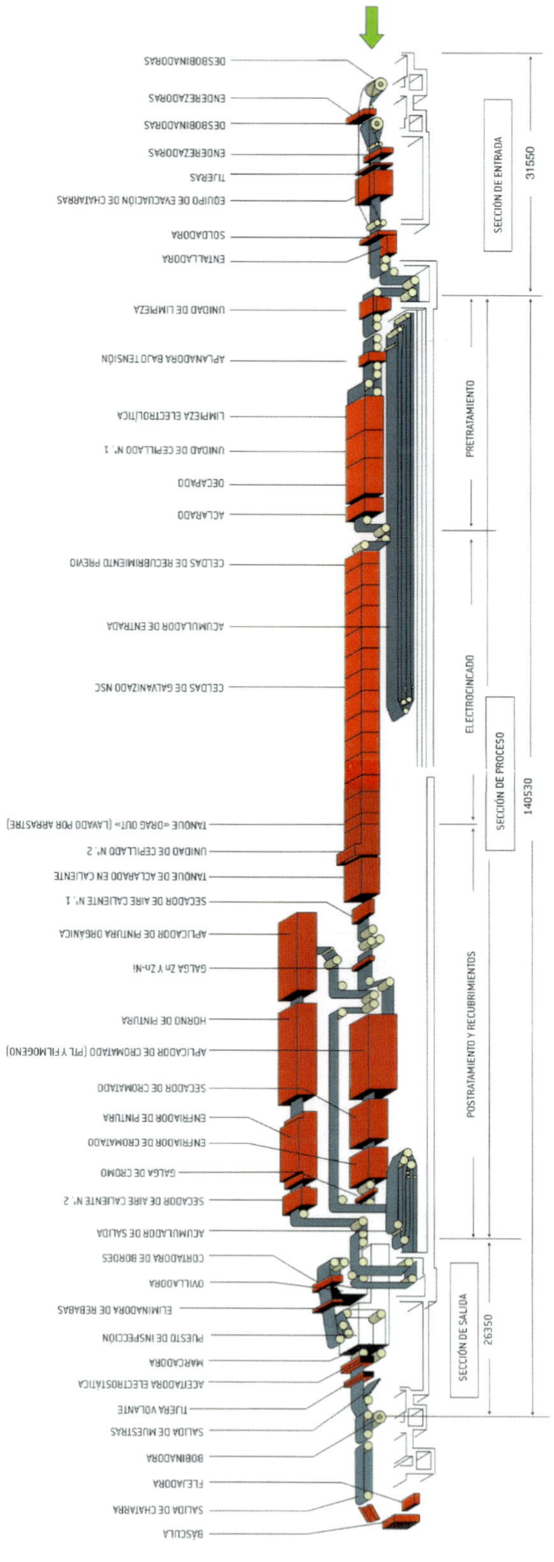


**Figura 1.20.** Línea de galvanizado continuo.

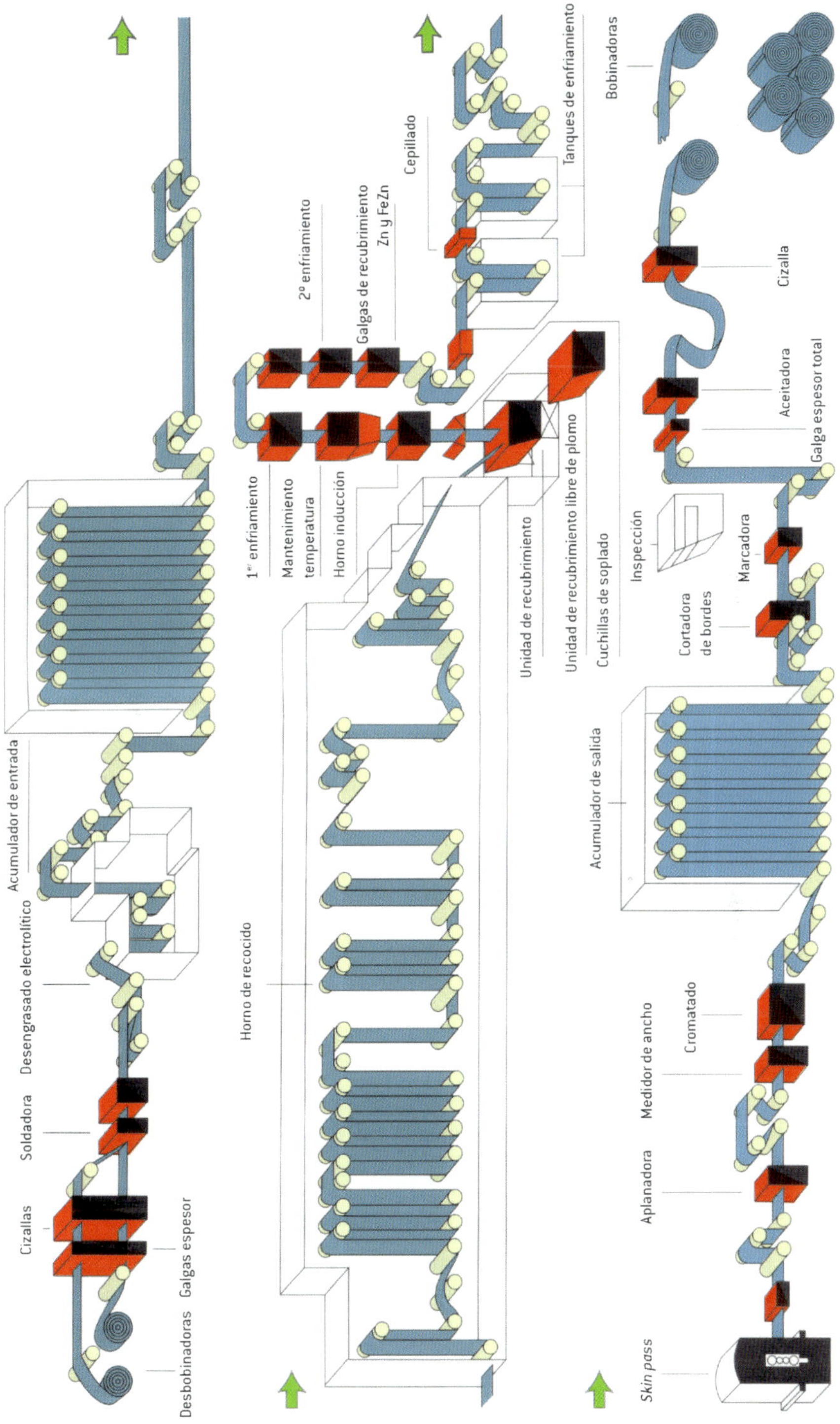


**Figura 1.21.** Proceso de electrocincado.

En el proceso se distinguen cuatro etapas:

- Acondicionamiento superficial de la banda de acero (limpieza).
- Acondicionamiento metalúrgico del acero (térmico).
- Recubrimiento y soplado (aplicación de la capa y control de espesor).
- Acabados y postratamientos superficiales (para conseguir el más adecuado).

### Galvanizado por electro-deposición

En este proceso, se hace pasar la banda de acero a través de unas "celdas" electrolíticas que contienen una solución acuosa de iones metálicos, al tiempo que se les aplica una corriente eléctrica.

El procedimiento SIDMED (tecnología NIPPON STEEL) se realiza por debajo de los 80 ºC (recubrimientos más dúctiles), y el control del espesor de capa se puede controlar de forma muy precisa. El proceso se realiza en cuatro etapas básicas:

- Acondicionamiento superficial de la banda de acero (limpieza).
- Recubrimiento.
- Postratamiento (eliminación de residuos).
- Cromatado y pintura (obtención del producto denominado DUMED).

### Recubrimientos catódicos

Son recubrimientos de estaño sobre acero, comúnmente denominados hojalata; su empleo se centra casi exclusivamente en la industria alimenticia, por lo que no van a ser tratados en esta unidad.

## 1.8 LA CORROSIÓN EN EL AUTOMÓVIL. PROCESOS DE PREVENCIÓN EN FABRICACIÓN

La carrocería del automóvil está compuesta básicamente de acero (hierro y carbono), por tanto, es vulnerable a la oxidación, resultando transformada (destruida) o al menos deteriorado su aspecto exterior. Para evitar la incidencia de estos efectos tan negativos resulta necesario emplear los medios de protección adecuados.

- Selección de materiales, fabricación específica de piezas o chapas con diferente grado de protección de fábrica (recubiertas).

- Técnicas de diseño que minimicen el efecto corrosivo.
- Aplicación de procesos de ensamblado específicos.
- Tratamientos posteriores al ensamblado de piezas de la carrocería.

### 1.8.1 Prevención durante el proceso de fabricación de las chapas

Para asegurar la calidad del producto es necesario elegir materiales que sean capaces de hacer frente a importantes cometidos estructurales y resistir el ataque del ambiente al que van a estar expuestos:

1. Empleando chapas de aceros modificados con titanio, cromo, níquel y acero inoxidable. Son los denominados aceros ALE (alto límite elástico) (Figuras 1.22 y 1.23).

   Una de las principales razones de su utilización se debe a que reducen al mínimo el ataque de la corrosión, puesto que simulan un comportamiento metálico noble (ya que forman una película exterior pasiva).

2. Empleando chapas recubiertas por una o por ambas caras de materiales protectores como el cinc o el aluminio (Figura 1.24).

   La utilización de uno u otro tipo viene dada por la zona del vehículo en la que se van a emplear. Así, las chapas revestidas por ambas caras se emplean

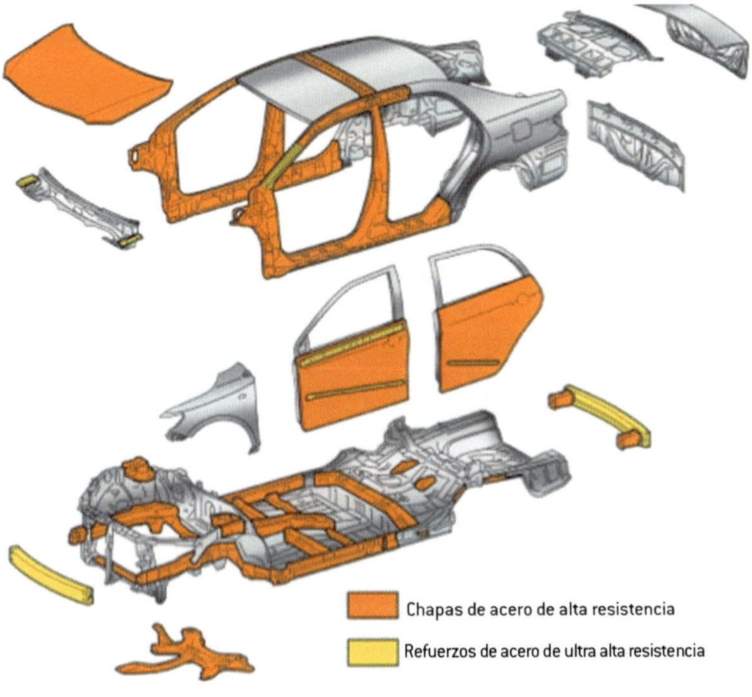


**Figura 1.22.** Materiales con diferente resistencia.

principalmente para los bajos, las aletas y el frontal de la carrocería, limitando el uso de las que están revestidas por una sola cara para piezas del interior.

Algunos fabricantes de vehículos emplean aceros sin revestir para el interior, (monorrevestidos) para los laterales y revestidos por ambas caras se emplean para los bajos, frontal y capós.

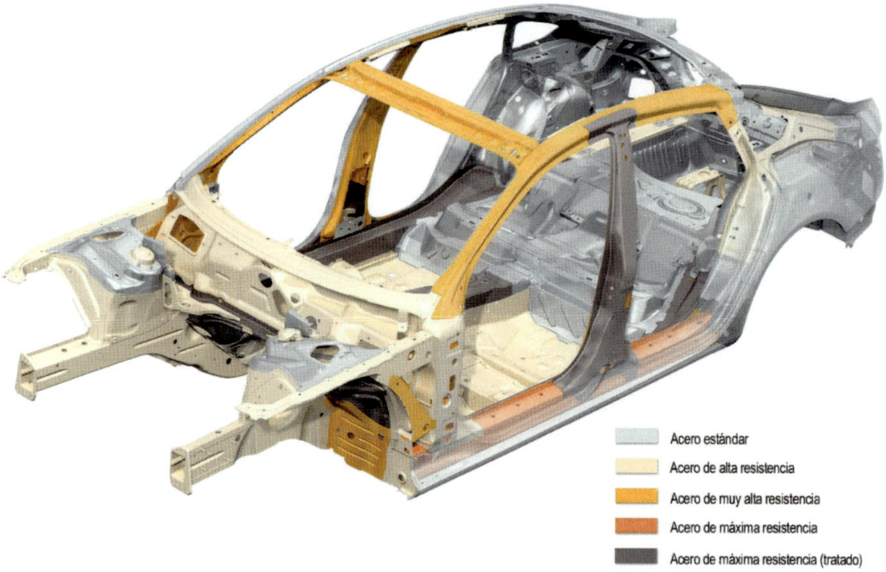


**Figura 1.23.** Aplicación de distintos aceros en la estructura de un Audi A-5 Sportback.

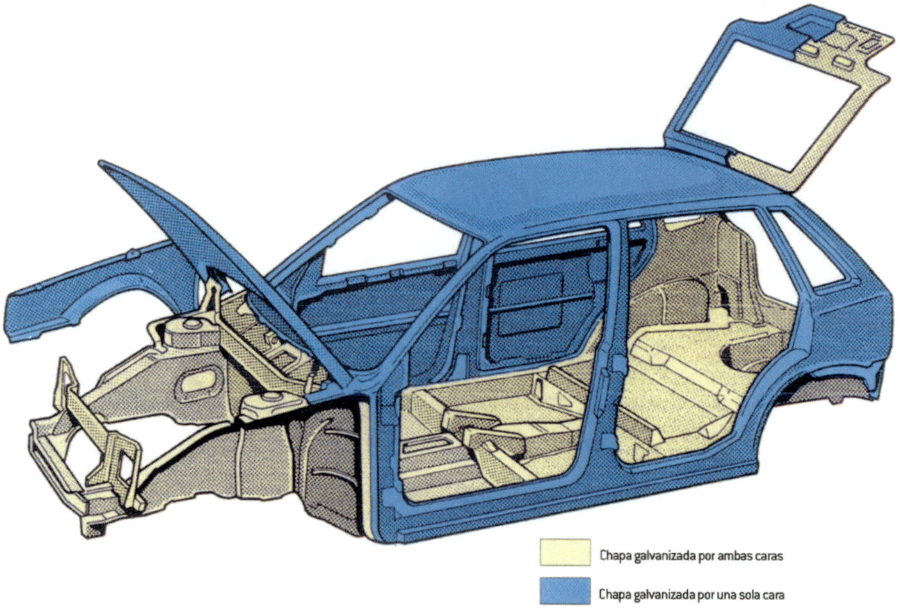


**Figura 1.24.** Piezas fabricadas con chapas prerrevestidas.

Hay que significar que en la selección de chapas en fabricación resulta cada vez más habitual el empleo de chapas revestidas por ambas caras para la totalidad de la carrocería y especialmente en todos los vehículos de alta gama.

3. Realizando carrocerías completas de aluminio, soldadas con tecnología láser. Esta técnica es empleada en modelos de gama alta (Figura 1.25).
4. Empleando materiales plásticos para piezas de baja resistencia estructural (Figura 1.26).

**Figura 1.25.** Carrocerías de aluminio de Audi.

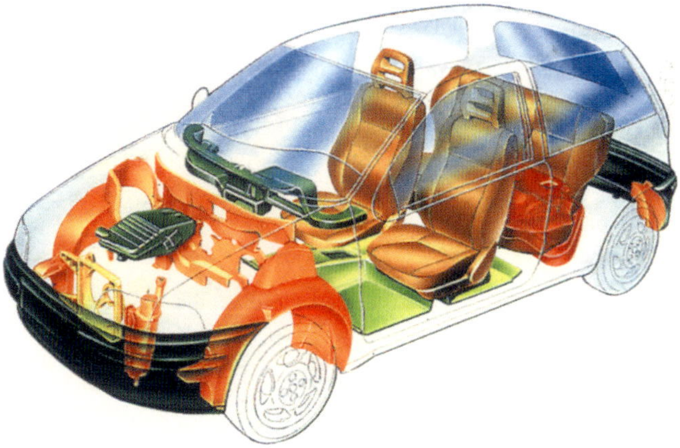

**Figura 1.26.** Componentes plásticos.

## 1.8.2 Prevención en el diseño de las carrocerías

Cuando se construye un nuevo modelo, además de emplear los materiales más apropiados a cada aplicación, se puede mejorar la protección con:

1. Nuevos diseños que limitan cada vez más la corrosión de sus piezas, evitando bordes y esquinas agudas (**factor "Evans",** las formas angulosas facilitan la concentración de la humedad) (Figura 1.27).
2. Disponiendo orificios de aireación para las zonas huecas (largueros, pilares y travesaños), de forma que no debiliten la estructura de la pieza y aseguren la correcta aireación interior (Figura 1.28). Así, se intenta impedir la condensación que se generaría en caso contrario, al crearse una atmósfera diferente en el interior de la pieza.
3. Diseñando desagües en las piezas en las que se introduce el agua de lluvia o del lavado (Figura 1.29), principalmente en las puertas y en el compartimento de la calefacción.
4. Creando orificios taponables en lugares estratégicos para la aplicación de ceras de cavidades que garanticen la protección interior de las partes huecas, en todos sus rincones (Figura 1.30).

**Figura 1.27.** Ejemplo de la evolución del diseño, que obedece también a razones preventivas frente a la corrosión junto a otras de gran importancia, como la estética o la aerodinámica.

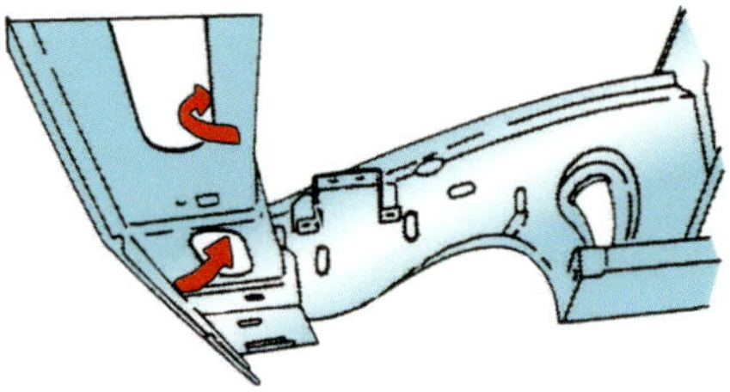

**Figura 1.28.** Emplazamiento de los orificios de aireación en el travesaño delantero.

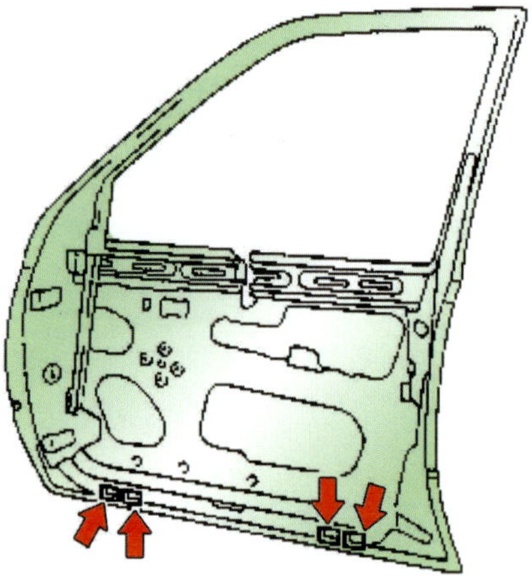

**Figura 1.29.** Orificios de desagüe en una puerta.

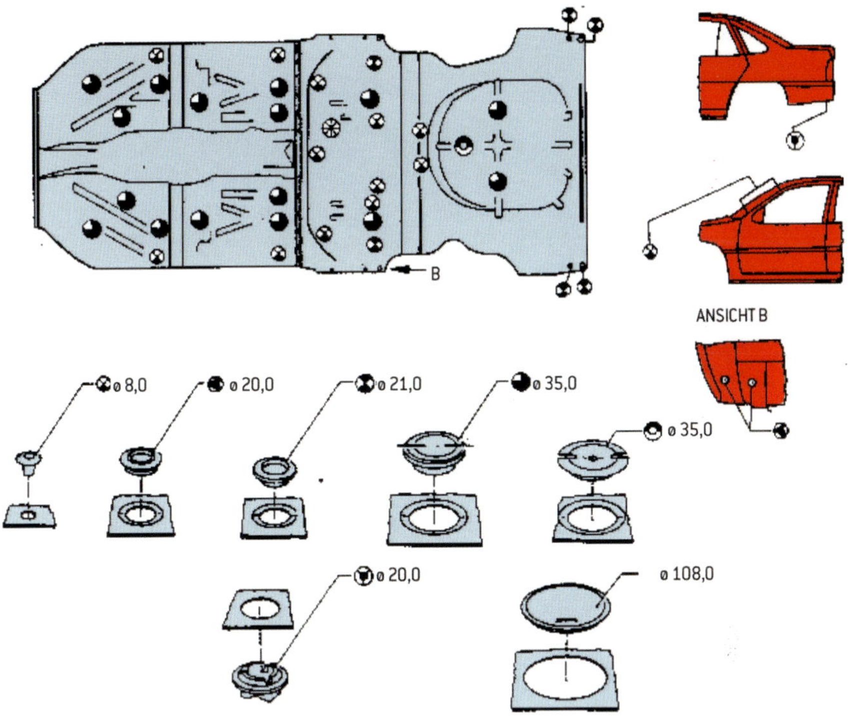


**Figura 1.30.** Accesos para la aplicación de ceras de cavidades en un Seat Córdoba.

### 1.8.3 Prevención en el ensamblado de las carrocerías

La adecuada elección de los diferentes métodos y sistemas de ensamblaje de las piezas y componentes de la carrocería, además de permitir obtener niveles óptimos de resistencia mecánica, contribuye a evitar la aparición de la oxidación. Esto se consigue:

1. Empleando adhesivos estructurales como medio de unión, en lugar de las uniones que se realizan mediante soldadura (Figura 1.31).

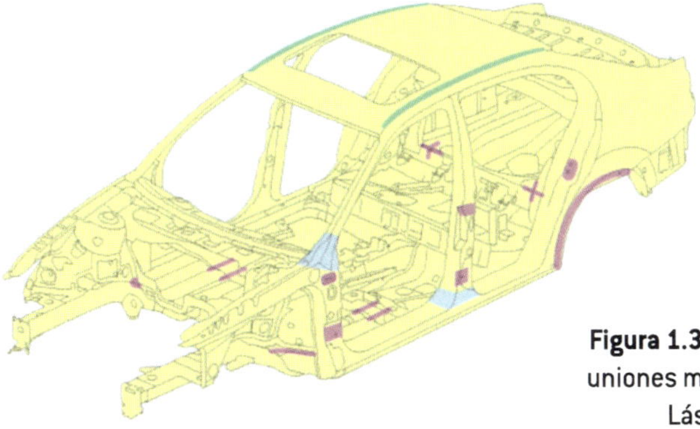

**Figura 1.31.** Aplicaciones concretas de uniones más resistentes a la corrosión. Láser, adhesivos y latón.

2. Empleando soldaduras menos agresivas como la de tipo MIG Brazin o Láser.

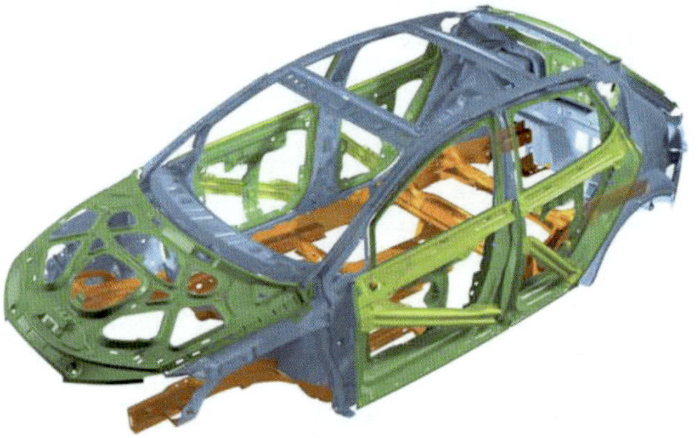

**Figura 1.32.** Tipos de uniones empleadas en el Seat Ibiza: capós y puertas con adhesivos y algún punto de resistencia; los porcentajes de las demás uniones se distribuyen así: 65 % adhesivos estructurales, 5 % MIG-Brazing, 15 % láser, 15 % puntos de resistencia.

3. Empleando técnicas como la denominada "boca de pescado". La superficie de contacto entre las chapas se limita a los puntos de sujeción gracias a unos abultamientos estampados en una de las chapas (Figura 1.33).

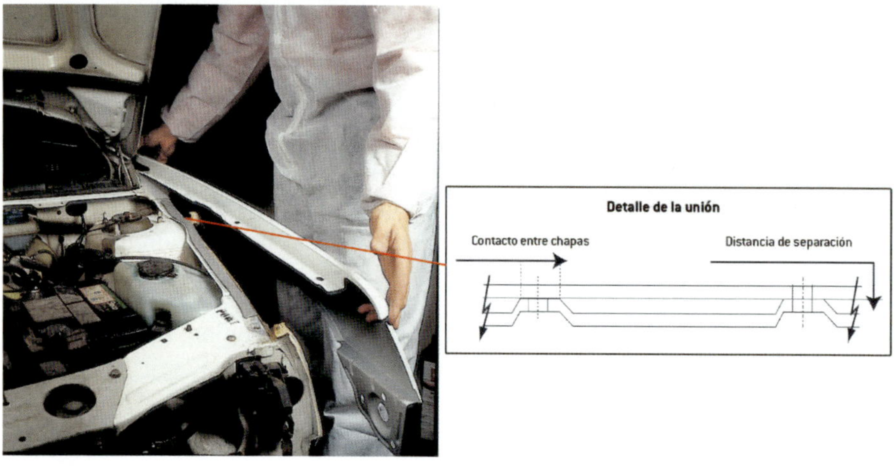


**Figura 1.33.** Unión mediante la técnica "boca de pescado" en la unión de la aleta delantera.

## 1.9 LA CORROSIÓN EN EL AUTOMÓVIL. ZONAS ESPECIALMENTE AFECTADAS POR LA CORROSIÓN

A lo largo de la vida útil de la carrocería, sus distintos componentes están sometidos a diferentes esfuerzos y agresiones tanto físicas como químicas, que en mayor o menor medida son vulnerables a la corrosión (Figura 1.34).

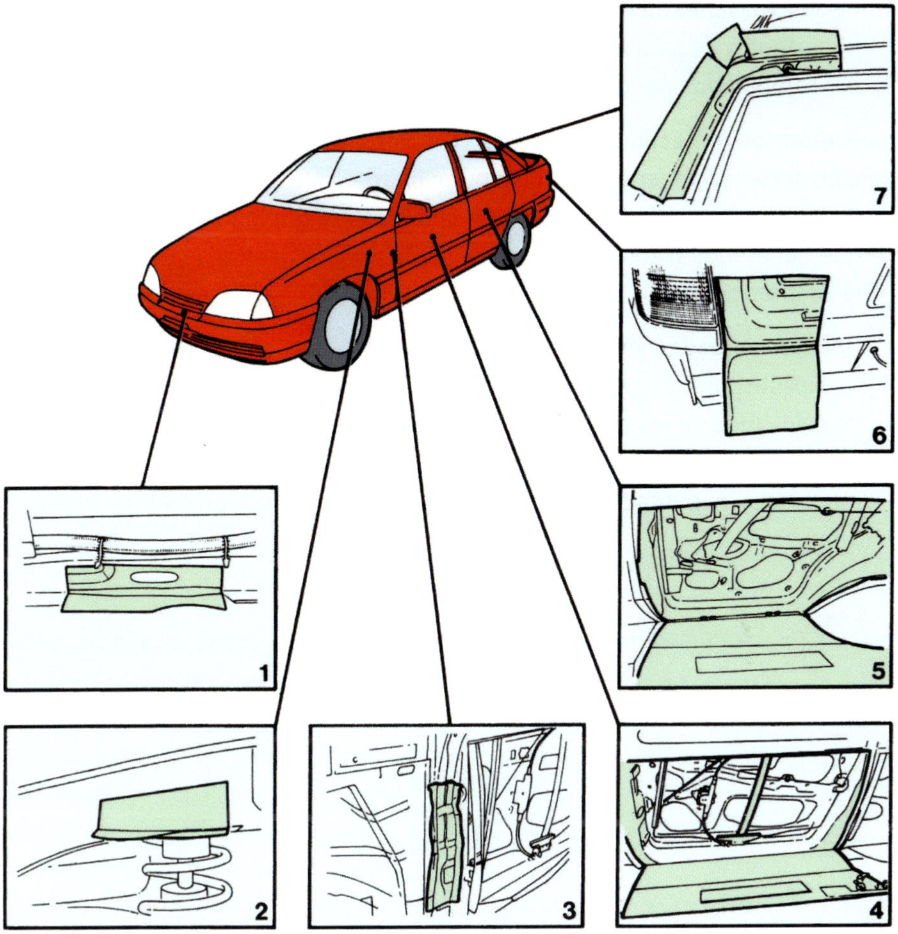


**Figura 1.34.** Zonas de la carrocería que resultan más afectadas por el efecto de la corrosión.

Las zonas más expuestas pueden agruparse de la siguiente forma:

- **Largueros, travesaños, pilares y, en general, todos los cuerpos huecos (desequilibrio ambiental).** El ataque se produce a causa de las variaciones de temperatura que se producen en su interior y que dan lugar a condensación de la humedad en sus paredes y uniones (concentración de electrolito). El peligro que representan es importante, ya que todas estas piezas suelen formar parte de la estructura portante de la carrocería y resulta muy difícil detectar los focos donde se inicia el proceso. De ahí que sea muy importante desarrollar una labor preventiva.
- **Soportes de suspensión y dirección (fatiga).** Su mayor exposición se debe a la necesidad de crear geometrías estructurales más cerradas, la exposición a proyecciones, la acumulación de suciedad y a los esfuerzos que deben soportar. Aunque su detección no resulta especialmente difícil mediante

las inspecciones normales, su aparición representa una incidencia de gran importancia de cara a la seguridad que compromete a estos órganos, y debe ser comprobada periódicamente.

- **Montantes y fijación de bisagras (fricción).** El efecto se debe a la eliminación del recubrimiento protector, principalmente por la desprotección que se deriva del continuo roce entre sus componentes, a los elevados esfuerzos que tienen que transmitir sobre pequeñas superficies y a sus uniones con las demás piezas.
- **Uniones soldadas (heterogeneidad).** En este caso aparece por la dificultad que existe para aislar las pequeñas fisuras que se producen entre los puntos de soldadura, en los cambios que se producen en su estructura debido al calor empleado en la unión, además de la heterogeneidad propia de los metales que entran en contacto.

## CUESTIONES

1. Explica las diferencias entre corrosión y oxidación.
2. Completa el dibujo siguiente:

OXIDACIÓN ELECTROLÍTICA DEL ACERO

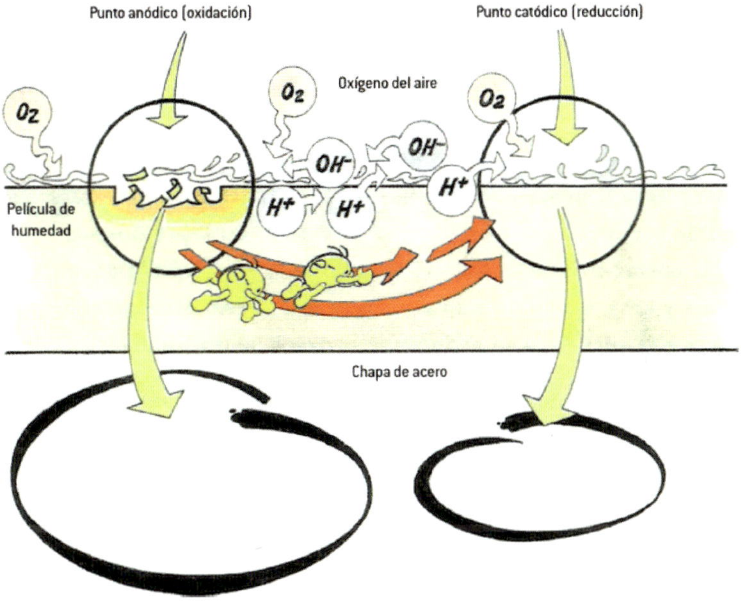


3. Enumera los factores que influyen en la corrosión.
4. ¿Todos los metales se oxidan a la misma velocidad? ¿Por qué?
5. ¿Por qué se emplean diferentes materiales para una misma carrocería?
6. Explica las razones por las que se recubren con cinc las planchas de acero empleadas en carrocería.
7. ¿A qué se denomina fenómeno de auto-pasivación?
8. ¿Qué es el factor "Evans"?
9. ¿Qué es el galvanizado en continuo?
10. Detalla qué es un revestimiento tipo "duplex".
11. Describe brevemente los procesos de prevención que se suelen utilizar durante la fabricación de las chapas.
12. ¿Qué se emplea para evitar las agresiones habituales a que se encuentran expuestos los bajos?

**13.** ¿Qué es la corrosión cosmética?

**14.** ¿Qué es la corrosión perforante? Anota sus variantes.

**15.** Enumera las zonas que resultan especialmente afectadas por la corrosión.

**16.** ¿Qué son los ensayos de corrosión?

**17.** ¿Con qué fines se realizan los ensayos de corrosión?

# 2. Protección anticorrosiva

## Contenidos

## INTRODUCCIÓN

Al taller de preparación y pintura llegan los usuarios con una enorme variedad de cuestiones relacionadas principalmente con la apariencia de sus vehículos, y otras menos usuales sobre la posible repercusión de estos defectos estéticos en la funcionalidad de las piezas afectadas. Estas últimas deberán ser tenidas en cuenta y valoradas por un buen profesional, ya que cada daño que se aprecia en la pintura acaba afectando a la chapa, de tal forma, que cuando se deterioran, lógicamente pierden sus propiedades protectoras. Así, las piezas quedan expuestas a la combinación con el oxígeno y otros compuestos del medio ambiente, lo que da lugar a su progresiva destrucción.

Esa destrucción va aumentando, dando lugar primero a problemas estéticos y después a problemas técnicos cuando no se repara a tiempo, ya que la pieza va perdiendo su resistencia o capacidad para responder a los requisitos para los que se construyó. Cuando se producen daños en la chapa, estos deben ser reparados de forma que se repongan las características originales de las pinturas, aplicando los procesos recomendados por los fabricantes, para suministrar a cada pieza la protección y apariencia que más se asemeje a los tratamientos realizados en la fabricación del conjunto de la carrocería.

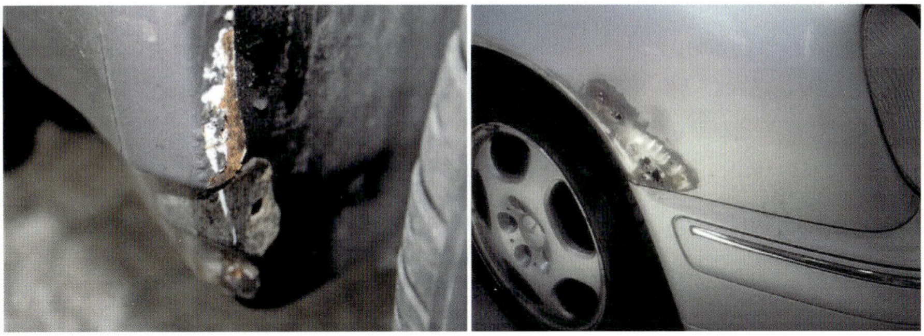

**Figura 2.1.** Ejemplo de daños producidos por la corrosión.

## 2.1 PROTECCIÓN ANTICORROSIVA EN REPARACIÓN: PROCESOS, PRODUCTOS Y EQUIPOS

Como se vio en la unidad anterior, en todo proceso electroquímico será necesaria la existencia de cuatro componentes: ánodo, cátodo, electrolito (conductor del movimiento iónico) y conexión eléctrica entre cátodo y ánodo para el paso de corriente de electrones. Así pues, para poder luchar eficazmente contra la corrosión electroquímica bastaría con impedir la existencia de uno de los cuatro elementos. Por ello, la lucha contra la corrosión podría realizarse desde cuatro perspectivas diferentes:

- Sustituir el material por otro más resistente.
- Polarizar el material con una corriente externa y situarlo en zona noble.
- Modificación del ambiente haciéndolo menos agresivo.
- Empleo de recubrimientos protectores.

Los recubrimientos protectores (metálicos y no metálicos) son el campo más extenso dentro de la protección de metales. Los recubrimientos metálicos pueden actuar como ánodos de sacrificio protegiendo el substrato cuando este actúa como cátodo (p. ej., recubrimientos de cinc), o bien ofrecer protección barrera cuando el substrato es quien actúa como ánodo. El grupo de los recubrimientos no metálicos engloba a los de carácter inorgánico (anodizados, cromatados, fosfatados, esmaltados, pavonados) y a los de tipo orgánicos (recubrimiento con plástico, con polvo, y especialmente con pinturas).

Las pinturas orgánicas (compuestas generalmente de ligante, pigmentos y aditivos) pueden ser aplicadas como recubrimientos protectores o como acabado final, y son el campo de recubrimientos más amplio en la protección anticorrosiva de metales.

Las principales ventajas de los recubrimientos orgánicos son su relativo bajo coste, su amplio rango de acabados y la gran variedad de métodos de aplicación y formas que estos pueden presentar (líquidas, polvo, cataforesis...), haciendo así que rara vez se presente como problema el tamaño o forma del metal a recubrir.

Los recubrimientos orgánicos se pueden clasificar en función de su procedimiento de aplicación, finalidad del recubrimiento, composición (tipo de ligante empleado, disolvente, según el pigmento, etc.).

Los diferentes tipos de aplicación más usuales son:

- Pintado con brocha.
- Pintado por espray (pistola aerográfica).
- Pintado por inmersión
- Pintado por flujo.
- Electrodeposición.
- Pintado electrostático.

Cuando se repara un desperfecto en la carrocería puede llegar a presentar zonas en las que exista corrosión de forma localizada o generalizada, y su intensidad dependerá básicamente del tiempo que ha pasado desde su aparición. Si aparece la corrosión es necesario eliminar totalmente cualquier rastro de óxido o en otro caso la corrosión reaparecerá en poco tiempo a partir de ese punto, aún cuando se realice correctamente el resto de la reparación (incluida la aplicación de todas las capas de protección).

El correcto desarrollo de los procesos de reparación garantizará la recuperación de las características originales del vehículo, sobre todo en cuanto a protección anticorrosiva se refiere. En algunos casos se podrán aplicar las mismas técnicas y productos que los utilizados en origen, pero en otros casos (por limitaciones técnicas) será necesario aplicar técnicas y/o productos diferentes, que garanticen en cualquier caso la calidad final requerida.

Todas las piezas de recambio originales llevan protección anticorrosiva (cataforesis) similar a la utilizada en fabricación, por lo que están listas para ser pintadas.

A lo largo de esta unidad se describen de forma pormenorizada los procesos apropiados a seguir para realizar la reparación correcta en los diferentes defectos de la carrocería que se pueden presentar:

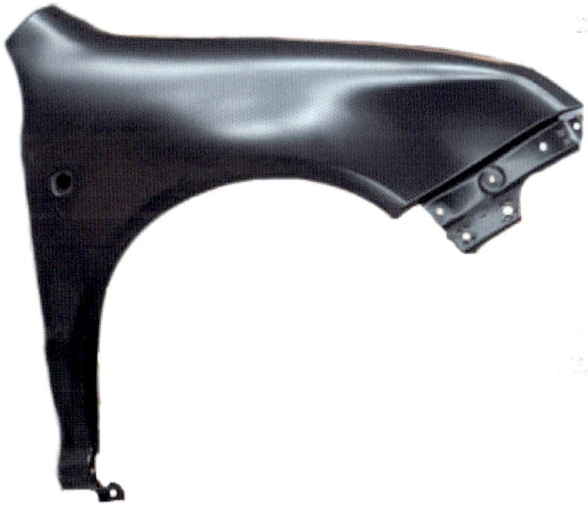

**Figura 2.2.** Pieza de recambio con tratamiento anticorrosivo.

- Procesos adecuados a cada problema específico, de forma que no resulten agresivos a las piezas que se mantienen en la carrocería.
- Productos específicos para cada una de las funciones que se necesita aportar en cada caso, al tiempo que resultan compatibles con los materiales que van a unir.
- Equipos específicos para llevar a cabo cada proceso.
- Medidas de protección personal necesarias.

Los dos sistemas principales empleados para la protección anticorrosiva en reparación son las electroimprimaciones y la aplicación aerográfica de pinturas llamadas imprimaciones.

Cualquiera de los dos métodos es eficaz para la protección de la chapa, aunque normalmente el más utilizado es la aplicación de imprimaciones, ya que el utillaje necesario para su uso se limita a una pistola aerográfica, mientras que la electroimprimación obliga al empleo de un equipo específico.

## 2.2 PREPARACIÓN DE SUPERFICIES: ELIMINACIÓN DEL ÓXIDO, DECAPADOS FÍSICOS Y TRANSFORMACIONES QUÍMICAS

Uno de los primeros pasos de la reparación consistirá en eliminar toda la capa de óxido, eliminándola mecánicamente por medios físicos o transformando químicamente el óxido en otro producto que no reaccione con el oxígeno.

### 2.2.1 Decapados por medios físicos

Son aquellos que eliminan la capa de óxido mediante diferentes sistemas de separación de la pieza por abrasión, entre los que destacan:

- Cepillos de cerdas metálicas.
- Abrasivos tridimensionales, Clean Strip o discos de púas.
- Abrasivos en granos sueltos.
- Mediante lijas.

**_Nota_**

Para la eliminación del óxido resulta recomendable emplear medios alternativos al lijado ya que así se realiza un desbaste muy agresivo en la zona, el cual debilita aún más la chapa.

#### Eliminación del óxido con cepillos de cerdas metálicas

Con este sistema, la eliminación de la capa oxidada se realiza por desprendimiento a causa de la abrasión que produce el frotamiento continuado de las púas del cepillo.

La eliminación resulta muy lenta y laboriosa aunque no presenta ninguna dificultad.

**_Precauciones_**

Utilizar siempre la protección ocular correcta, mascarilla antipolvo y guantes.

**Figura 2.3.** Eliminación del óxido con cepillo de cerdas metálicas.

## Granallanado o sorreado

El método consiste en lanzar unos granos abrasivos muy finos de esmeril sintético mediante una pistola especial de presión. Esta pistola proyecta los granos de abrasivo contra la parte dañada a elevada velocidad y los repetidos impactos de los granos abrasivos sobre la zona dañada provocan el desprendimiento de la capa de óxido. Este método es muy efectivo aunque produce mucha suciedad (polvo de óxido y esmeril).

En el taller de preparación, se emplea una pistola con una boquilla especial con la que se puede regular la potencia de sorreado. Está fabricada de un acero especial capaz de soportar el paso del esmeril por su interior. En su parte inferior dispone del depósito para almacenar el abrasivo que necesita (Figura 2.4).

La presión de la pistola debe estar regulada entre los seis y los diez bares.

Es conveniente comprobar periódicamente el efecto del chorro, ya que su efecto continuado puede llegar a eliminar parte de la chapa.

***Precauciones***

Durante el desarrollo de este proceso es necesario utilizar la protección adecuada, guantes, mono integral y capucha con protección de cabeza, hombros y visera transparente para la protección de los ojos. Hay que prestar especial atención a la proyección del abrasivo que puede resultar muy peligrosa, ya que los granos son muy pequeños, salen proyectados a gran velocidad y pueden incrustarse en zonas blandas (cualquier parte del cuerpo, en especial los ojos).

Pistola de sorreado.

Grano abrasivo de esmeril.

Máscara de protección.

**Figura 2.4.** Decapado mediante el continuo "bombardeo" de partículas abrasivas sobre la capa blanda de óxido.

## ■ Separación por medio del lijado con abrasivos tridimensionales

La capa de óxido se desprende por el frotamiento continuado de un disco de fibras de poliuretano expandido combinando una resina polímero de alta resistencia, a las que se hallan pegado un abrasivo cerámico de altas prestaciones (cubitrón). Este disco es accionado por una máquina radial y se puede encontrar con diferentes granos.

El método es rápido y eficaz, apenas agrede a la chapa. Su forma circular le impide eliminar puntos de óxido muy profundos, por lo que, en algunos casos, necesita combinarlo con otros sistemas de eliminación (Figura 2.5).

***Precauciones***

- Emplear siempre mascarilla de polvo.
- Es aconsejable utilizar guantes y gafas.

**Figura 2.5.** Eliminación del óxido mediante discos *Clean Strip* y con discos de púas.

**Figura 2.6.** Cepillo de púas de acero para eliminar la protección anticorrosiva de los bajos de vehículos (antigravillas) y selladores, especialmente en puntos de soldadura, y para quitar corrosión.

## ■ Decapado mediante lijas

La eliminación de finas capas de óxido se realiza con lijas (abrasivos montados en soportes rígidos o semirrígidos), de diferente granulometría (normalmente, P-36 seguida de P-80), montadas en máquinas radiales o roto-orbitales.

Este sistema es muy similar al anterior, resulta muy cómodo, aunque presenta como inconveniente el calentamiento de la chapa.

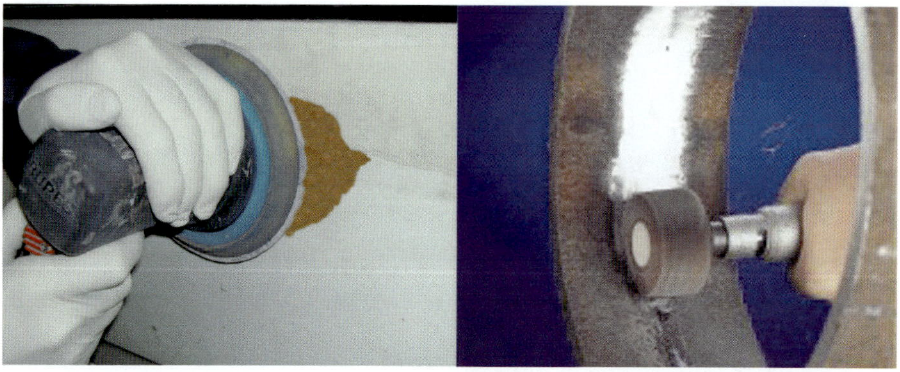

**Figura 2.7.** Eliminación del óxido con diferentes tipos de lijas: eliminación con roto-orbital y eliminación con abanico lijador.

***Precauciones***

- Emplear siempre mascarilla de polvo.
- Es aconsejable utilizar guantes y gafas.

## 2.2.2 Transformación por medios químicos

Es un proceso de inertización de la capa de óxido que la transforma en un complejo estable de hierro, proporcionando un recubrimiento polimérico que previene una posterior oxidación. Este producto es una emulsión sintética monocomponente de resina de látex con base acuosa.

Estos productos se aplican a brocha o con aerosoles sobre superficies debidamente limpias y desengrasadas, en dos capas con un tiempo de espera intermedio (para que reaccione el producto). A veces conviene realizar un lijado previo superficial para favorecer la penetración y difusión de los productos.

Una vez aplicada la última capa, pasadas 24 horas se puede pintar sobre ellos. La temperatura de aplicación debe estar entre 10 y 30 °C.

***Precauciones***

- Utilizar guantes.
- Aplicar en lugares bien ventilados.
- Quitar la pintura con espátula o rascador.
- Limpiar la herramienta inmediatamente con agua y detergente.

**Figura 2.8.** Ejemplo de un convertidor de óxido y su aplicación.

## 2.3 TRATAMIENTOS DE LOS RECUBRIMIENTOS METÁLICOS. PROCESOS DE TRABAJO

En la reparación resulta en algunos casos inevitable la destrucción de las capas de fosfatación y cataforesis o, lo que es lo mismo, la protección de cinc, por tanto, se debe reponer esta capa protectora.

La nueva capa de cinc debe ser lo más parecida a la de origen. Esto se puede conseguir mediante la aplicación de imprimaciones y masilla apropiadas o bien por medio de la electroforesis (electrocincado); esta última aporta mejor protección debido a que el espesor de la capa es mayor (aproximadamente 10 μ).

### 2.3.1 Electrocincado (recincado)

El proceso de electrocincado permite crear una fina capa de metal protector (cinc) sobre la chapa, por medio del paso de la corriente eléctrica. De esta forma, las partículas de cinc son atraídas por la chapa, formando una capa superficial que la protege de la oxidación.

El líquido que se emplea para la protección es una solución de pintura que tiene un alto contenido de cinc disuelto en una base acuosa que no lleva adhesivo.

## Equipo de electrocincado

Para crear la corriente continua, y poder aplicar la solución de cinc, es necesario un equipo de trabajo compuesto por los siguientes útiles:

- Un transformador de corriente continua (salida a 12 V) que se conecta a la red (entrada 220 V), dotado de un regulador y un indicador de intensidad que sirven para controlar el proceso (aumentar o disminuir la intensidad en función del tamaño de electrodo que se utilice) y por supuesto las conexiones de corriente, un cable de toma de red y dos salidas: una para la masa o negativo que se conecta a la carrocería, otra para el cable del electrodo positivo de recincado.
- La pinza de masa que sale del transformador debe colocarse en un lugar que haga un buen contacto de masa, lo más cercano posible a la zona sobre la que se va a trabajar.
- Un ánodo de Ø 100 mm (para grandes superficies planas) y de más de 200 mm$^2$.
- Un ánodo de Ø 50 mm (para superficies planas medianas).
- Cinco ánodos de Ø 13 mm (para pequeñas superficies de difícil acceso y pequeñas superficies).
- Un porta tapón para ánodos de Ø 50 y 100 mm.
- Un adaptador para ánodos de Ø 50 y 100 mm.
- Un porta tapón para ánodos de Ø 13 mm.
- Un cable negro para la masa, con pinza para su fijación en la carrocería y un cable rojo para el positivo.
- Un recipiente de plástico con solución de cinc.
- Veinticinco fundas para ánodos de Ø 13 mm.
- Diez fundas para ánodos de Ø 50 y 100 mm.
- Tres litros de solución de cinc.

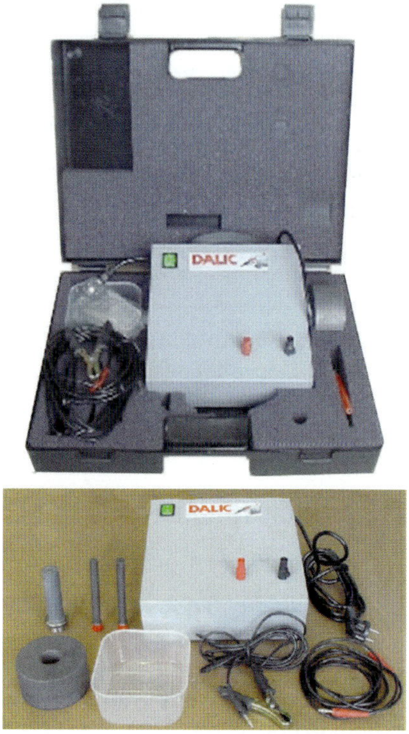


**Figura 2.9.** Equipo de electrocincado.

## Proceso de trabajo del electrocincado

Aplicar solamente sobre chapa viva o desprotegida. Los electrodos deben ser lijados regularmente para asegurar una correcta conducción eléctrica. Para evitar que se oxide esta capa, es conveniente aplicar la pintura inmediatamente después del electrocincado, o en caso contrario, será necesario realizar un nuevo lijado.

Hay que tener en cuenta que algunos tipos de pintura tienen dificultades de agarre sobre el cinc. El espesor mínimo debe ser de 10 µ.

### PROCESO DEL ELECTROCINCADO

1

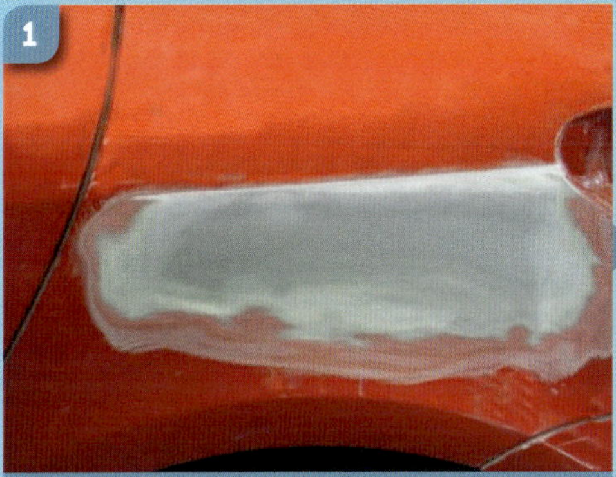

Antes de proceder a realizar el electrocincado, es importante haber realizado todos los trabajos de conformado de chapa.

2

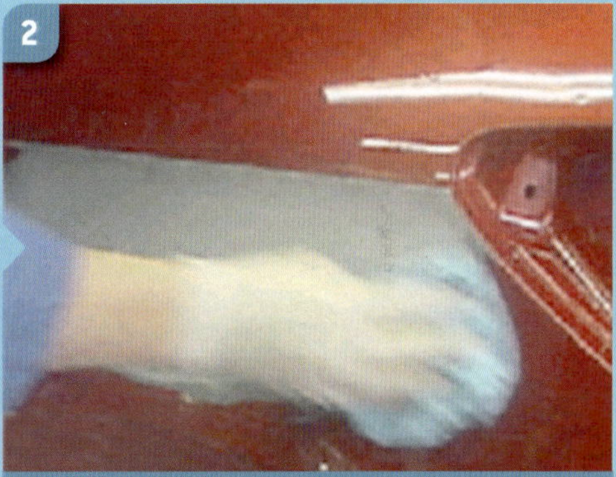

Desengrasar con un disolvente no graso.

3

Iniciar el lijado con lijadora radial y grano P-100.

4

Continuar con lijadora roto-orbital y grano P-180.

## PROCESO DEL ELECTROCINCADO

5

Realizar un nuevo lijado con P-280.

6

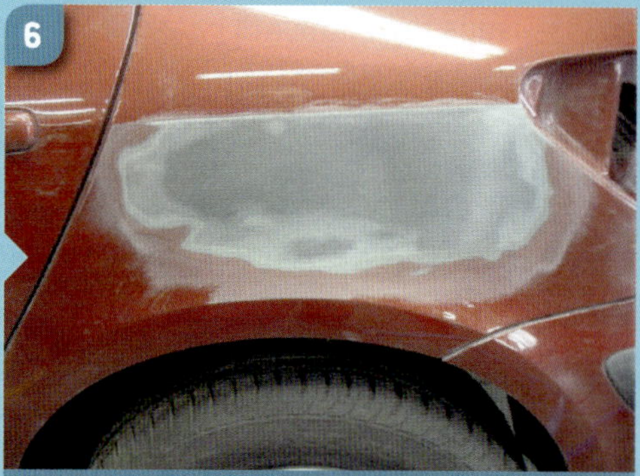

Finalizar con un abrasivo P-400.

7

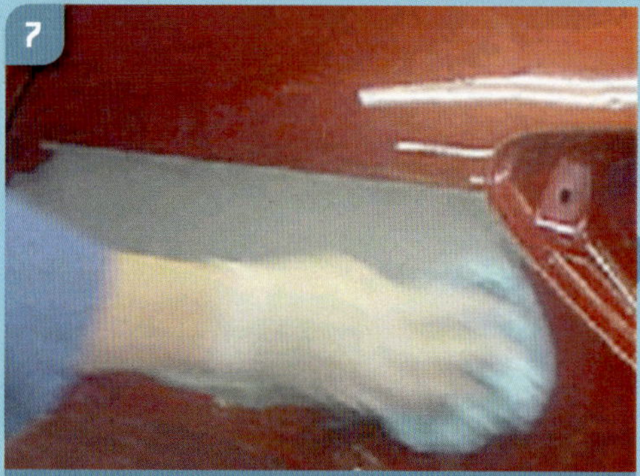

Limpiar adecuadamente la superficie con un disolvente no graso. La superficie está lista para el electrocincado.

8

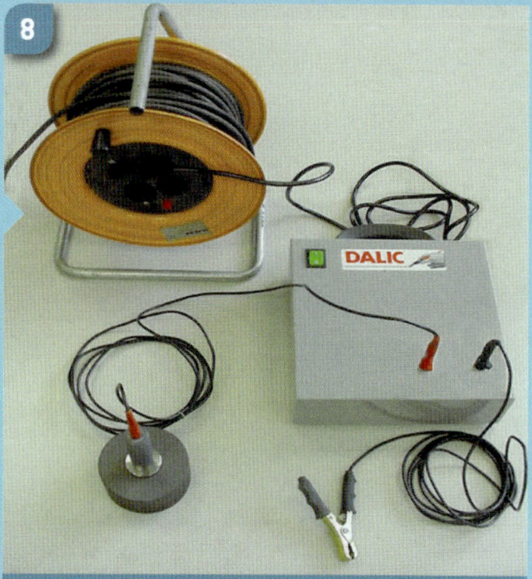


Elegir el electrodo en función de la superficie, en este caso el de 100 mm y conectar el equipo a la red.

9

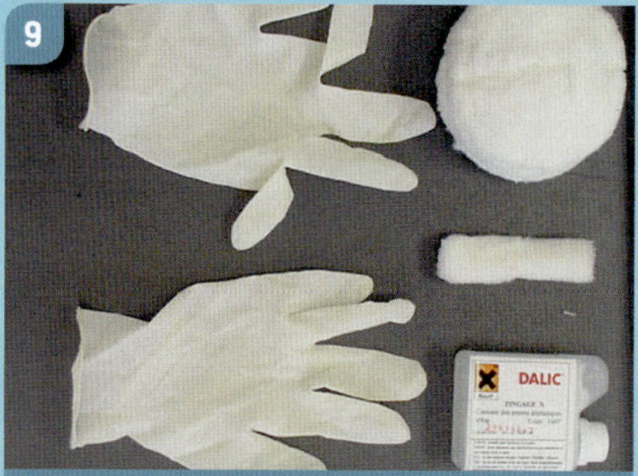


A continuación preparar el material consumible compuesto por caperuzas de diferentes diámetros, guantes de látex y una botella de disolución de cinc.

10

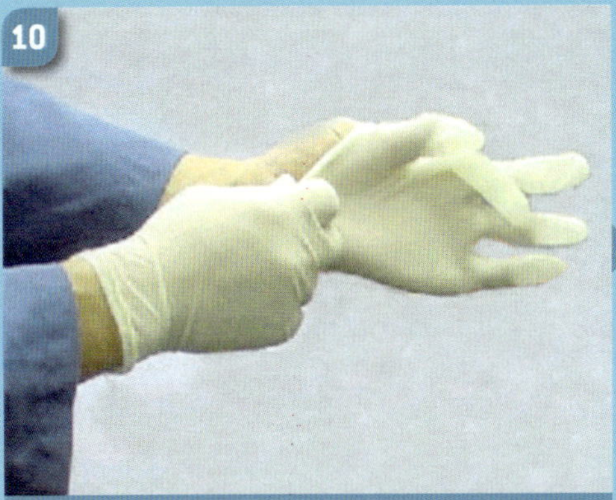

Protegerse con los guantes de látex.

11

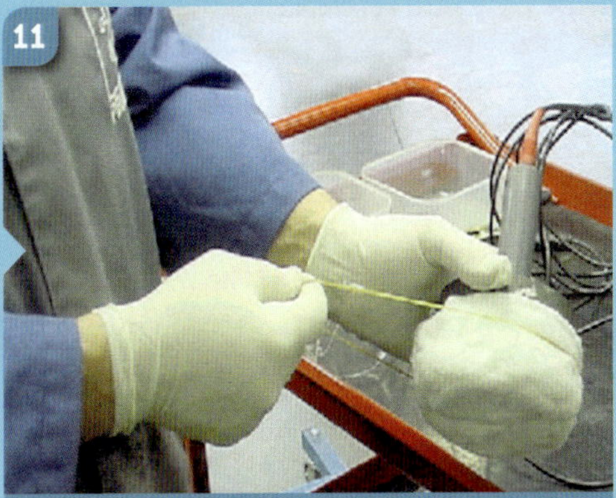

Seguidamente montar sobre el ánodo de 100 su correspondiente caperuza.

12

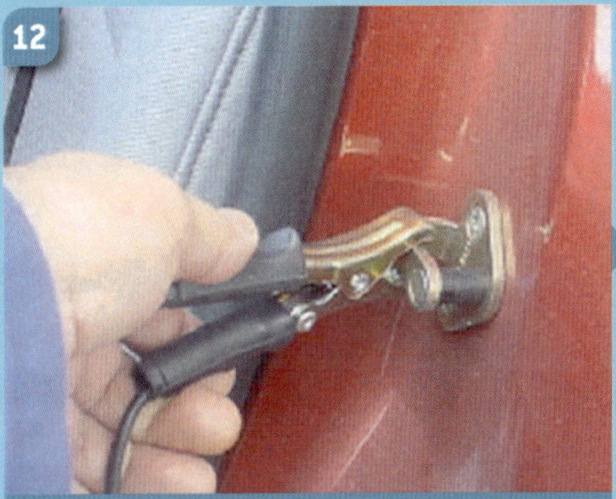

Colocar el cable de masa en la zona más próxima a la reparación.

13

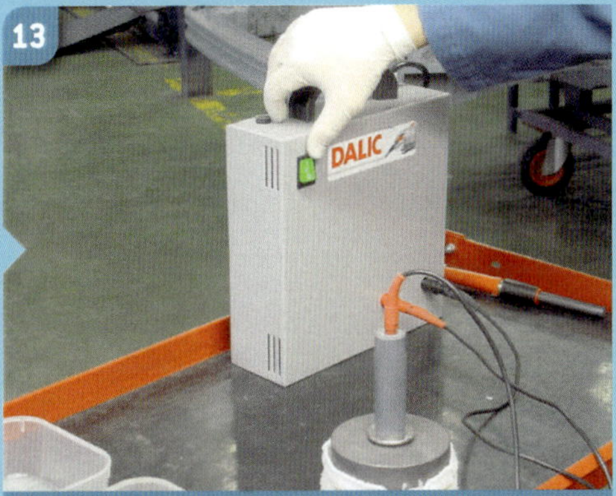


Conectar el equipo actuando sobre el interruptor y regular el potenciómetro.

**Tabla 2.1.** Posición del potenciómetro

| Superficie en $cm^2$ | Electrodo positivo | Intensidad en amperios | Tiempo en minutos |
|---|---|---|---|
| 10 | 13 | 10 | 0,3 mm |
| 10 ≤ 50 | 50 | 20 | 0,5 mm |
| 50 ≤ 100 | 100 | 35 | 1 mm |
| 100 ≤ 200 | 100 | 35 | 2 mm |
| 200 ≤ 300 | 100 | 35 | 3,5 mm |
| 300 ≤ 400 | 100 | 35 | 4 mm |
| 400 ≤ 500 | 100 | 35 | 6 mm |

La Tabla 2.1 nos indica la posición adecuada del potenciómetro para realizar el electrocincado.

14

Rellenar una de las gavetas con agua del grifo.

## PROCESO DEL ELECTROCINCADO

15

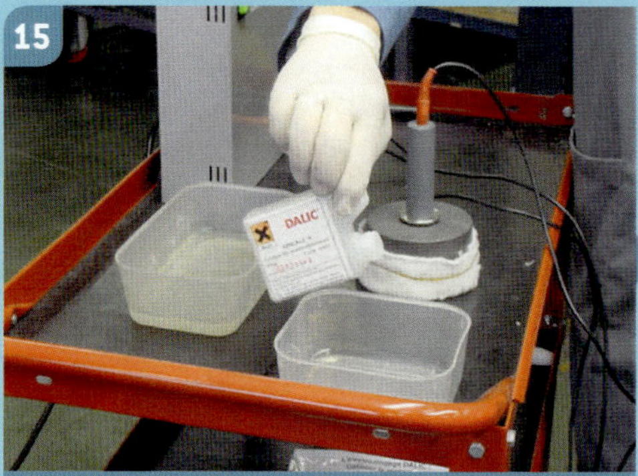

La otra, se rellena con la botella de cinc.

16

Humedecer el ánodo con agua.

17

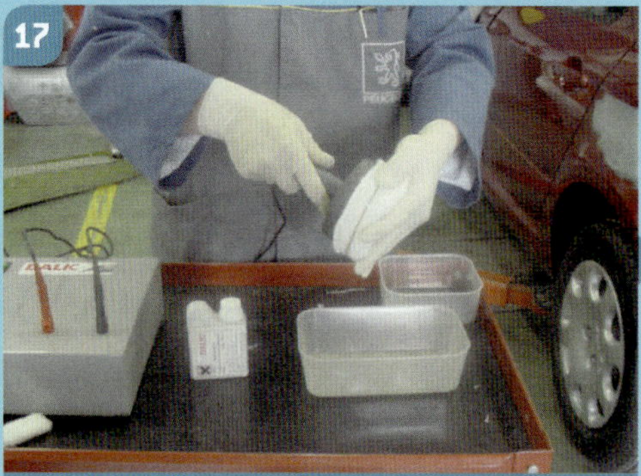

Retorcer ligeramente el ánodo para eliminar el agua sobrante.

18

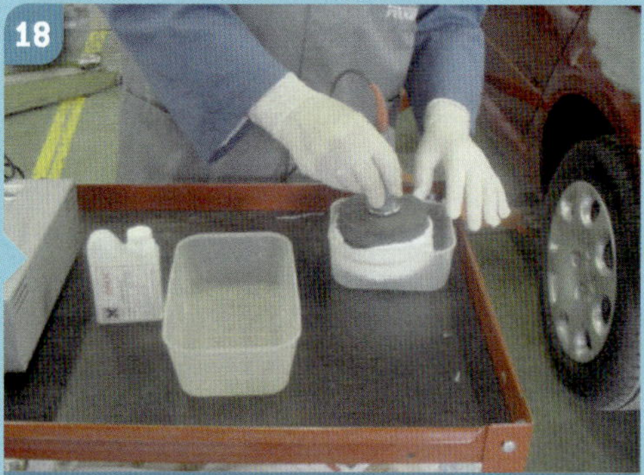

A continuación humedecer el ánodo en la disolución de cinc.

19

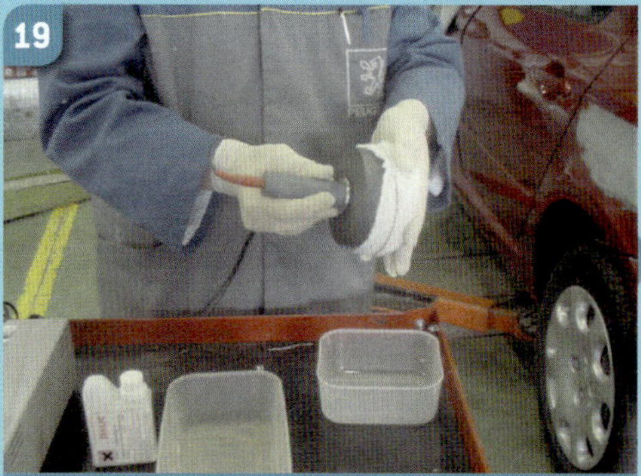

Escurrir la disolución sobrante.

20

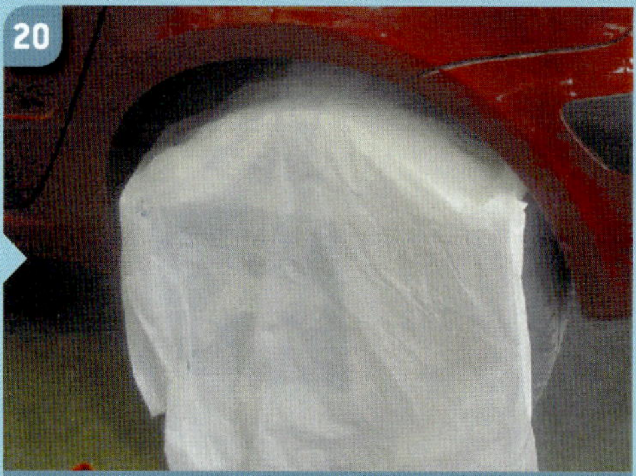

Proteger de forma adecuada el vehículo.

21

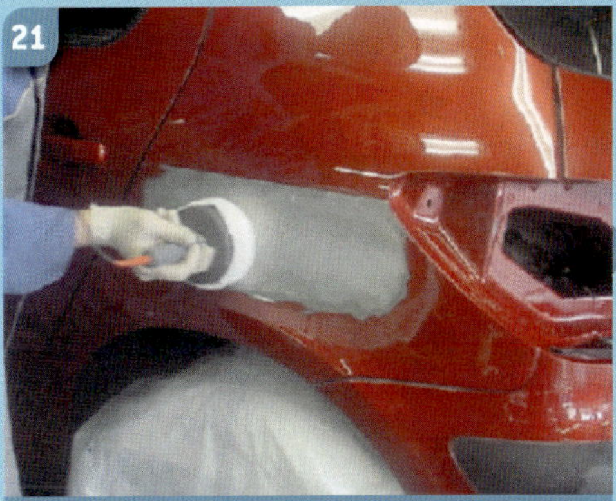

A continuación, realizar barridos del ánodo sin detenerse hasta observar un cambio de color (marrón). Una superficie de 10 cm$^2$ se realiza en aproximadamente 30 segundos y el consumo es de 1 litro por m$^2$.

22

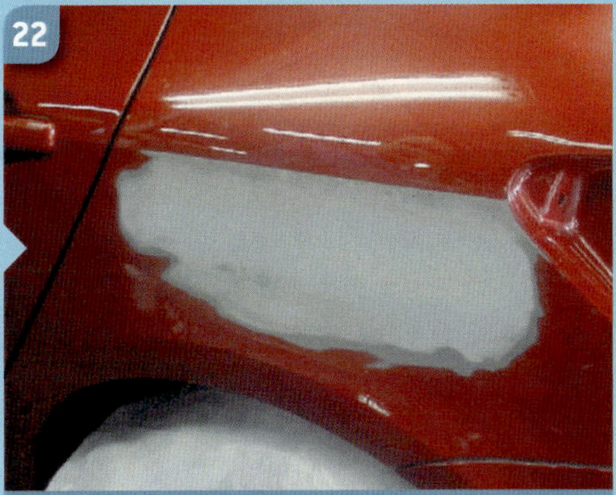

Cubrir por completo toda la superficie. En condiciones normales la capa depositada es de 10 micras.

23

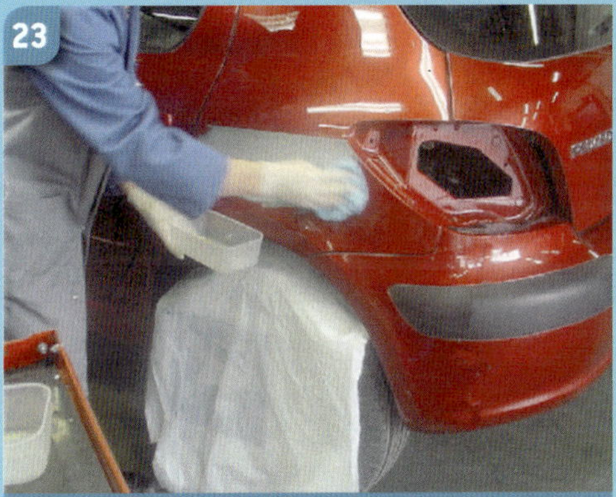

Lavar la superficie con agua limpia y a continuación secar con un paño limpio.

## 2.4 TRATAMIENTOS DE LOS RECUBRIMIENTOS NO METÁLICOS

Al llevar a cabo los procesos de reparación de la carrocería será necesario reponer los productos de protección que se han eliminado, empleando para ello los productos adecuados: selladores, revestimientos de bajos, ceras de cavidades, productos espumógenos e imprimaciones (cuyas características de aplicación se describen en la Unidad 3).

**Figura 2.10.** Aplicación de un protector de bajos.

## 2.4.1 Sellado de bordes

La hermetización de las uniones entre las diferentes piezas que componen la carrocería, compartimento motor, pared frontal, habitáculo, maletero, puertas, portones y capós, se realiza mediante revestimientos orgánicos (cordones plásticos). Estos cordones sirven para aislar e impedir la acumulación de la humedad y los depósitos de suciedad que se pueden formar en las uniones, evitando así el efecto de la corrosión. Además, mejoran el aspecto visual de la unión.

Son selladores de muy baja o nula resistencia tales como:

- Los que están basados en disolventes. Están elaborados con caucho sintético y neopreno.
- Los de poliuretano (PU), normalmente de un solo componente, para sellados con distinta resistencia, desde uniones no estructurales como engatillado de puertas, a estructurales como las lunas pegadas.
- Los compuestos por silanos modificados también son elásticos como los poliuretanos, pero presentan una mayor adhesión a la chapa y plásticos, una notable resistencia a los rayos ultravioleta y una óptima resistencia a la abrasión mecánica (para su empleo como antigravilla).
- Los moldeables, a base de goma de butilo o gomas sintéticas, más empleados para hermetizar las piezas que se consideran de elevada reponibilidad.

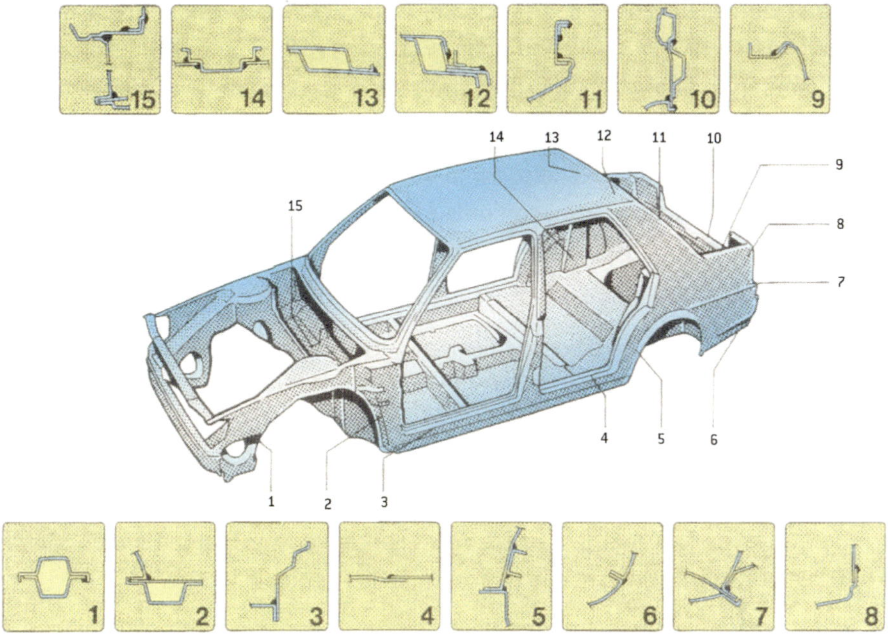


**Figura 2.11.** Bordes sobre los que se aplican los selladores.

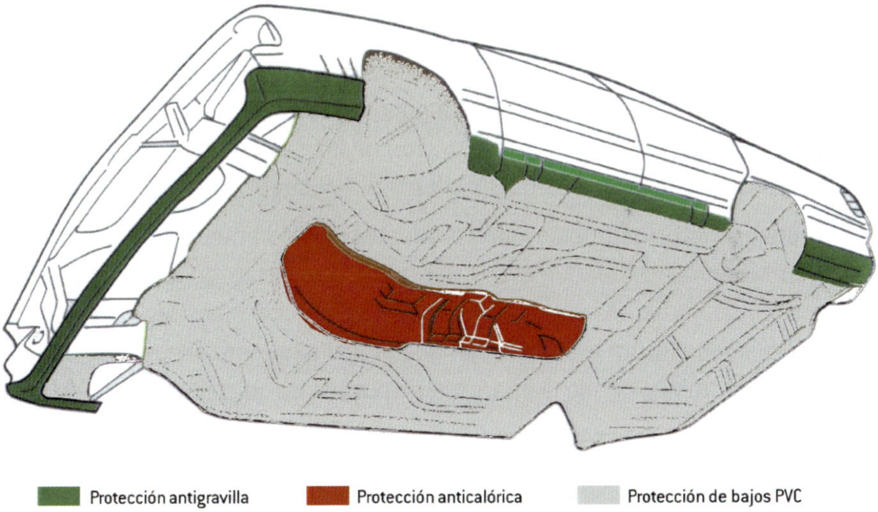


**Figura 2.12.** Protecciones específicas del piso.

## 2.4.2 Revestimientos de bajos

Para evitar las agresiones habituales a que se encuentran expuestos los bajos, se aplica una capa de pintura de protección que además de aislar las piezas de la humedad, sirve para protegerlas de las proyecciones de piedras y elementos duros.

La protección de las zonas donde hay mayor posibilidad de impactos de pequeños objetos se realiza aplicando unos productos más densos, que tras su secado, ofrecen una dureza superficial muy superior y crean un mayor poder de absorción frente a los impactos.

El túnel o parte central del suelo, por la que discurre el catalizador y el escape, en muchas ocasiones se trata con un aparejo capaz de aislar y proteger térmicamente de la gran cantidad de calor que estos elementos irradian.

Los productos que se emplean son:

- Para la protección de bajos tradicionalmente se empleaban productos bituminosos de aspecto gomoso de color negro, aunque en la actualidad se emplean productos plásticos como el cloruro de polivinilo (PVC), normalmente coloreados en negro que además se pueden llegar a repintar. Estos últimos se aplican sobre la carrocería en forma de polvos, a los que se somete a temperaturas de hasta 160 °C, para convertirlos en una fina lámina continua. Suelen utilizarse en el hueco motor, bajos del vehículo y pases de rueda.
- Para la protección contra proyecciones (antigravillas), tradicionalmente también se han venido empleando productos bituminosos, que presentaban una mayor densidad y una excesiva rigidez, a diferencia de los actuales que resultan bastante más ligeros y resistentes.

  Actualmente, se aplican en forma de capas de pintura de base sintética (resinas sintéticas y caucho), de mayor espesor para absorber mejor los impactos, cuyo espesor varía en función de las solicitudes de respuesta de cada zona, oscilando entre los 0,2 y los 0,5 mm según la zona (Figura 2.13).

  Una capacidad en común de estos productos con los anteriores es que, como no terminan de endurecerse en su interior, presentan un aspecto gomoso y pueden absorber los impactos y lanzar las proyecciones sin que se dañe la película de pintura y así no dejar a la chapa expuesta al contacto con los contaminantes, evitando la aparición de puntos de corrosión.

  Actualmente, se aplica la misma capa base de PVC que se coloca en el resto de los bajos.
- Para la protección térmica de la parte del túnel central, los aparejos empleados son productos plásticos de elevada resistencia al calor.

La aplicación de estos productos suele realizarse mediante pistola aerográfica de succión con pulverizaciones rápidas y muy atomizadas que producen neblinas menos densas y con menos olor.

Su aplicación se realiza en capas sucesivas para evitar descolgamientos. Así mismo, modificando la regulación de la pistola se pueden conseguir diferentes texturas.

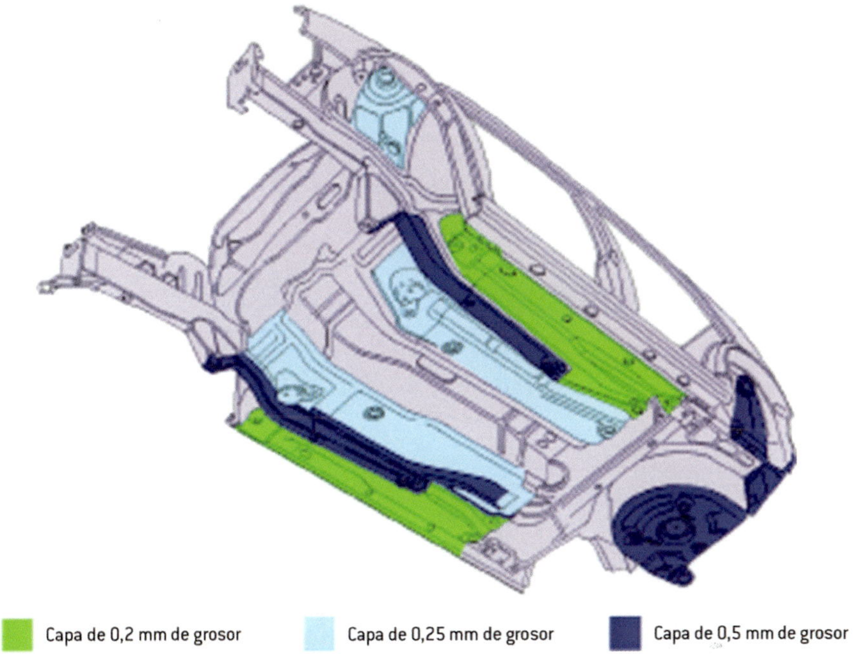


**Figura 2.13.** Representación de los espesores de capa.

### 2.4.3 Ceras de cavidades

Para poder conjugar la rigidez estructural necesaria con la reducción del peso total y el coste de los materiales, la carrocería presenta un gran número de cavidades y partes huecas de difícil accesibilidad y ventilación, siendo muy propensas a la corrosión.

Estas zonas, que no necesitan presentar una gran apariencia estética y a las que resulta muy difícil acceder, necesitan una buena protección anticorrosiva; por ello se recubren con ceras de cavidades, que se pueden aplicar fácilmente y tienen un alto poder de relleno y penetración.

Estas ceras reúnen las cualidades que son necesarias para llegar y proteger el interior de las piezas solapadas y los pliegues de unión interiores.

En fabricación se aplican a temperaturas cercanas a los 60 °C y con la carrocería precalentada para facilitar aún más su poder de penetración. Inyectándolas a través de orificios estampados en la carrocería al principio o al final de cada una de las zonas huecas (largueros, pilares, travesaños, paneles laterales y capós), mediante sondas flexibles que se introducen hasta el final de la pieza hueca, se hace que fluya la cera por su interior y se va tirando de ellas hasta sacarlas por el otro extremo. Una vez terminada la aplicación, los orificios de aplicación se cierran con tapones de goma.

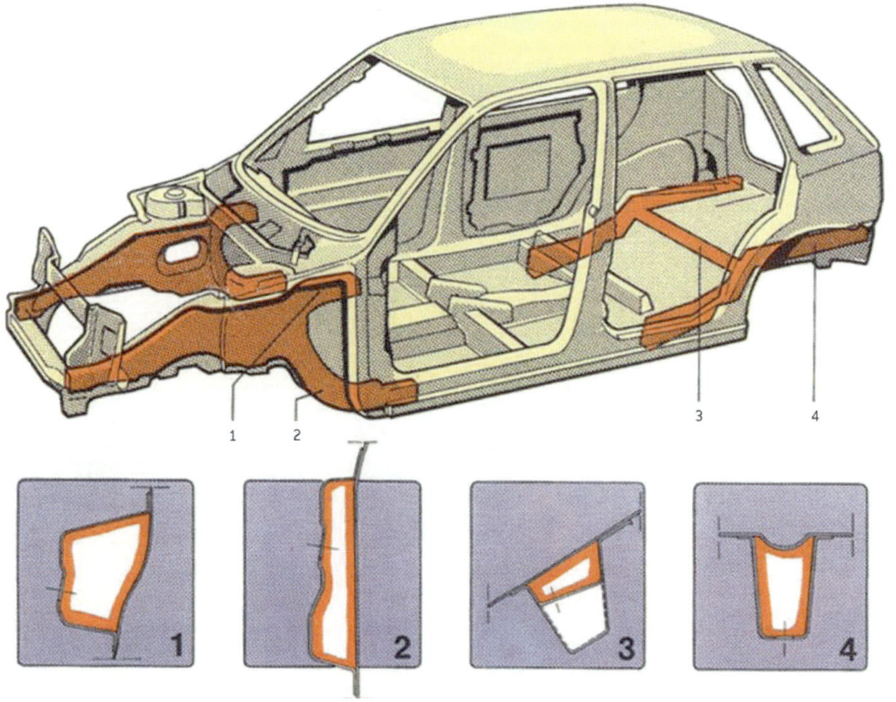


**Figura 2.14.** Esquema de aplicación de ceras de cavidades en zonas típicas.

La cera se mantiene en estado pastoso durante toda su vida, con lo que se consigue prolongar la protección en caso de que haya vibraciones que, de otra forma, provocarían la rotura de la película y harían aparecer puntos de chapa que quedarían desprotegidos.

Las ceras son productos que incluyen polímeros plásticos (que le dan flexibilidad) con aditivos anticorrosión y tienen un elevado poder de penetración por capilaridad, además de ser altamente hidrófobos (repelen la humedad). Algunas están exentas de disolventes y otras contienen bajas proporciones de xileno y derivados aromáticos que facilitan su aplicación, ya que aumentan la fluidez del producto, mejorando la atomización.

## 2.4.4 Productos espumógenos

En el interior de los cuerpos huecos, en algunos de los vehículos y como alternativa a las ceras, se aplican productos de relleno (Figura 2.15).

Este relleno es una espuma basada en prepolímeros de PU en forma de pasta, que al ser inyectada se expande en las cavidades hasta rellenar todo el hueco y formar un producto esponjoso sólido, de burbujas dispuestas una junto a otra, aisladas por sus paredes. Sirven de protección contra la corrosión, aislamien-

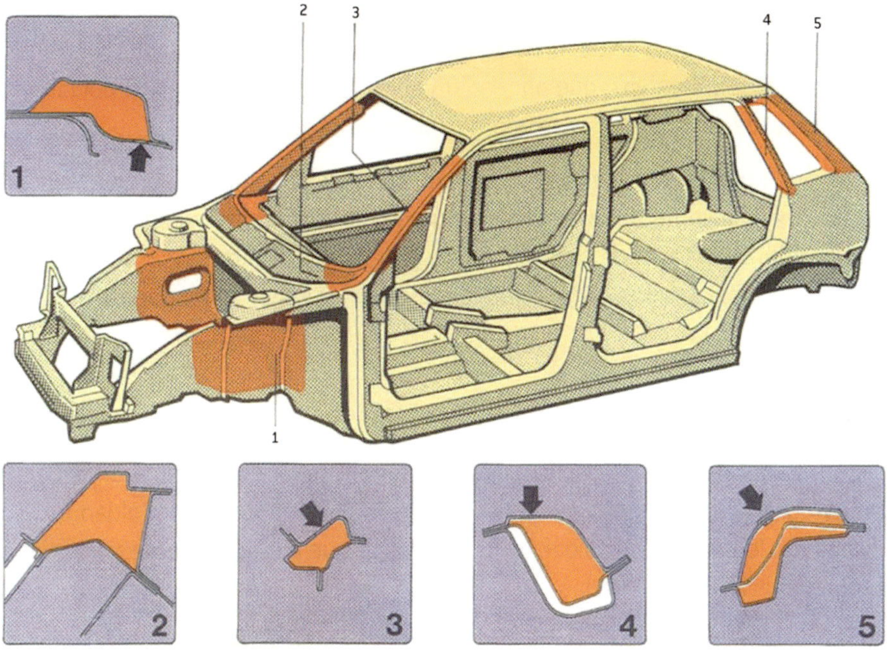


**Figura 2.15.** Zonas de aplicación de productos espumógenos.

to acústico-térmico y absorben una pequeña parte de los impactos cuando se produce una colisión.

## 2.4.5 Placas insonorizantes

Junto con los productos mencionados, para las piezas de gran tamaño, en las que se pueden producir más vibraciones y ruidos (como son los paneles laterales, puertas, capós y en el interior, sobre los suelos), se adhieren planchas antisonoras que amortiguan las oscilaciones y el ruido que se producirían en la pieza debido a las vibraciones (Figura 2.16).

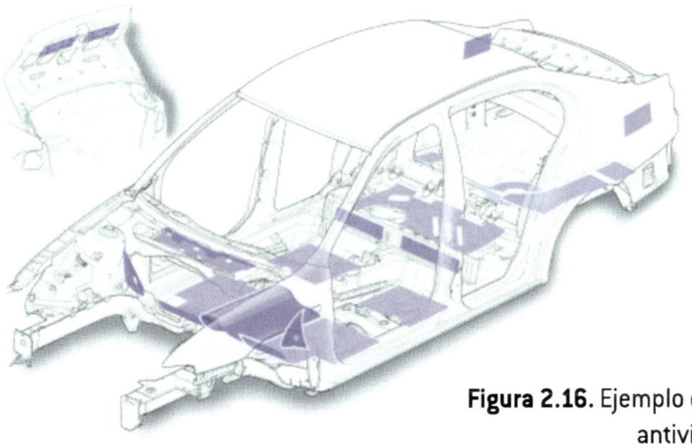

**Figura 2.16.** Ejemplo de aplicación de láminas antivibración.

Son láminas de diferente tamaño que están compuestas principalmente por betún más plástico o de espuma de PUR con adhesivos de contacto, formando planchas autoadhesivas, que poseen una elevada capacidad para amoldarse a las diferentes variaciones en la geometría de las piezas.

En algunos casos, sobre estas láminas se colocan otras que mejoran estos cometidos, especialmente la amortiguación del ruido. El material empleado en la fabricación de estas mantas es el vellón (algodón y espuma reciclada sin CFC –compuestos fluorados–). Su cantidad, espesor y densidad varían de acuerdo al tipo de vehículo.

### 2.4.6 Imprimaciones electrosoldables

Las imprimaciones electrosoldables permiten proteger de la corrosión las pestañas de unión de las chapas de acero antes de proceder a su soldadura. Se aplican en los paneles a soldar, en zonas en las que posteriormente no se tiene acceso interior para pintarlas.

Existen varios tipos de imprimaciones electrosoldables, todas ricas en cinc, según la forma de aplicación:

- Masillas electrosoldables. Su aplicación se realiza a brocha o espátula.
- Imprimaciones electrosoldables. Se aplican en aerosol o a brocha.
- Cintas adhesivas electrosoldables. Se colocan manualmente sobre las pestañas a unir.

### 2.4.7 Imprimaciones anticorrosivas

Las denominadas imprimaciones son pinturas que se utilizan en la reparación como primera mano para la protección de la chapa contra la corrosión por su efecto antioxidante, debido a su alto contenido en cargas anticorrosivas que son pigmentos neutros de color, sobretodo fosfato de cinc. Tienen buena adherencia sobre la chapa y sirven como soporte de anclaje para las siguientes capas.

Según su forma de secado, estas imprimaciones pueden ser:

- 1K: normalmente empleadas en aerosol. Son muy cómodas y rápidas de utilizar ya que no es necesario mezclarlas, y una vez aplicadas, no necesitan el proceso posterior de limpieza de la pistola. Las imprimaciones de plásticos son de este tipo, pero aplicadas a pistola.
- 2K: necesitan de la adición de un catalizador para reaccionar y de esta manera provocar el secado. Las imprimaciones epoxi y fosfatantes son de este tipo.

**Figura 2.17.** Imprimación aerográfica fosfatante 2K (*Washprimer*).

## 2.5 PROCESO DE PREPARACIÓN DE LAS IMPRIMACIONES AEROGRÁFICAS

Para la preparación de una pieza es necesario desengrasarla y posteriormente lijarla con lijas de grano P-600 al agua o P-320 en seco, seguido de la limpieza oportuna antes de la aplicación, teniendo especial cuidado en el caso del lijado al agua de no dejar restos de residuos que pudieran ocasionar oxidación de la chapa. Las proporciones de la mezcla suelen ser de 1:1 y el tiempo de vida o *pot life* es de 24 h a 20 °C. Elegir la imprimación que mejor se adapte a la reparación.

En función del tipo de pistola de aplicación, varía el pico de fluido. Si es de gravedad, el pico debe ser de 1,5 a 1,7; si fuera de succión, el pico sería de 1,6 a 1,8. La presión de aplicación es de 2 bares y el número de capas entre 2 y 3, dejando un tiempo aproximado de aireación entre la aplicación de una capa y otra de 5 minutos si la temperatura es de 20 °C.

El tiempo de secado libre de polvo es de 5 minutos y está listo para el lijado entre 30-45 minutos, dependiendo de la temperatura y de las capas aplicadas.

El espesor aproximado de la capa total aplicada es de 15 a 20 micras. Las capas aplicadas tienen poco poder de relleno, debido a la escasa presencia de pigmentos de carga.

Si además recordamos que las proporciones de la mezcla son de 1:1, el producto obtenido es muy líquido, por lo que la aplicación debe hacerse con precaución para evitar los descolgados.

La imprimación se debe lijar con grano abrasivo P-600, seguido de P-800 al agua o P-400 en seco, teniendo presente que debido al escaso micraje aplicado hay que tener mucha precaución en esta operación, para evitar que aparezcan puntos de chapa desnuda y tener que repetir en esos puntos la aplicación de imprimación.

Como recomendación en la utilización de estas imprimaciones, conviene estudiar con detenimiento las especificaciones de las hojas técnicas del fabricante para hacer un uso correcto del producto utilizado y obtener, así, buenos resultados. El requerimiento de los pictogramas que incorporan los envases contribuye a la mejor utilización y aprovechamiento de estos productos.

## 2.6. PRODUCTOS, HERRAMIENTAS Y EQUIPOS

Además de los productos, herramientas y equipos relacionados en los procesos anteriores (eliminación del óxido, electrocincado), a continuación se relacionan los directamente relacionados con el tratamiento de los recubrimientos no metálicos.

### 2.6.1 Productos

Estos productos se suministran bajo diferentes presentaciones: en forma de pastas aplicables a brocha, en bolsas o cartuchos extruíbles a pistola, en cordones, cintas preformadas, o como productos monocomponentes o de dos componentes que deberán mezclarse convenientemente para ser aplicados, de acuerdo con su posible empleo y para conseguir la mayor economía posible. A continuación se muestran algunas de las presentaciones más comunes.

**PRESENTACIÓN DE LOS SELLADORES**

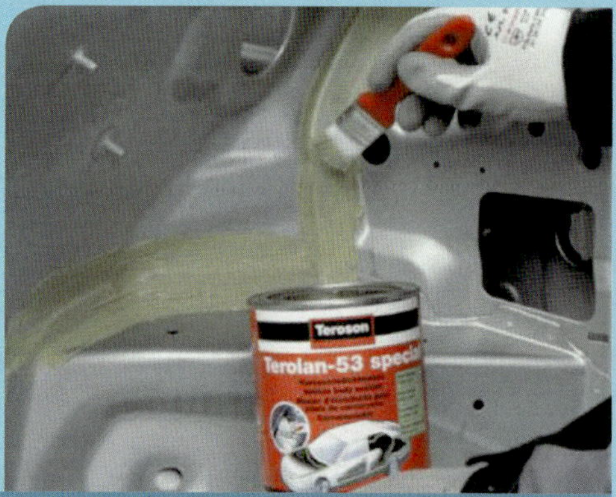


Aplicación a brocha.

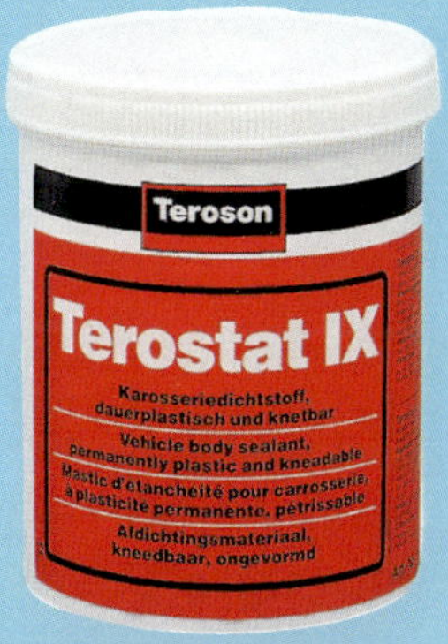

Aplicación de masilla moldeable.

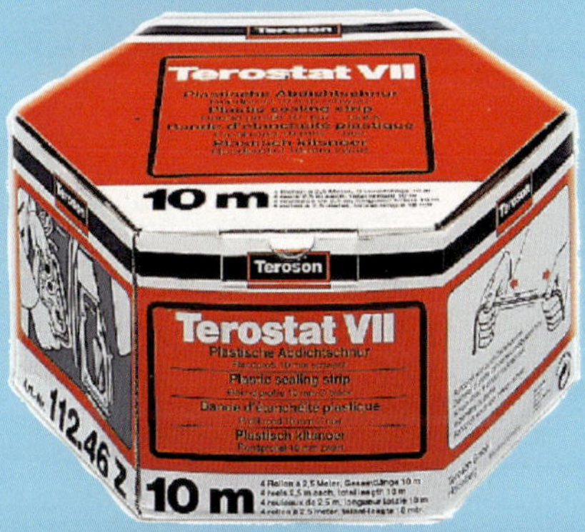


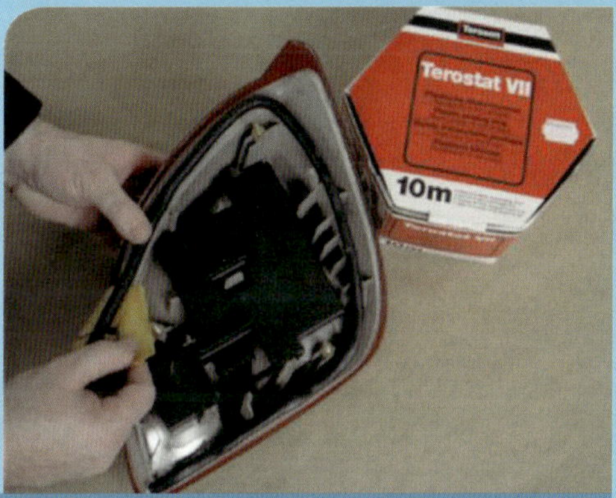


Aplicación en cordones moldeables.

Aplicación de cordon extruido.

## PRESENTACIÓN DE LOS SELLADORES

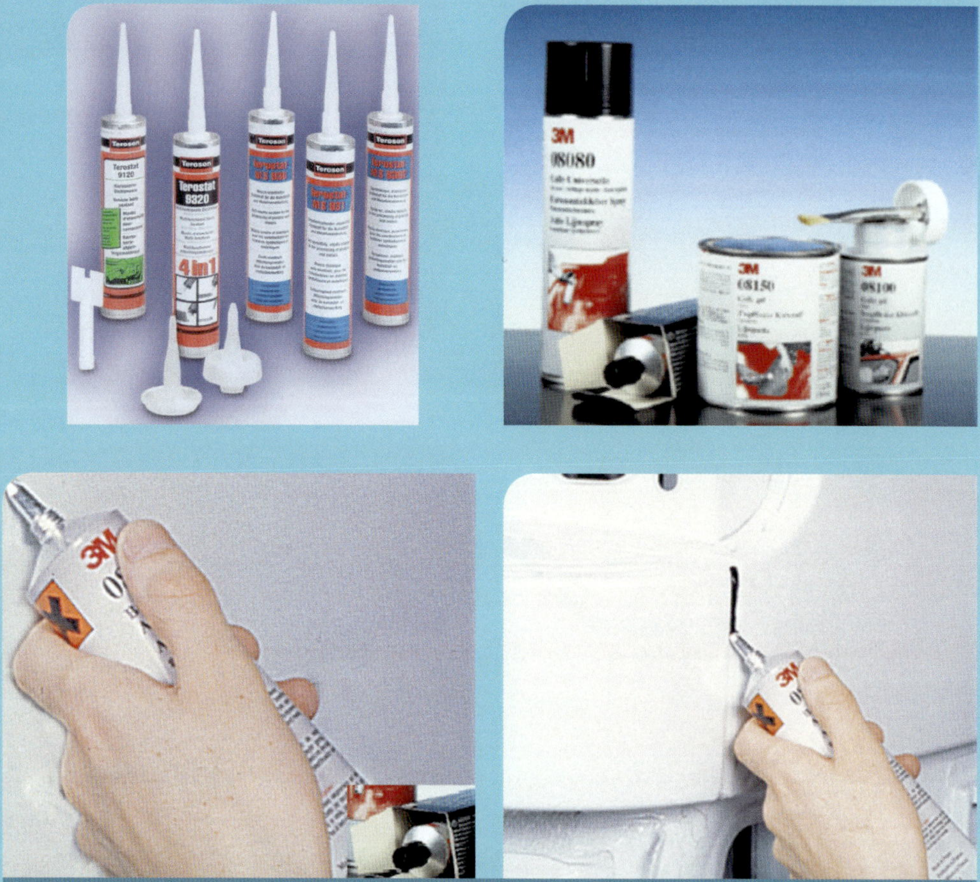


Gamas de selladores.

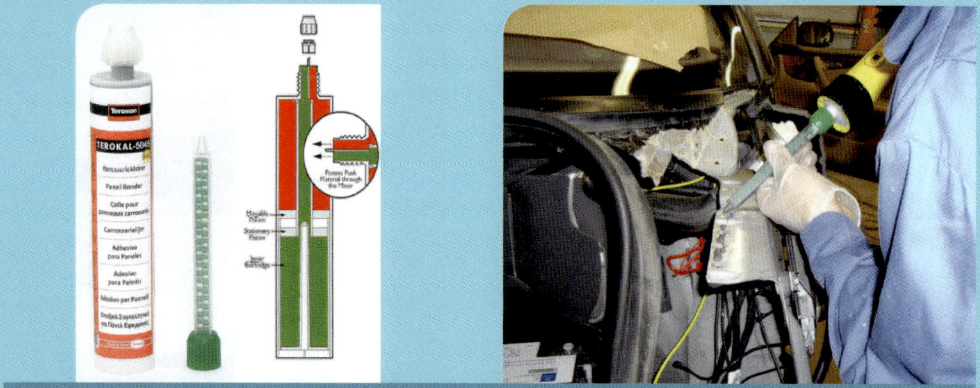


Bicomponentes.

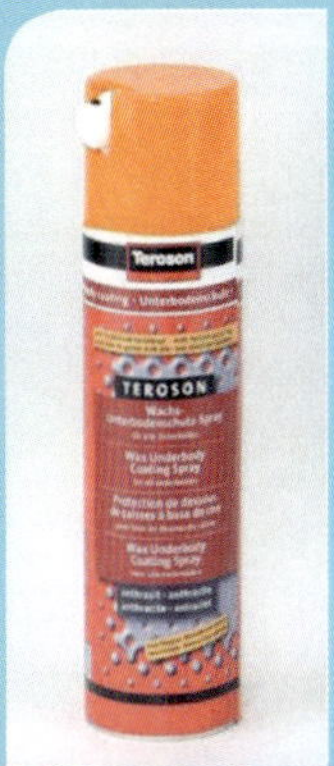


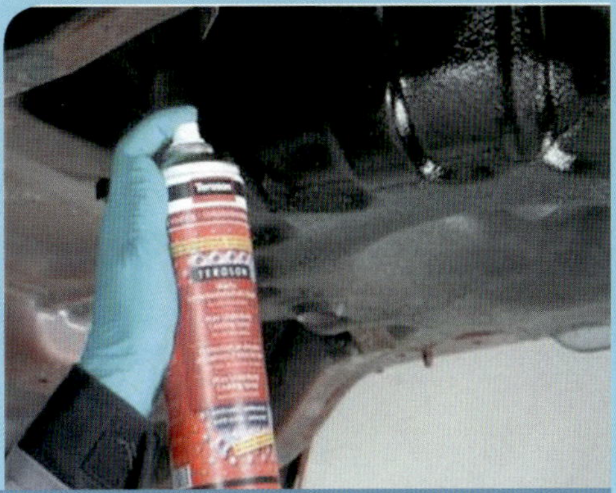

En espray.

Protectores de bajos.

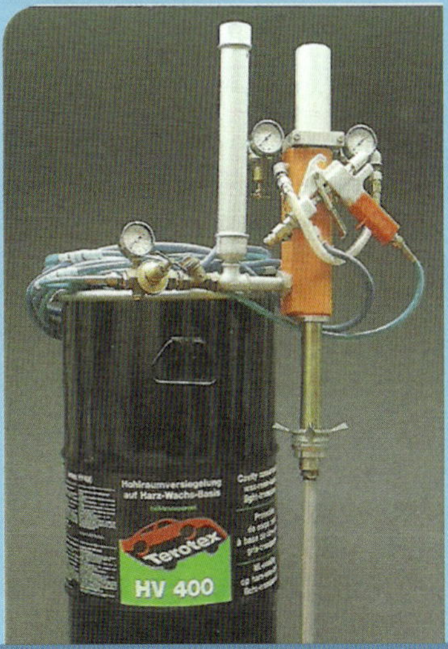

Grandes equipos.

## PRESENTACIÓN DE LOS SELLADORES

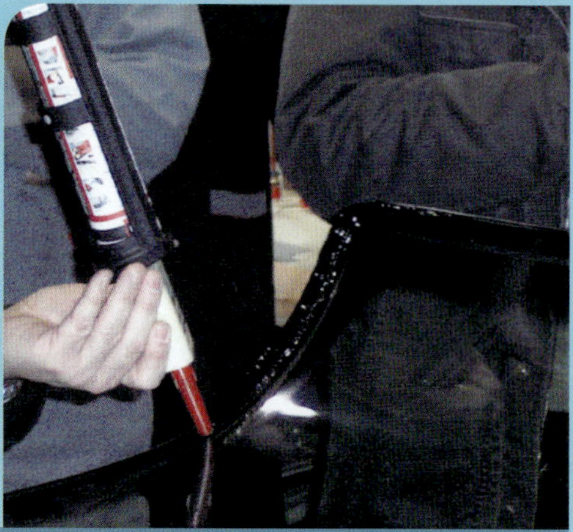

Adhesivo de lunas-selladores.

Pintura de bajos.

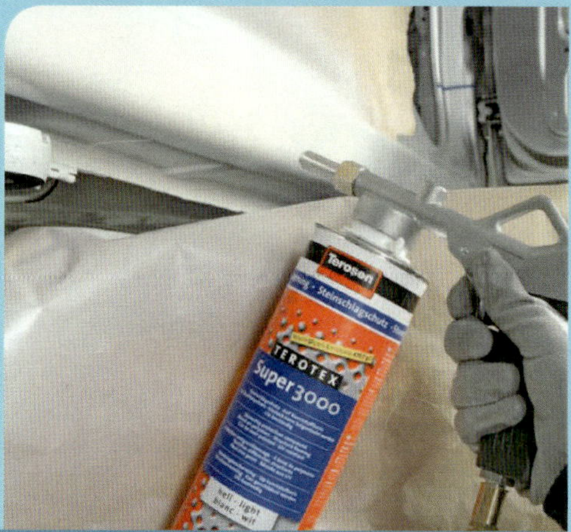


Antigravilla.

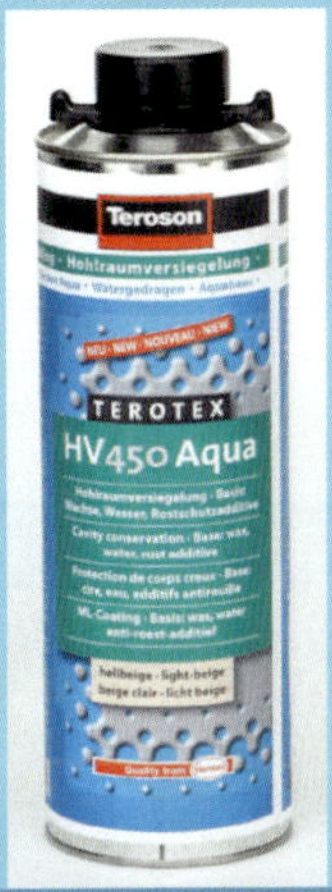

Cera de cavidades con sonda de gancho.

Cera de cavidades en espray.

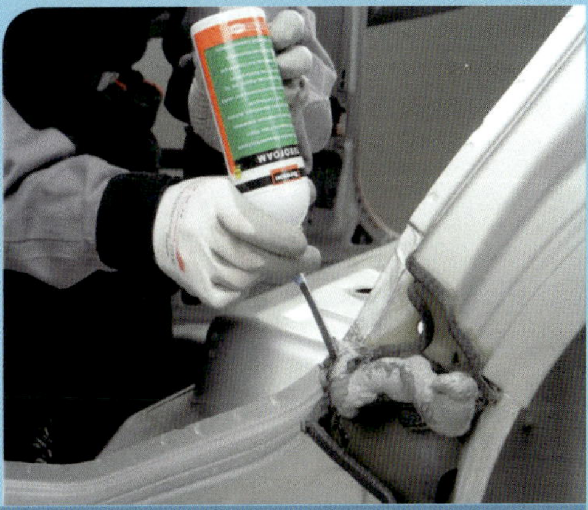

Productos espumógenos.

## 2.6.2 Útiles para la aplicación

Para la aplicación de los productos se emplean diferentes útiles y pistolas, para poder adaptarse a gran variedad de productos (diferentes formatos), forma y posición de las piezas y a los distintos grados de acabado que se desee obtener.

Seguidamente se muestran los más comunes.

### ÚTILES DE LOS SELLADORES

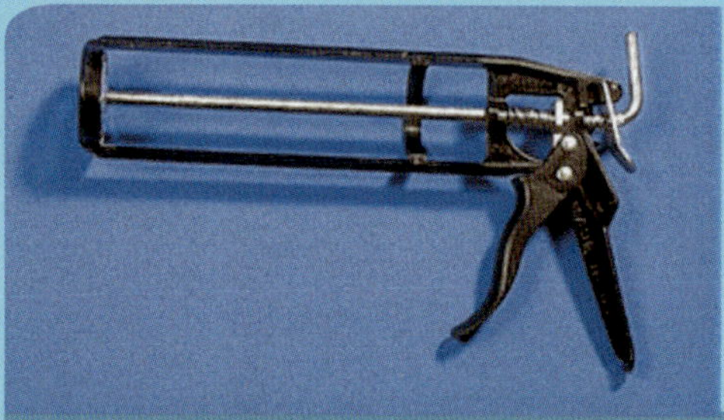

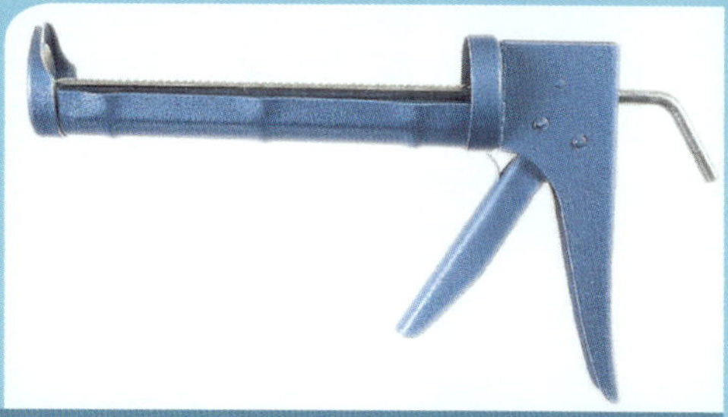

Pistolas manuales abiertas para cartuchos de émbolo.

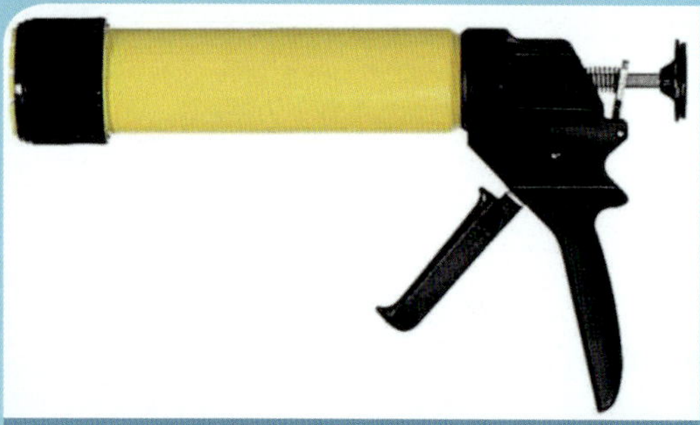

Pistola manual cerrada para cartuchos de émbolo.

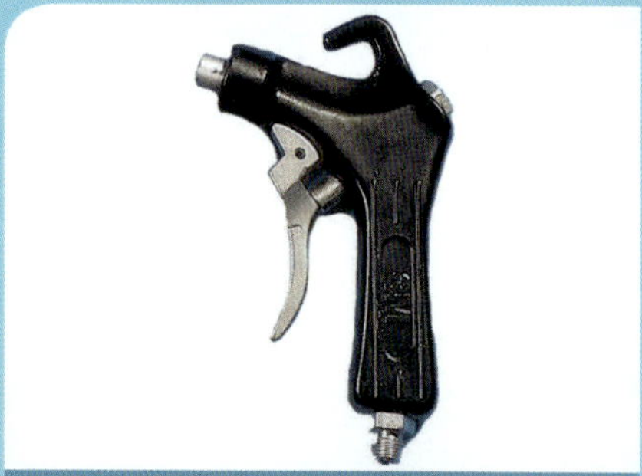

Pistola de soplado.

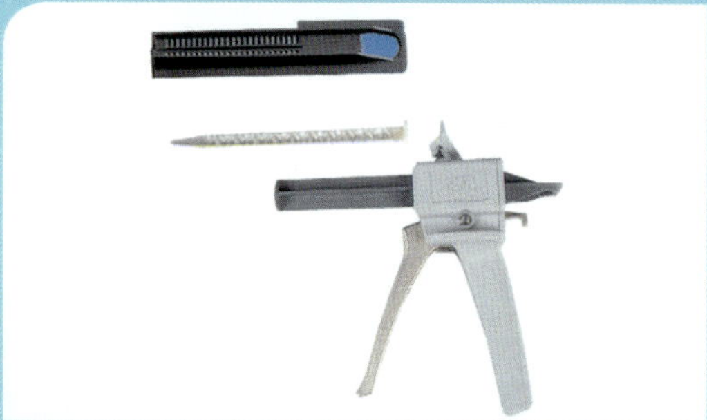

Pistola para cartuchos dobles (bicomponentes).

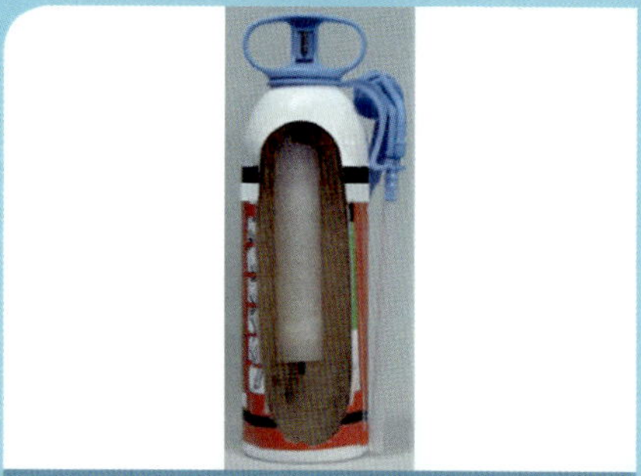

Aerosoles con propelentes gaseosos.

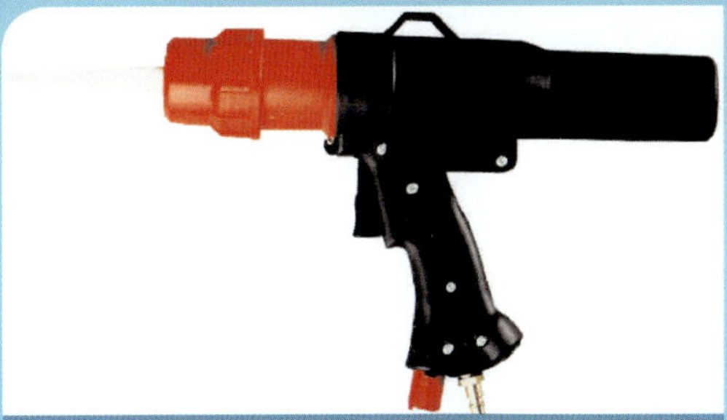

Pistola con regulación de velocidad de producto.

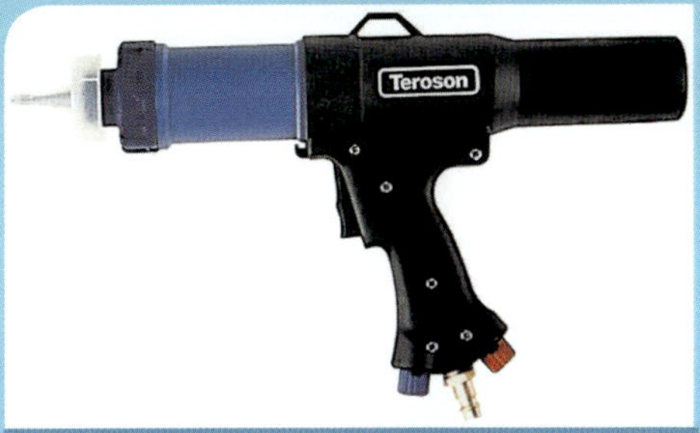


Pistola con regulación de velocidad de producto y de pulverización.

Pistola para cartuchos y bolsas con ajuste doble.

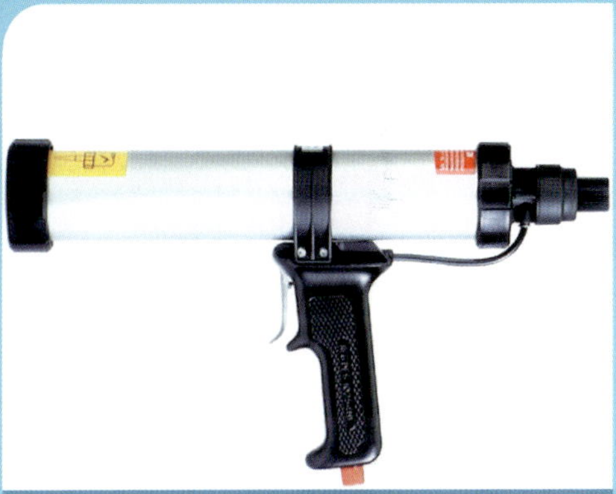

Pistola para cartuchos y bolsas con ajuste simple.

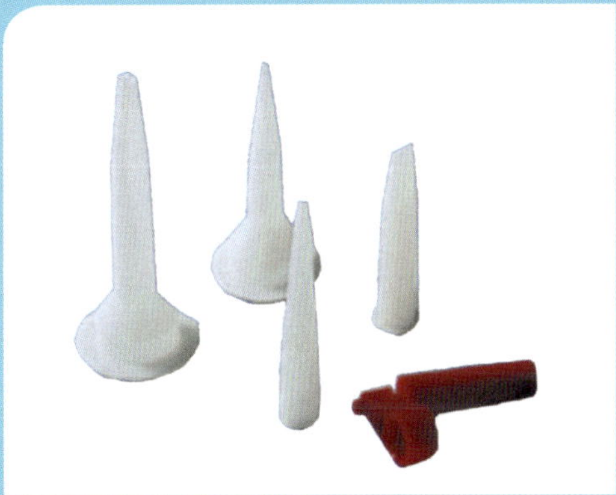

Diferentes tipos de boquillas de aplicación.

Regulador de presión de entrada de aire.

## UTILES DE LOS SELLADORES

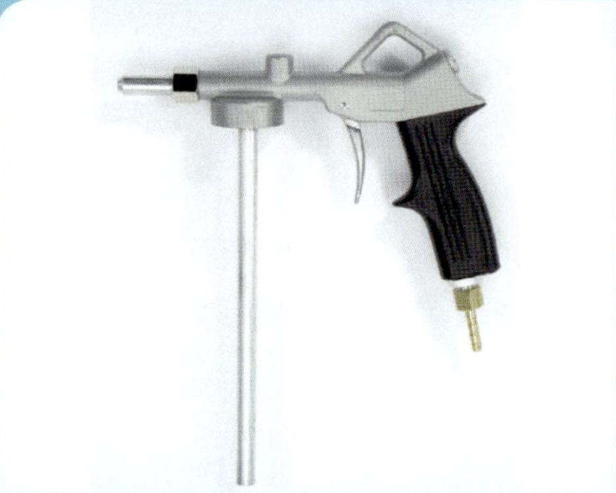

Pistola de pulverizado basto para botes roscados.

Pistola de pulverizado fino con presión interna.

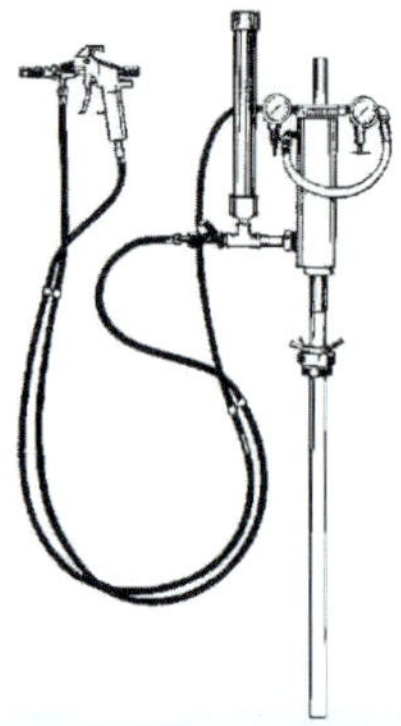

Equipo de aplicación de bajos.

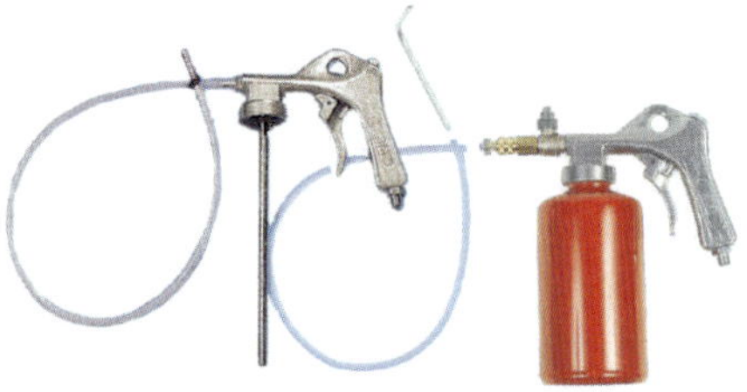

Pistolas para aplicación de ceras de cavidades.

## 2.7 REGLAS COMUNES DE TRABAJO PARA LAS OPERACIONES DE PROTECCIÓN ANTICORROSIVA

- Leer siempre las indicaciones de los productos: recomendaciones sobre aplicación, seguridad, compatibilidades-incompatibilidades y otras.
- Mantener los envases cerrados siempre que sea posible.
- Todos los productos tienen unos períodos de caducidad relativamente cortos, por lo que es conveniente revisarlos periódicamente y almacenarlos correctamente para asegurar una rotación adecuada.
- El empleo de productos caducados siempre implica problemas.

- Atención especial a las normas de protección personal y ambiental, ya que el empleo de la práctica totalidad de estos productos puede resultar peligroso o nocivo para la salud o la seguridad.
- Utilizar todas las prendas de protección necesarias en cada caso.
- Utilizar los filtros apropiados en las instalaciones.
- Realizar una gestión racional y responsable de los residuos.

**Nota**

Todos los productos, proporciones y aplicaciones indicadas anteriormente son los más comunes y pueden variar radicalmente según los fabricantes y los vertiginosos avances que se producen en el mundo de la formulación de estos productos.

## 2.8 SEGURIDAD

Para llevar a cabo los procesos de protección anticorrosiva es necesaria la aplicación de ciertos productos y la utilización de equipos y herramientas que pueden generar ciertos riesgos tanto para el profesional como para el resto de trabajadores, que es necesario tenerlos en cuenta para combatirlos.

### 2.8.1 Características de los locales y de sus instalaciones en materia de prevención de riesgos

Para conseguir las condiciones necesarias de seguridad en las instalaciones se requiere, a nivel general, que las características propias del local cumplan con los siguientes requisitos:

- Iluminación suficiente para el trabajo que se va a desarrollar.
- Sistema adecuado de ventilación y aireación.
- Sistema adecuado de extracción de humos y vapores generados por las propias actividades.
- Dimensiones apropiadas para cada puesto de trabajo.
- Organización apropiada de los puestos de trabajo para evitar desplazamientos inútiles tanto de los trabajadores como de los vehículos.
- Suelos antideslizantes y regulares.
- Tomas de energía eléctrica y de aire comprimido cercanas al puesto de trabajo.

- Orden y limpieza en todas las instalaciones.
- Deberán existir extintores en todas las zonas donde pueda existir riesgo de incendios. Las características de los extintores estarán en función de los productos manipulados o almacenados en su ubicación.
- Existirán un número de extintores y bocas de incendio adecuados a las dimensiones y características del lugar de trabajo.
- El nivel de ruido existente en el ambiente estará comprendido dentro de los valores que exige la legislación vigente.

**Figura 2.18.** Sistema de aspiración y renovación ambiental.

## 2.8.2 Evaluación de riesgos

Para la correcta evaluación del puesto de trabajo será necesaria la identificación de todos los riesgos asociados a cada uno de los procesos y se tendrán en cuenta las acciones o medidas adoptadas para su reducción o eliminación.

Los principales riesgos inherentes a los procesos descritos en esta unidad, independientemente de la gravedad que puedan alcanzar, son los siguientes:

- Quemaduras, provocadas durante las operaciones en las que se aplica calor o hay riesgo eléctrico.
- Cortes con las herramientas en las operaciones de eliminación del óxido.
- Sobreesfuerzos posturales, debido a posturas poco apropiadas.
- Ruido generado por las herramientas.
- Proyección de cuerpos incandescentes.
- Inclusión de esquirlas en el cuerpo.
- Contacto de la piel con productos tóxicos que se emplean en ciertas operaciones como decapados, aplicación de imprimaciones, etc.
- Inhalación de gases o vapores tóxicos.

**Figura 2.19.** Sistema de extinción de incendios.

### 2.8.3 Riesgos derivados de la toxicidad de los productos

La toxicidad de un producto se puede definir como la capacidad potencial que tiene para afectar a la salud de una persona, en este caso al trabajador, produciendo daños o lesiones al cuerpo humano. Esta toxicidad no es constante ni automática, ni siquiera se manifiesta por igual en todas las personas, ya que depende de distintos factores, como son:

- La toxicidad propia de las sustancias o su combinación.
- La concentración del contaminante.
- El tiempo de exposición y la reiteración en los ambientes contaminados.
- La capacidad de eliminación del propio cuerpo.

Todos los productos suelen llevar asociados, junto con su ficha técnica (FT), su ficha de datos de seguridad (FDS), en la que se indican los riesgos y medidas de seguridad e higiene a tomar respecto a dicho producto.

### 2.8.4 Equipos de protección personal

Los equipos de protección individual empleados en el área de carrocería constan básicamente de: mascarillas, gafas de seguridad, guantes de protección mecánica, protección auditiva y calzado de seguridad. En cualquier caso, para determinar los equipos de protección individual necesarios en cada caso, habrá que:

- Analizar e identificar los contaminantes a los que está expuesto el trabajador y determinar los riesgos de los mismos.

- Elegir el equipo de protección adecuado, de manera que además de proteger al operario sin que suponga un riesgo adicional o molestia innecesaria, responda a las condiciones del entorno de trabajo, tenga en cuenta las condiciones anatómicas y fisiológicas del trabajador y se adapte correctamente a él.
- Asegurarse de un correcto uso y mantenimiento de este equipo.

***Nota***

Todos los equipos de protección individual están sometidos a homologación y deben llevar el marcado CE.

**Figura 2.20.** Equipo de protección individual (EPI).

## ■ Mascarillas

Son elementos de protección que tienen por misión impedir la inhalación de partículas sólidas o gases nocivos al respirar, cubriendo las vías respiratorias y haciendo que todo el aire inspirado pase a través de filtros.

Las mascarillas o medias mascarillas de protección contra partículas de polvo (Figura 2.21) se sujetan al rostro mediante gomas elásticas, y se adaptan alrededor de la boca y nariz mediante un contorno debidamente estudiado para su ajuste.

**Figura 2.21.** A la izquierda, diferentes tipos de mascarillas. A la derecha, máscara de protección integral.

Las diferencias entre una máscara respecto a la media máscara o mascarilla se deben a la superficie del rostro que protegen y, por tanto, a su tamaño y materiales. Mientras que una mascarilla protege todo el rostro (nariz, boca con un filtro y ojos con un material transparente), la media mascarilla únicamente protege las vías respiratorias, la nariz y la boca con el filtro adecuado.

Según el nivel de protección o filtrado, existen diferentes tipos de mascarillas para partículas, clasificados en tres niveles distintos según la norma europea EN-149.

- P1: protege hasta 4 veces el TVL (valor límite umbral), recomendado para el lijado y desbarbado a mano y a máquina (polvo fino).
- P2: protege hasta 12 veces el TVL, recomendado igual que en el caso anterior, especialmente en condiciones de humedad y calor.
- P3: protege hasta 50 veces el TVL, recomendado igual que en los casos anteriores y para humos metálicos.

El factor de protección por la fuga de vapores hacia el interior se clasifica según muestra la Tabla 2.2.

**Tabla 2.2.** Características de las mascarillas

| Nivel de protección | % fuga hacia el interior | Factor de protección nominal |
|---|---|---|
| **FFP1** | < 22 % | 4 |
| **FFP2** | < 8 % | 12 |
| **FFP3** | < 2 % | 50 |

Suelen estar fabricadas de papel, algodón o mezcla de ambos materiales tejidos en forma de tamiz para retener las partículas de polvo. Existen en el mercado distintos modelos, como son:

- Autofiltrantes, toda su superficie actúa como elemento filtrante y se fijan a la cara mediante dos tiras elásticas.
- De usar y tirar, con o sin válvula de exhalación para favorecer la respiración.
- Con filtros recambiables, constan de un soporte que se adapta a la cara y una conexión que permite el cambio del elemento filtrante y un pequeño arnés para su fijación a la cara.

**Figura 2.22.** Mascarilla con cartuchos filtrantes.

Estas mascarillas o sus elementos filtrantes deben sustituirse cuando se aprecie un aumento de resistencia al respirar o cuando se deteriora su ajuste al rostro.

Las mascarillas de protección frente a gases y vapores protegen de los gases orgánicos, aceites y vapores tóxicos mediante un filtro de carbón activo convenientemente dispuesto en su filtro. Se identifican por una letra seguida de un número.

Cada letra está asociada a un color determinado e indica el tipo de gases o vapores sobre los que actúa y de los que protege, como indica la Tabla 2.3.

**Tabla 2.3.** Color asociado a los tipos de gases

| Letra | Color | Protección |
|---|---|---|
| **A** | Marrón | Vapores orgánicos con buenas propiedades de identificación y punto de ebullición menor de 65 °C. |
| **AX** | Marrón | Vapores orgánicos con buenas propiedades de identificación y punto de ebullición mayor de 65 °C. |
| **B** | Gris | Vapores inorgánicos con buenas propiedades de identificación. |
| **E** | Amarillo | Vapores ácidos con buenas propiedades de identificación. |
| **K** | Verde | Vapores de amoníaco. |

El número que acompaña a la letra indica el nivel filtrado de cada tipo. Por ejemplo, se citan los siguientes tres niveles de protección.

- A1: hasta 1.000 partes por millón.
- A2: hasta 5.000 partes por millón.
- A3: hasta 10.000 partes por millón.

Estas mascarillas disponen de dos elementos filtrantes colocados uno a continuación del otro, primero un filtro de papel y fibras (para las partículas), seguido de otro de carbón activo (de gases), y el aire inhalado pasa a través de ambos filtros quedando perfectamente acondicionado para ser respirado.

En el mercado existen distintas combinaciones de ambos filtros, que pueden intercambiarse por separado para conseguir la mejor combinación para cada empleo.

## ■ Gafas de seguridad

Sus dos oculares deben ofrecer la resistencia necesaria para absorber impactos de partículas lanzadas a alta velocidad. Así mismo, habrán de presentar un modo de rotura no peligroso.

**Figura 2.23.** Gafas se seguridad.

## ■ Guantes de cuero

Se emplean para proteger las manos de cortes, quemaduras o irritaciones al realizar procesos de reparación anticorrosiva y manipular los productos durante su aplicación.

### Protectores auditivos

Son obligatorios a partir de los 90 dBA, bien en forma de tapones o de cascos de protección.

**Figura 2.24.** Protectores auditivos.

## 2.9 GESTIÓN MEDIOAMBIENTAL

El respeto al medio ambiente debe ser también un hábito profesional, ya que cada vez resulta más difícil separar los riesgos derivados de la aplicación de pintura que pueden incidir directamente sobre el operario, de los riesgos que estos productos pueden producir al medio ambiente e, indirectamente, a su entorno de trabajo.

Solo la industria del automóvil consume más de 380.000 Tm de disolventes al año; la eliminación de estos residuos ha de hacerse adaptándose y respetando las normativas vigentes, pero sobre todo ha de ir encaminada a reducir su volumen de contaminantes a lo estrictamente necesario, y esto puede conseguirse teniendo en cuenta hábitos como los siguientes:

- Calcular correctamente las cantidades de productos que hay que utilizar, para no tener que tirar mucho sobrante.
- Evitar abrir varios envases con los mismos productos, tratando de utilizar siempre todo el producto.
- Para la limpieza, utilizar pequeñas cantidades de disolvente, a ser posible utilizando un vaporizador para reducir su consumo y las emisiones producidas.
- Reutilizar el disolvente siempre que sea posible.

- Para la limpieza de las pistolas, utilizar una máquina lavadora.
- Tapar los botes nada más ser utilizados para evitar la evaporación de disolvente.
- Separar los recipientes contaminados con residuos del resto para su reciclado.
- Verter siempre los restos de residuos en los envases previstos para su reciclado.
- Separar los distintos residuos en cada contenedor para una recogida y un reciclado óptimo de todos los residuos por un gestor autorizado.

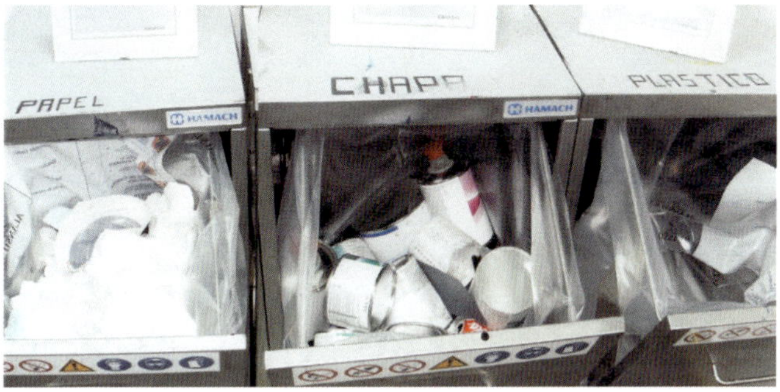


**Figura 2.25.** Recogida selectiva de residuos.

Por otro lado, la normativa ambiental de la Comunidad Europea sobre residuos tóxicos y peligrosos (RTP) tiene como principio básico la prevención de posibles riesgos sobre:

- La salud humana.
- Los recursos naturales.
- El medio ambiente.

En lo concerniente a los talleres de carrocería y pintura, la normativa los considera como pequeños productores de residuos tóxicos y peligrosos industriales, regula sus actividades y obligaciones, mediante los siguientes requisitos:

- Darse de alta como productor de residuos tóxicos y peligrosos.
- Disponer de contenedores específicos para cada residuo (envases, disolventes o pinturas).
- Envasar los residuos en recipientes herméticos y seguros.
- Etiquetar correctamente los envases.
- No almacenar por un período superior a seis meses los residuos.

- No trasladar los RTP sin tramitar la solicitud previa, ante la administración competente.
- No trasladar los RTP en transportes o con personal que no esté dado de alta como gestor de residuos peligrosos.

**Figura 2.26.** Prensas para el compactado.

# CUESTIONES

1. Indica los diferentes tipos de aplicación más usuales de los recubrimientos orgánicos:
2. ¿Cuál es la protección anticorrosiva que suelen incorporar las piezas de recambio originales?
3. ¿Cuáles son los dos sistemas principales empleados para la protección anticorrosiva en reparación?
4. ¿En qué consiste la operación denominada "granallanado"?
5. Identifica el tipo de abrasivo representado en la siguiente figura, e indica sus principales ventajas y desventajas en su aplicación.

6. ¿Cuál es el principal inconveniente que presenta el lijado como medio para la eliminación del óxido de las piezas?
7. ¿Qué objeto tiene el procedimiento de electrocincado (recincado)?
8. ¿Por qué resulta necesario hermetizar las uniones entre las diferentes piezas que componen la carrocería?
9. ¿En qué casos se suelen utilizar con más frecuencia los selladores moldeables, a base de goma de butilo o gomas sintéticas?
10. Indica cuáles son los productos que se emplean habitualmente para evitar las agresiones a que se encuentran expuestos los bajos de la carrocería.
11. ¿Dónde se utilizan las ceras de cavidades?
12. ¿Cuál es la característica principal de los productos hidrófobos?
13. Señala las ventajas adicionales sobre la cera de cavidades que proporciona la utilización de productos espumógenos.
14. Señala qué tipo de producto de protección se aplica en la siguiente figura, razonando la respuesta.

**15.** ¿Qué son las imprimaciones electrosoldables? Enumera las variedades más usuales.

**16.** ¿Cuáles son las principales diferencias entre las imprimaciones 1K y las 2K? Las imprimaciones epoxi, ¿a qué tipo pertenecen?

**17.** Indica cuáles suelen ser los factores de los que depende el grado de toxicidad de un producto.

**18.** Enumera los medios de protección básicos que suelen formar parte de un "EPI".

**19.** Señala los niveles de protección o filtrado que suelen tener los distintos tipos de mascarillas para partículas, y su utilización recomendada.

**20.** ¿Cuáles son los requisitos que deben cumplir los talleres de carrocería y pintura, como pequeños productores de residuos tóxicos y peligrosos industriales?

# 3. Aplicación de los productos de protección

## Contenidos

## INTRODUCCIÓN

Como ya se ha comentado anteriormente, una de las mayores preocupaciones de los fabricantes de automóviles es evitar la oxidación de chapa del vehículo, prueba de ello es la cantidad de productos anticorrosivos que se aplican en fabricación para protegerla adecuadamente. Como prueba del compromiso que avala estos procedimientos, los fabricantes ofrecen una garantía anticorrosiva que alcanza y supera en algunos casos los diez primeros años de vida de sus vehículos.

Este compromiso nos da una idea de la importancia que tiene el proteger adecuadamente la chapa y en la reparación esto no es una excepción, teniendo en cuenta que una reparación de calidad debe seguir ofreciendo la misma garantía de origen a los vehículos que han sufrido un daño leve o estructural, utilizando los adecuados materiales anticorrosivos para evitar el deterioro prematuro de la chapa.

La mayoría de las piezas de la carrocería están constituidas por chapas de acero y tradicionalmente las medidas de protección están encaminadas a protegerla del contacto con el aire y el agua. En el caso de que se produzca un daño en la chapa de acero, queda al descubierto y la porosidad de la grieta supone que la vía de contacto quede abierta entre el acero y los elementos que van a provocar la corrosión. Por ello, es necesaria la superposición de capas de pintura que eliminen la posibilidad de contacto con el agua, el aire y el acero. Esta primera capa es la imprimación.

**Figura 3.1.** Aplicación de una imprimación en espray.

## 3.1 COMPOSICIÓN Y CARACTERÍSTICAS DE LAS PINTURAS ANTICORROSIVAS Y MATERIALES DE PROTECCIÓN

Dentro de los procedimientos para evitar la tendencia natural de los metales, como el acero, a oxidarse, destaca la aplicación de recubrimientos (pinturas) orgánicos debido a las elevadas prestaciones y variedad de productos que estos recubrimientos presentan. Dentro de este campo, el grupo de los recubrimientos en polvo es el de mayor crecimiento dentro del sector de las pinturas orgánicas, debido principalmente a sus ventajas medioambientales (menos de un 4 % de contenido en solventes volátiles –VOC–) y relativo bajo coste de aplicación.

Los recubrimientos de tipo epoxi son los más extendidos dentro de los empleados para protecciones anticorrosivas de substratos metálicos como el acero y el aluminio.

Genéricamente, los recubrimientos son productos, en forma líquida, pasta o polvo, que al ser aplicados sobre un substrato, forman una película con propiedades protectoras y otras propiedades específicas. Un recubrimiento orgánico consiste en un material donde el ligante es orgánico y que se aplica sobre un substrato para protegerlo. Normalmente, estos recubrimientos suelen estar formados por un ligante o soporte, un entrecruzante, y pigmentos o cargas, aunque se les puede incluir, a fin de modificar las propiedades del sistema, otros componentes como plastificantes, catalizadores... El soporte, habitualmente un polímero de relativo bajo peso molecular, determina las propiedades físicas y químicas básicas del recubrimiento. La función de los pigmentos es mejorar esas propiedades a la vez que proporcionar color, actuar como barrera anticorrosiva y servir como inhibidor de la corrosión.

En la protección del acero por medio de sistemas orgánicos es habitual emplear sistemas compuestos por una imprimación, una capa intermedia (aparejo) y una capa de acabado final, teniendo, cada una de ellas, funciones concretas pero relacionadas entre sí.

La imprimación es la primera capa que se aplica sobre el substrato metálico y tiene las funciones de:

- Prevenir o retrasar la corrosión inicial.
- Formar una capa muy adherente al substrato (o a los óxidos del substrato) sobre la cual se adhieran fuertemente posteriores capas de pintura.
- Crear un sistema que selle las superficies activas para evitar ataques químicos de las posteriores capas orgánicas.

El aparejo complementa las funciones anticorrosivas de la imprimación y a su vez proporciona las siguientes características:

- Actuar como puente de unión entre la imprimación y el acabado final.
- Proporcionar características próximas al acabado final.

Según su composición, las pinturas suelen ser: sintéticas (acrílicas, alquídicas, epoxídicas, fenólicas, uretánicas,...), nitrocelulósicas, poliméricas, de base aceite,... Su aplicación puede proporcionar un carácter aislante (efecto barrera), inhibidor (el metal absorbe algún componente químico de la pintura, dificultando la corrosión), o de protección catódica (cuando algún componente de la pintura es más activo químicamente que el sustrato, sacrificándose en el proceso de corrosión frente al metal base).

Tal y como se vio en la Unidad 1, la mayoría de los procesos de corrosión tienen una naturaleza electroquímica, por ello la formulación de las pinturas anticorrosivas se orienta en el sentido de desarrollar productos destinados, ya sea a controlar el desarrollo de las reacciones electrolíticas, o bien aislar la superficie metálica mediante la aplicación de películas de muy baja permeabilidad.

En general, las pinturas están constituidas por varios elementos: pigmento, resina, disolvente (u otro vehículo volátil) y aditivos.

Dentro del grupo de los pigmentos están los de carácter anticorrosivo, formados por compuestos químicos en forma de polvo, que dispersos en el vehículo apropiado, pueden evitar o inhibir la corrosión.

La acción anticorrosiva se consigue mediante dos métodos:

- Protección catódica, mediante un metal menos noble que el que se quiere proteger.
- Pasivación anódica o catódica (pila electrolítica).

De este modo, las pinturas ricas en cinc y aquellas modificadas con extendedores y/o pigmentos inhibidores de la corrosión metálica, presentan una mayor eficiencia con relación a otros tipos de recubrimientos. Considerando el concepto de ánodo de sacrificio (protección catódica), se formulan pinturas que consisten en dispersiones de alta concentración de polvo de cinc de elevada pureza en soportes orgánicos e inorgánicos.

**Figura 3.2.** Pintura rica en cinc.

## 3.2 PRODUCTOS DE PROTECCIÓN DE SUPERFICIES

En la reparación y preparación de superficies se utilizan diferentes productos anticorrosivos, imprimaciones, aparejos,..., existiendo una gran variedad de ellos con diferentes características y propiedades (composición, aplicación, secado,...).

### 3.2.1 Productos anticorrosivos

Como se ha mencionado anteriormente, el fenómeno de la corrosión tiene naturaleza electroquímica, al entrar en juego el oxígeno y la humedad. Para prevenir la corrosión, una de las medidas consiste en aislar el metal mediante el empleo de revestimientos.

Los productos utilizados para ello son:

- Selladores.
- Revestimientos de bajos.
- Ceras de cavidades.
- Productos espumógenos.

#### ■ Protección en las uniones de la carrocería

En la reparación de la carrocería, en muchas ocasiones hay que sustituir piezas y unir otras nuevas. Para ello, es necesario eliminar las capas de protección de las áreas afectadas en el proceso (dejándolas expuestas a la corrosión), por lo que resulta necesario reponer la protección original.

La parte de las piezas sometidas a la unión solamente puede protegerse de una forma técnicamente correcta por medio del sellado. Para ello, se utilizan diferentes productos capaces de adaptarse al tipo de protección que necesita cada pieza: bien de cara a las exigencias mecánicas o bien por el aspecto final que se desea obtener. Así, los materiales de sellado pueden ser elásticos, plásticos, con cierta rigidez o pinturas de cinc.

La protección frente a la corrosión en las piezas que se van a unir corresponde a dos zonas específicas, que son:

- Sellado de superficies intermedias o caras interiores de la unión.
- Sellado de extremos y bordes exteriores de las piezas.

##### ■■ Sellado de superficies intermedias

Las uniones entre las chapas que forman la carrocería son protegidas de la corrosión aislándolas entre sí y del medio ambiente, con selladores que se pueden agrupar en cuatro bloques:

a) Selladores plásticos.

b) Selladores elásticos.

c) Adhesivos estructurales.

d) Pinturas ricas en cinc.

**a) Selladores plásticos**

Son pinturas generalmente basadas en plásticos o gomas de elevada fluidez, especialmente durante su aplicación. Se pueden aplicar directamente o con pistolas de extrusión y son pintables después de una media hora, tiempo en el que ya ha creado una piel superior a un milímetro.

Un ejemplo de las características generales son las siguientes: no forma hilos, no descuelgan, bajo o nulo mermado, buena adhesión a chapa (desnuda, impresa o pintada), plásticos y vidrio, buena resistencia al agua y aceites, cierta resistencia a las gasolinas y permanece flexible una vez curado (Figura 3.3).

***Precauciones***

- Aplicar en lugares bien ventilados.
- En algunos casos es recomendable utilizar guantes y mascarillas de gases.

***Instrucciones generales de uso para los selladores en bolsas***

- Eliminar la suciedad, grasa, restos de selladores anteriores, etc., y limpiar la superficie con el limpiador específico.
- Introducir la bolsa en la pistola, dejando hacia el exterior el extremo más afilado de la bolsa.
- Cortar el extremo de la bolsa con unas tijeras o con un cuchillo.
- Plegar los lóbulos de la bolsa, ajustar la cánula y roscar la tapa de la pistola.
- Cuando se haya vaciado la bolsa, se puede emplear la misma cánula con otra bolsa.
- Seguir el proceso de pintura correspondiente.

***Instrucciones de seguridad***

- Consultar la hoja de datos de seguridad y emplear los medios de protección personal indicados en ella, especialmente guantes y mascarilla o ventilación suficiente (Figura 3.4).

1. En cartuchos o bolsas extruibles.
2. En cintas preformadas.
3. En cordones moldeables.
4. Cintas adaptables.
5. De aplicación a brocha.
6. En tubos para rellenar y moldear.

**Figura 3.3.** Selladores plásticos. Ejemplos de distintas presentaciones.

- En ningún caso se pueden utilizar estos selladores como sistema de fijación único, puesto que carecen de la resistencia mecánica suficiente.
- Se emplean para sellar aletas atornilladas, distanciar piezas y como aislamiento acústico.
- Están especialmente creados para aislar y facilitar el cambio rápido de la pieza, ya que su eliminación y reposición es muy sencilla y rápida.
- Estos productos se encuentran en forma de cintas selladoras (cordón denso, que no descuelga), o de pasta semifluida, contenida en cartuchos o bolsas.

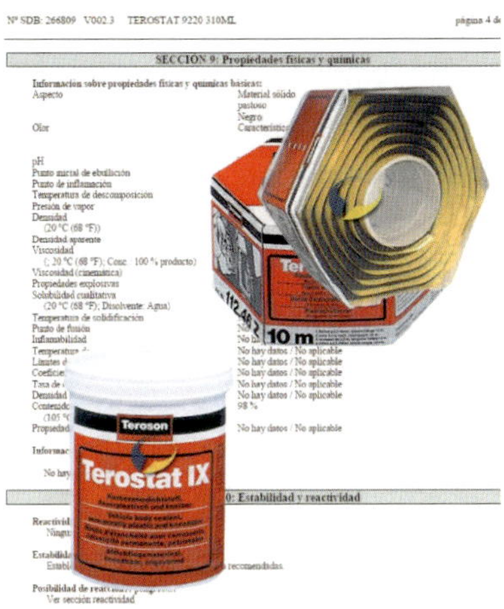


**Figura 3.4.** Revisar las hojas de datos de seguridad de cada producto para su correcta aplicación.

## b) Selladores elásticos

Son selladores flexibles y consistentes que se aplican en forma de cordones o cintas conformables, generalmente compuestos de butilo y una pequeña cantidad de disolvente para su conformación. Representan el grupo más empleado en los talleres de carrocería. Se diferencian de los anteriores en que presentan

1. Aplicación pulverizada (con pistolas específicas).
2. En cordones con guía.
3. Boquilla sin guía.
4. En rincones.

**Figura 3.5.** Ejemplos de distintos acabados y aplicaciones.

una mínima resistencia mecánica (resistencia al pelado, tracción-compresión y cizallamiento) y dureza, son "elásticos" y tienden a volver a su posición, presentan una buena adhesión al metal, son fáciles de alisar, permanecen firmes pero flexibles, con una excelente resistencia al agua y pueden ser pintados.

Las instrucciones generales de uso son similares a los selladores anteriores, con las particularidades propias en la presentación de cada producto.

***Instrucciones de seguridad***

Seguir las recomendaciones apuntadas en el apartado anterior.

- Según su resistencia, se emplean:
  - Solo como selladores, es decir, aislantes entre dos sustratos metálicos, con el fin de protegerlos de la humedad e inclemencias medioambientales y asegurar el aislamiento entre chapas diferentes.
  - Como selladores adhesivos. Tras el curado presentan una alta tenacidad y no solo aíslan, sino que pueden mantener unidas piezas pequeñas, **siempre que no formen parte del armazón estructural de la carrocería.**
- Según su aplicación se emplean para pegar piezas de baja resistencia mecánica: pegado de un spoiler o incluso de una aleta, nunca lunas, techos o refuerzos.

### c) Adhesivos de sellado estructurales

Son principalmente adhesivos para la fijación de piezas que aportan a la unión una elevada resistencia mecánica. Además, aportan la ventaja añadida de proporcionar protección anticorrosiva a las superficies aplicadas.

Representan un apartado especial dentro de los selladores dada su capacidad para mantener la unión por sí mismos y contribuir a la resistencia del conjunto. En diferentes casos van complementados por otros sistemas de fijación para mejorar la resistencia final del conjunto.

Se pueden utilizar como selladores aislantes (desde un punto de vista económico no tiene mucho sentido), pero su misión principal es el pegado estructural de la carrocería, sustituyendo total o parcialmente la soldadura.

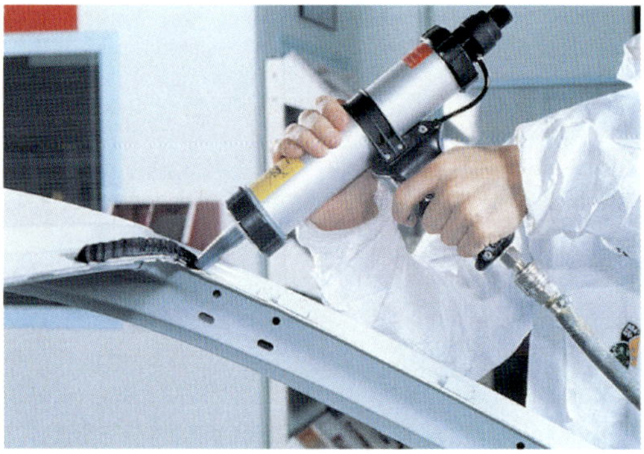

**Figura 3.6.** Ejemplo de adhesivo estructural de pegado de lunas.

Es un elemento de unión de chapas entre sí o con las lunas, consiguiendo uniones de gran resistencia en las uniones engatilladas (paneles exteriores de puertas y portones), o solapadas (sustituciones parciales de paneles) proporcionando a las chapas una buena protección anticorrosiva.

Se comercializan en dos formatos:

- **Monocomponentes,** generalmente poliuretano de elevado módulo. Se aplica directamente desde el cartucho o con brochas. El método de aplicación es muy sencillo y presenta una buena elasticidad, aunque requiere una buena limpieza del sustrato.
- **Bicomponentes,** compuestos por resinas epoxi (adhesivo) y aminas (endurecedor o catalizador) o de base poliuretánica. Su aplicación resulta algo más sofisticada, ya que requiere una buena mezcla de ambos componentes que ha de hacerse con pistolas apropiadas, presenta una gran rigidez. Tiene como característica principal su gran adhesión sobre diferentes sustratos y la protección anticorrosiva. No requiere una limpieza excesivamente exigente y resulta compatible con cualquier pintura (Figura 3.8).

**Figura 3.7.** Aplicación del sellador estructural en la pestaña de puerta.

***Precauciones***

- Aplicar en lugares bien ventilados.
- En algunos casos es recomendable utilizar guantes y mascarillas de gases.

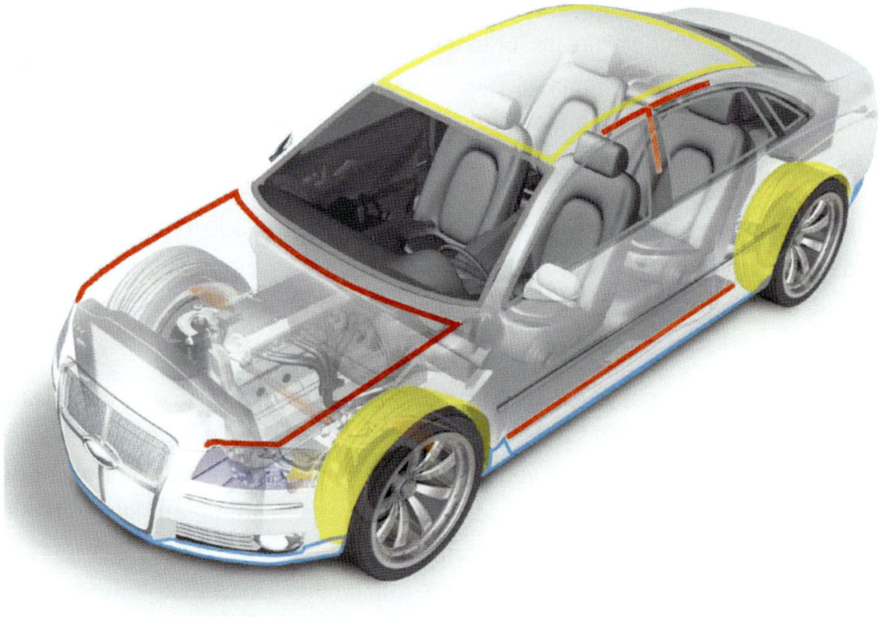

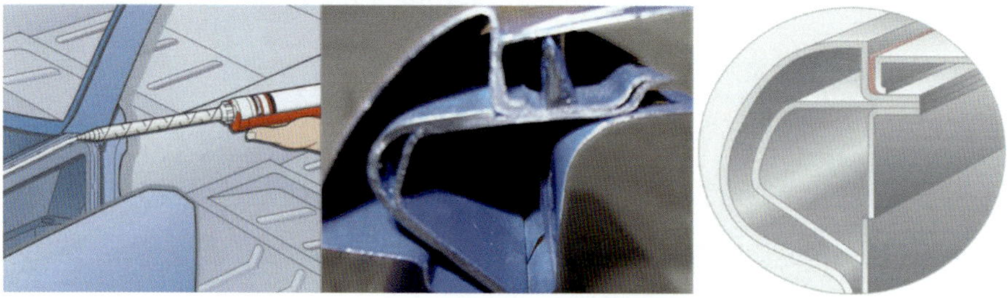

**Figura 3.8.** Zonas y aplicaciones de sellado estructural.

## d) Pinturas ricas en cinc (imprimaciones electrosoldables)

Son pinturas acuosas cuyo componente principal es el cinc disuelto en la solución, actúan al mismo tiempo como protección de sellado y de sacrificio.

Se emplean en las uniones soldadas por puntos de resistencia, ya que resisten temperaturas superiores a 500 °C. Según su aplicación suelen comercializarse en dos gamas: de aplicación a brocha o en aerosoles.

Son soluciones de cinc (polvo de cinc 99 % en película seca o con disolventes para su aplicación), que se aplican en las caras interiores de la unión, especialmente cuando la chapa no está protegida (Figura 3.9).

En los botes de aerosol, el propelente es butano o propano (Figura 3.10).

Recomendaciones:

- Aplicar dos o tres manos para conseguir el espesor adecuado (el mínimo recomendado es 10 µ).

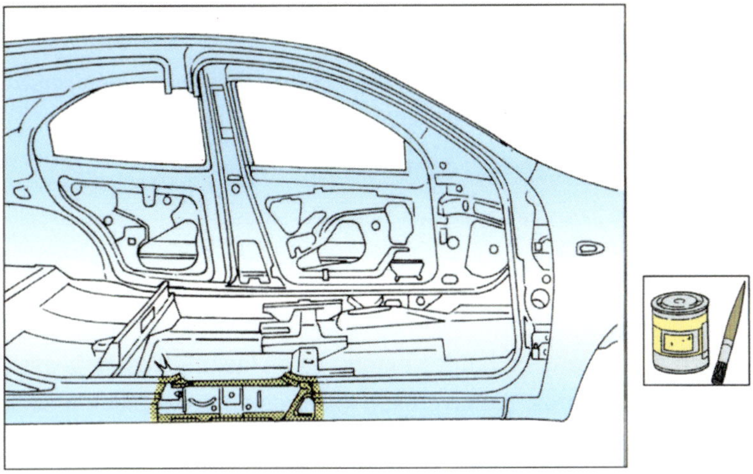

**Figura 3.9.** Aplicación de cinc a brocha para soldar por puntos de resistencia.

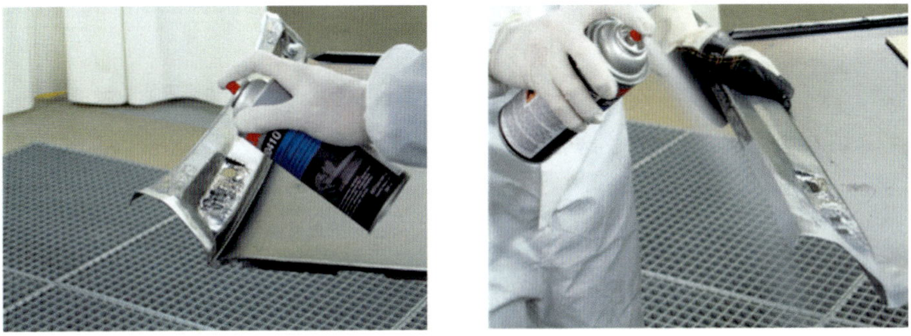

**Figura 3.10.** Aplicación de cinc en espray.

- Soldar en las 24 horas siguientes a la aplicación si la soldadura empleada es por puntos. Pasadas 24 horas pierde conductividad.
- No aplicar masilla de poliéster directamente sobre el revestimiento de cinc.
- Agitar el bote antes y durante la aplicación.
- Purgar el bote después de usarlo.

***Precauciones***

- Lavar con agua abundante en caso de contacto con los ojos y buscar consejo médico.
- No usar a temperaturas superiores a 50 °C.
- No aplicar material de aportación encima del revestimiento.
- No respirar el vapor del espray.
- No usar en zonas cerradas.

- En caso de contaminación en la piel se debe lavar bien con agua y jabón.
- Los recipientes del revestimiento de cinc presurizados deben protegerse de la luz del sol y no exponerlos a temperaturas superiores a 50 °C.
- No calentar ni quemar, incluso después de ser vaciado.
- No aplicar sobre llamas o materiales incandescentes.

## Sellado de extremos y bordes de las uniones

Para hermetizar los cantos o bordes exteriores en las uniones de la acción del oxígeno y otros elementos que favorecen la corrosión se emplean masillas específicas. Son pinturas de sellado, normalmente duro-elásticas, cualidad que les permite absorber pequeñas vibraciones sin que se rompa la película y mantener su capacidad de sellado. Se pueden aplicar a brocha, en cordones o pulverizadas, para estas últimas, los fabricantes suelen recomendar la utilización de pistolas especiales (Figura 3.11).

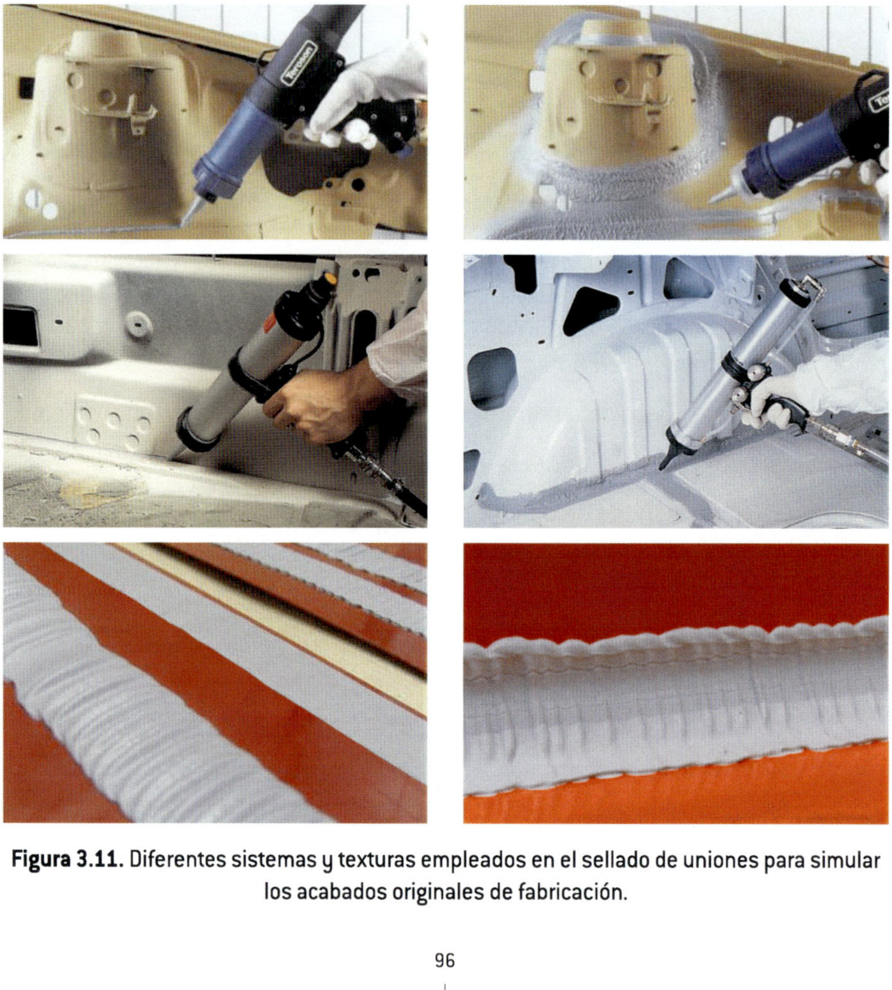

**Figura 3.11.** Diferentes sistemas y texturas empleados en el sellado de uniones para simular los acabados originales de fabricación.

La calidad de la reparación es mejor cuanto más se aproxima a las características originales y, en este sentido, se pretende que la apariencia también sea idéntica a la original, para ello se pueden emplear boquillas modificadas como puede verse en la Figura 3.12.

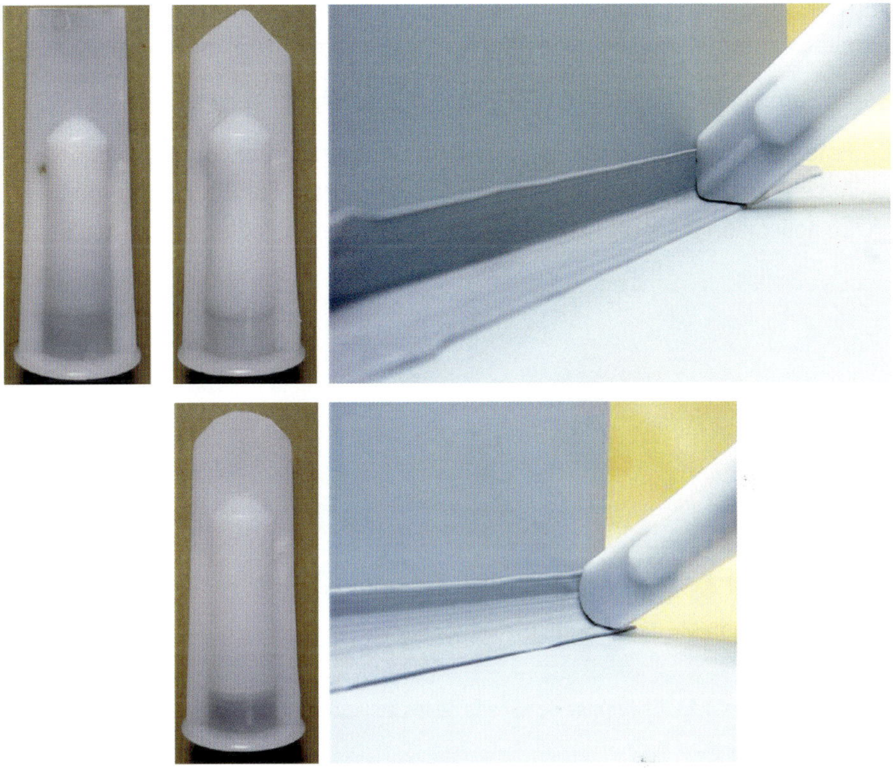

**Figura 3.12.** La boquilla original de la izquierda se puede recortar para adaptarse a los contornos, tal como se puede observar en las dos figuras de la derecha.

### Características de transformación en los adhesivos

Según la forma de aplicación y secado, las masillas (selladores) se pueden clasificar en dos grupos: las de un componente y las de dos.

- **Selladores de un componente** o también denominados 1 K (Figura 3.13), endurecen por:
  - Evaporación de sus disolventes (**secado**). Estos selladores merman (disminuyen su volumen) ligeramente al evaporarse una parte del producto aplicado.
  - Reacción química (**curan**). El contenido en disolventes es prácticamente nulo y secan absorbiendo la humedad para convertirse en una masa plástica. Estos selladores no merman, ya que apenas emiten gases.

La mayor parte de masillas empleadas para sellado son de este tipo 1 K y en general su adhesión a los sustratos y su cohesión interna es de tipo media baja.

Como excepción a la función "exclusiva" de sellado, también se emplean adhesivos monocomponentes para la unión estructural de piezas como la citada sustitución parcial de paneles o especialmente el montaje de lunas.

En estos casos, queda en un segundo plano la función de sellado.

Este subgrupo de adhesivos presenta una gran adhesión y cohesión que hacen que la unión sea considerada "estructural". Son PU de alto módulo y su aplicación debe realizarse siguiendo una metodología más meticulosa.

Secado por evaporación de disolventes

Secado por reacción química con la humedad del ambiente

**Figura 3.13.** Esquemas de secado de los selladores de un componente.

- **Selladores bicomponentes** o 2 K (Figura 3.14), el curado se produce por transformación química cuando se unen sus dos componentes (adhesivo y endurecedor), por esta razón el producto se encuentra en dos recipientes separados hasta el momento de su aplicación.

  Normalmente, estos adhesivos presentan una elasticidad menor (especialmente los de resinas epoxi), y una gran resistencia de la unión que les permite soportar y transmitir la energía de una pieza a otra sin necesidad de otros tipos de unión. Su empleo es básicamente de tipo estructural y de sellado como complemento.

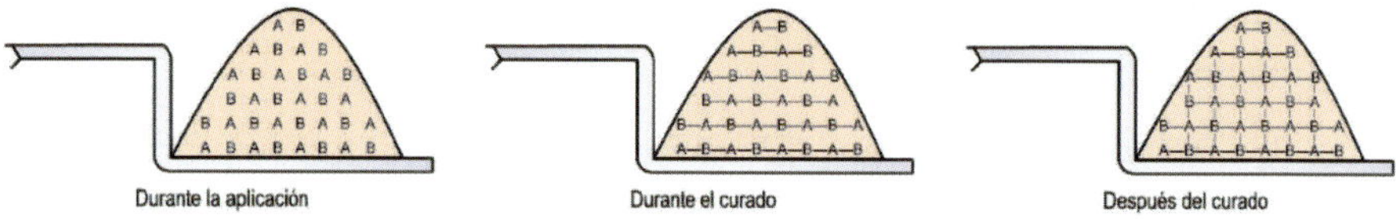


**Figura 3.14.** Esquema de las fases de curado de un sellador bicomponente.

Cuando se unen los productos A y B comienza la reacción de "curado", a partir de ese momento su tiempo de aplicación es muy corto. Antes de la aplicación, la mezcla debe estar bien homogeneizada o en caso contrario el curado no será homogéneo o resultará incompleto.

***Nota***

- Todas las masillas selladoras son resistentes al agua, aceite, gasolina, corrosión y a temperaturas elevadas, llegando a soportar más de 80 °C.
- La elección de cada producto deberá estar en consonancia con el método de aplicación, comportamiento frente a los diferentes sustratos y a las características que proporcione después del secado: su cohesión y la resistencia a los agentes del entorno.

## Proceso de aplicación

Seguidamente, a modo de ejemplo, se describe uno de los procesos más comunes de masilla monocomponente de aplicación de cartuchos de émbolo con pistola neumática (Figura 3.15):

a) Acondicionar la zona, limpiar y desengrasar. Prestar atención a las especificaciones del producto, ya que algunos productos de limpieza son incompatibles con ellos. Por ejemplo, los poliuretanos no admiten disolventes con alcohol ni deben ser aplicados sobre imprimaciones de aluminio.

b) Preparar el producto observando los tiempos de rotación y fecha de caducidad.

c) Retirar la tapa inferior de estanqueidad del cartucho.

d) Perforar el orificio de salida de producto.

e) Enroscar la boquilla correspondiente a la operación que se vaya a realizar ya que las pistolas suelen estar preparadas para conseguir diferentes acabados y aplicaciones (Figura 3.15.1).

f) Introducir el cartucho en la pistola y enroscar bien la tapa de cierre (Figura 3.15.2 y 3). Una tapa mal enroscada deteriora su roscado y puede hacerla inservible.

g) Regular la cantidad de producto y la presión de trabajo que permitan velocidades adecuadas para generar cordones y sellados pulverizados (Figura 3.15.4 y 5).

h) Comprobar la distancia de aplicación para ajustar la cantidad de producto (Figura 3.15.6 y 7).

i) Realizar una prueba sobre una probeta para comprobar que la regulación es correcta.

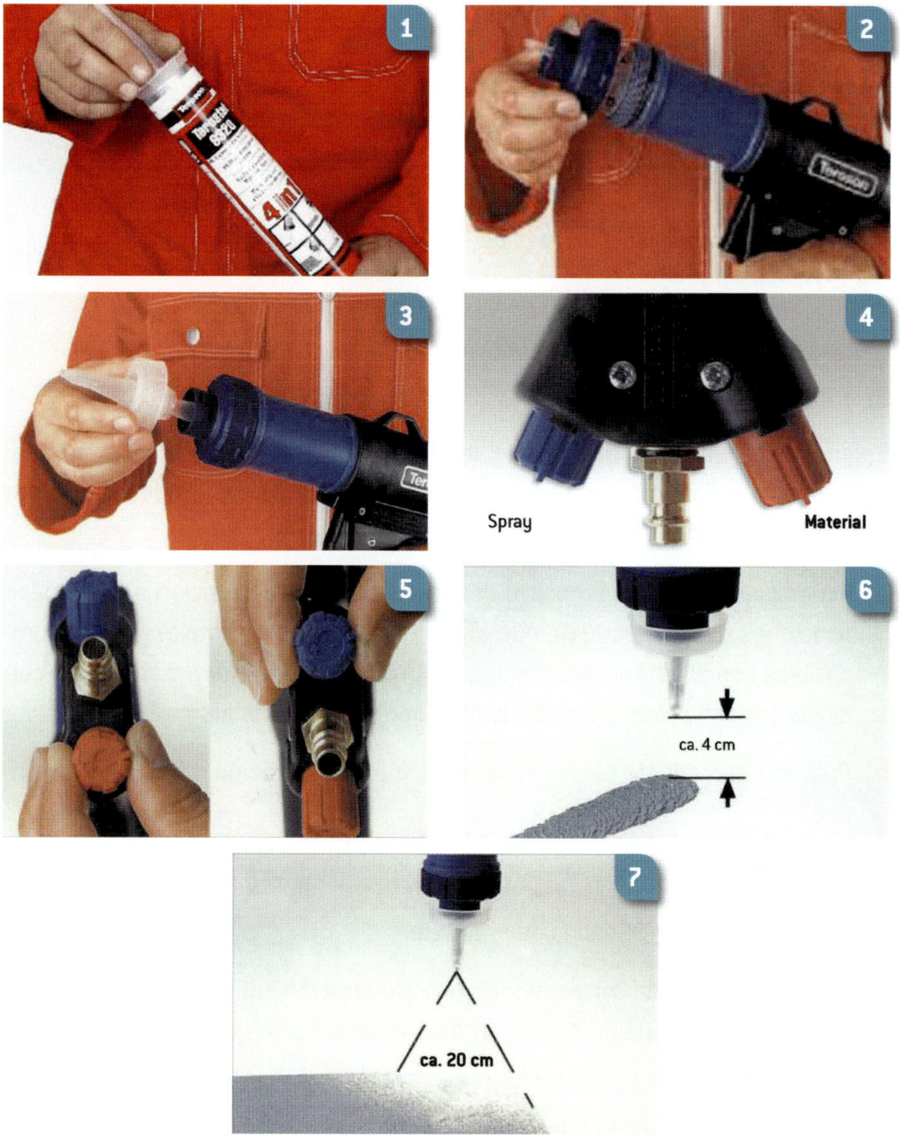


**Figura 3.15.** Pasos a seguir en la preparación de la pistola en un caso concreto de aplicación pulverizada que simula la realizada en fabricación.

**_Precauciones_**

- Quitar la presión de la pistola para su manipulación.
- Aplicar en zonas bien ventiladas.
- Evitar el contacto de estos productos con la piel.
- Proteger el pelo de las pulverizaciones que se producen.

## Revestimientos de bajos

Como ya se ha estudiado, la corrosión de las piezas disminuye la seguridad y funcionalidad del vehículo, ya que, obviamente, degrada el chasis de acero o aluminio y reduce drásticamente la resistencia estructural de la carrocería, por lo que resulta conveniente evitar su aparición, en particular en las zonas especialmente expuestas a su acción, como es la zona de los bajos (Figura 3.16).

### Productos

Los revestimientos de bajos empleados en reparación son productos de caucho y resinas con disolventes para su aplicación (hidrocarburos, xileno, disolventes nafténicos y alcohol). Sus características principales son:

- Resistencia a condiciones ambientales y a la corrosión.
- Propiedades antisonoras.
- Dureza y flexibilidad duraderas.
- Excelente poder de cubrición.
- No descuelga.
- Buena adherencia.
- Rápido secado.

No deben confundirse los productos de "mantenimiento de los protectores de bajos" con los "protectores de bajos", ya que los primeros se emplean para mantener las propiedades iniciales del protector original que va perdiendo a lo largo del tiempo

**Figura 3.16.** Ejemplo de una gama de productos específicos para la protección anticorrosiva de bajos.

(rigidez y aparición de grietas). Estos tienen un alto contenido en ceras que permiten su penetración en las grietas y su sellado; estas ceras hacen que no puedan pintarse.

Los segundos tienen mayor consistencia y se pueden pintar después de la completa evaporación de su disolvente, en algunos casos inmediatamente (revisar las especificaciones técnicas).

## Proceso de aplicación

Para asegurar el correcto agarre y durabilidad de esta capa de protección debe seguirse un método adecuado. A continuación se describen las fases de este proceso:

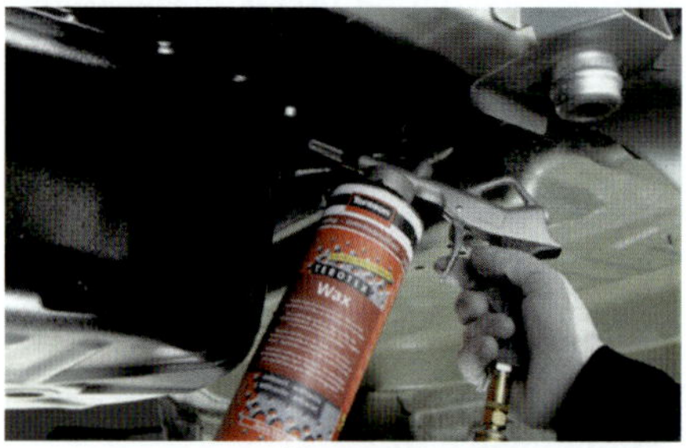

Cerosos

En base agua

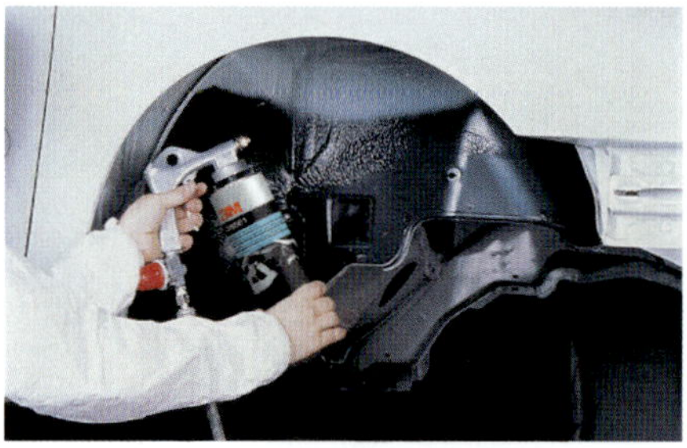

En base a disolventes

**Figura 3.17.** Diferentes productos de protección de bajos.

**Figura 3.18.** Arriba: lavado de bajos con agua caliente. Abajo: secado con aire a presión.

a) Reconocer el tipo de protección original (productos bituminosos o plásticos), para emplear los materiales de limpieza y protección adecuados.

   – Los que son de base caucho o bituminosos se pueden separar fácilmente con espátulas y se deshacen con disolventes.

   – Los de base plástica (PVC) resultan difícilmente separables con espátula y no se deshacen con disolvente.

b) Limpiar toda la superficie con chorro de vapor, aclarar con agua a presión, soplar con aire comprimido y dejar secar bien (preferiblemente durante una noche).

c) Realizar una inspección visual para detectar posibles zonas de corrosión, fijándose especialmente en los pases de ruedas, en todas las uniones y en las fijaciones de los elementos de suspensión. Si existe corrosión, será necesario eliminarla, empleando el método que se estime más conveniente.

d) Desmontar o enmascarar las partes que no deben ser pintadas.

e) Preparar el equipo:

   – Producto. Perforar el bote y ajustarlo en la pistola correspondiente.

   – Herramienta. Conectar la presión (3 a 6 bares).

f) Realizar una o dos pasadas cruzadas a una distancia aproximada de 30 cm (el espesor recomendado es de 1,5 mm). Cuando se aplican varias manos se debe dejar un tiempo de aireación mínimo de 15 minutos. Las boquillas de aplicación deben ser de 1,5 a 2,5 mm.

g) Limpiar correctamente la pistola, proyectando disolvente limpio. En caso de que se vaya a utilizar a continuación, es suficiente mantenerla en gasolina (Figura 3.19).

h) Respetar el tiempo recomendado para su secado (de 2 a 8 horas).

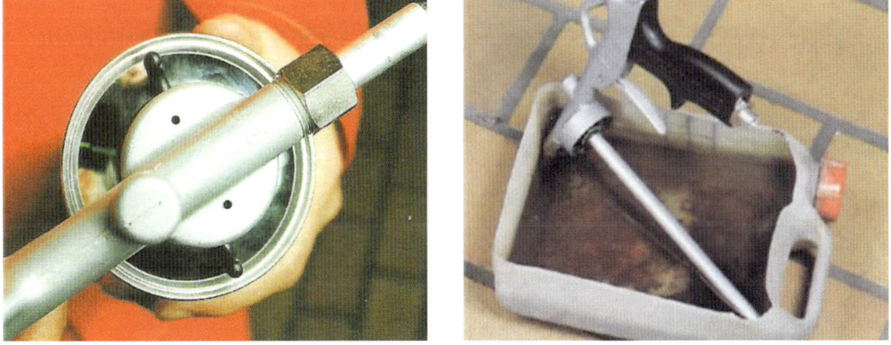

**Figura 3.19.** Izquierda: orificios de compensación. Derecha: forma de evitar que los orificios de pulverización se atasquen, cuando se va a utilizar seguidamente.

**Figura 3.20.** Aplicación de pintura de bajos.

### Precauciones

- Mantener limpios los orificios de compensación de la pistola.
- No pulverizar sobre elementos mecánicos.
- Eliminar las pulverizaciones, inmediatamente, con disolvente (en caso contrario resulta muy difícil de quitar).
- La rugosidad o apariencia final se puede conseguir variando la presión o la distancia de aplicación.
- No pintar sobre este revestimiento.
- Aplicar en lugares bien ventilados.
- Cerrar bien los envases.
- Emplear mono integral con capucha, guantes, gafas y mascarilla de polvo.
- Los vapores son inflamables.
- Los residuos deben tratarse a través de un gestor de residuos autorizado.

## Protección antigravilla

La circulación sobre determinados pavimentos provoca proyecciones de partículas sobre el vehículo que pueden deteriorar la pintura, ello obliga a proteger zonas afectadas por este bombardeo, tales como parachoques, taloneras, faldones y frontales.

La protección se realiza mediante una pintura antigravilla que presenta una elevada (elasticidad) capacidad de absorción de impactos, que impide que los

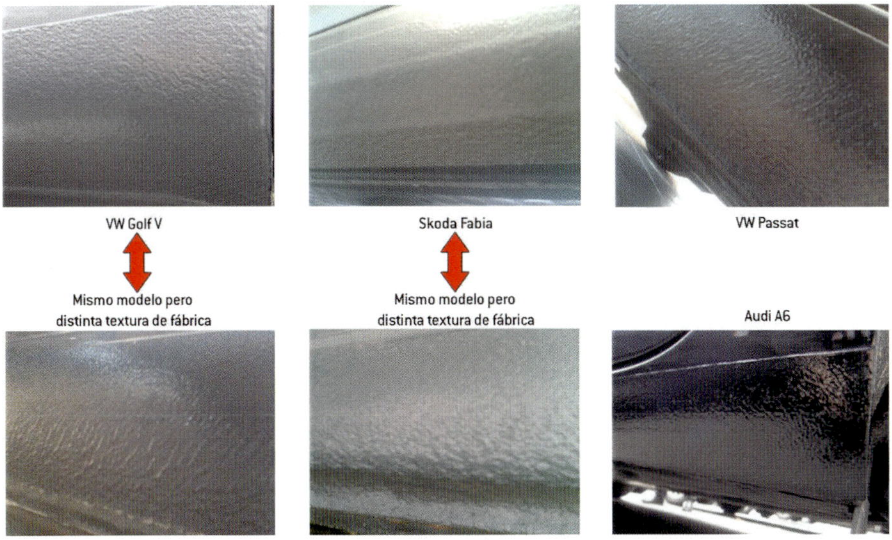


**Figura 3.21.** Comparación de la importancia del aspecto de acabado.

pequeños proyectiles que chocan con la carrocería hagan saltar la capa de pintura.

## Composición

Están compuestas por resinas sintéticas, elastómeros sintéticos o caucho como producto base, y disolventes para su aplicación como hidrocarburos aromáticos, metil-etil-cetona, tolueno o xileno.

Presentan unas cualidades muy parecidas a los protectores de bajos:

- Resistencia a condiciones ambientales, gravilla y corrosión.
- Propiedades antisonoras.
- Dureza y flexibilidad.
- Excelente cubrición.
- No descuelgan.
- Buena adherencia.
- Rápido secado.
- Se pueden aplicar de forma que reproduzcan los acabados de fábrica: lisos o rugosos.
- Se pueden pintar inmediatamente después de su aplicación (la superficie en la que se aplican es fácilmente visible).
- Admiten ser tintadas hasta en un 30 % para facilitar la igualación de color posterior.

**Figura 3.22.** Los pequeños proyectiles son lanzados con fuerza sobre la pintura.

## Proceso de aplicación de la pintura antigravilla

a) Limpiar correctamente la zona: agua a presión, soplado con aire a presión y, a continuación, dejar que seque bien.

b) Enmascarado de las piezas que puedan resultar afectadas por la pulverización.

c) Preparación de los útiles y productos apropiados.

d) Leer las instrucciones del producto. Algunos plásticos requieren imprimaciones adherentes.

e) Tintar la pintura, si es conveniente (hasta un 40 o 50 % según productos).

f) Enroscar bien el bote y remover el producto.

g) Conectar a la red. La presión de aplicación recomendada estará comprendida entre 3 y 5 bares y las boquillas de aplicación deben ser de 1,5 a 2,5 mm.

h) Es conveniente que la pieza tenga una temperatura superior a los 18 ºC, para que el producto se adhiera bien.

i) Realizar dos o tres pasadas a una distancia de 20 a 25 cm, cruzándolas para obtener una capa del espesor correcto.

Se puede aplicar el color sin que seque la pintura, aunque se debe dejar que se evaporen los disolventes (Figura 3.23).

Las precauciones y limpieza son similares a las empleadas en la aplicación de los productos de bajos.

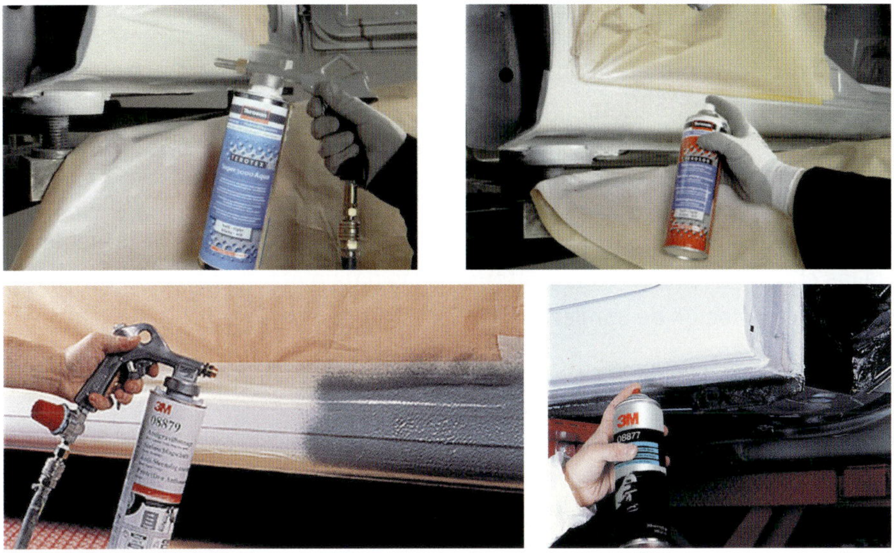


**Figura 3.23.** Izquierda: aplicaciones a pistola. Derecha: aplicaciones con aerosol.

El aspecto final (rugosidad) se puede conseguir variando la presión o la distancia de aplicación.

## Precauciones

- Mantener limpios los orificios de compensación de la pistola (el bote se puede reventar).
- Comprobar la fecha de caducidad del producto.
- Emplear mono integral, guantes, gafas y mascarilla de polvo.
- Los vapores son inflamables.
- Los residuos deben tratarse a través de un gestor de residuos autorizado.
- Mantener lejos de fuentes de calor.
- Utilizar únicamente en áreas bien ventiladas.
- Evitar el contacto con piel y ojos.
- Evitar respirar los vapores durante un tiempo prolongado.
- Mantener el envase cerrado.
- Tras el contacto con la piel, lavar con agua y jabón.

## Protección de zonas cerradas

En reparación, la protección de las zonas cerradas se realiza aplicando productos que aseguran una total protección en las superficies de la carrocería más inaccesibles, donde la importancia de la apariencia superficial es baja o nula.

Del mismo modo que en origen, en reparación la protección de las zonas cerradas también se realiza aplicando productos capaces de revestir la cara interior de las chapas o rellenar zonas determinadas para evitar su contacto con el oxígeno y la formación de condensación. Estos productos son:

- Las ceras de cavidades.
- Los productos espumógenos.

## Ceras de cavidades

Son productos cerosos de elevada penetración por capilaridad que aseguran una total protección frente a la corrosión de las zonas más inaccesibles como todo tipo de superficies interiores en largueros, travesaños, pilares, puertas y portones.

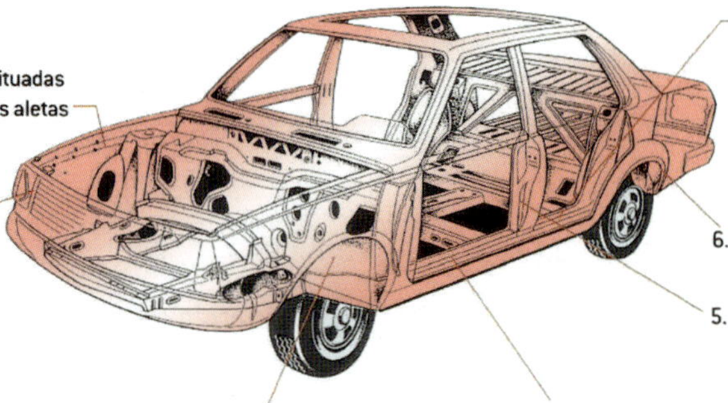


**Figura 3.24.** Cavidades donde se aplican las ceras.

Sus misiones se resumen en:

a) Recubrir toda la superficie interior de las cavidades interiores de las piezas a las que resulta difícil llegar. Se consigue con útiles de aplicación específicos.

b) Penetrar entre las juntas de las uniones, lo consiguen por su capilaridad.

c) Mantenerse adherida y flexible, gracias a sus propiedades generales las ceras de elevada viscosidad y estado pastoso permanente, que se potencian para estas aplicaciones.

## Composición

El producto base está compuesto por ceras de alta capilaridad y aglutinantes plásticos con disolventes para su aplicación, como hidrocarburos aromáticos y sulfato de calcio.

Sus características principales son:

- Excelente penetrabilidad, debido a su baja viscosidad (el 60 % del producto base son disolventes), lo que permite proteger adecuadamente todos los huecos y rincones del automóvil.
- Seca con rapidez.
- Permanece en forma de película fina y flexible.
- Es repelente de la humedad, con lo que proporciona una excelente barrera frente a la oxidación.

## Proceso de aplicación

Su aplicación debe realizarse como mantenimiento después de una revisión habitual (como referencia, la primera se realizará a los cinco años), simplemente cuando existan sospechas de su necesidad o después de una reparación en la que se haya eliminado esta protección.

Para la revisión se emplean endoscopios (Figura 3.25), cuyo aspecto y funcionamiento es similar a los que se utilizan en medicina.

La aplicación se realiza con una pistola específica que permite acoplar una serie de sondas especiales (Figura 3.26).

La presión de aplicación debe ser cercana a los siete bares en la primera mano y a los cuatro en la segunda.

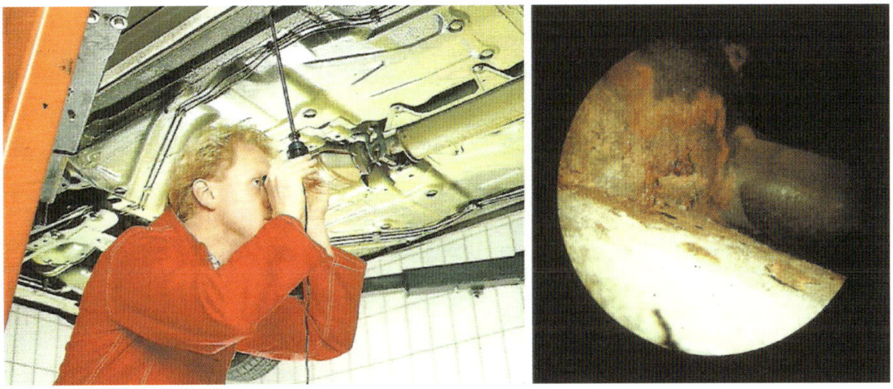

**Figura 3.25.** Izquierda: revisión con el endoscopio. Derecha: imagen proporcionada ejemplo de una vista realizada con el aparato.

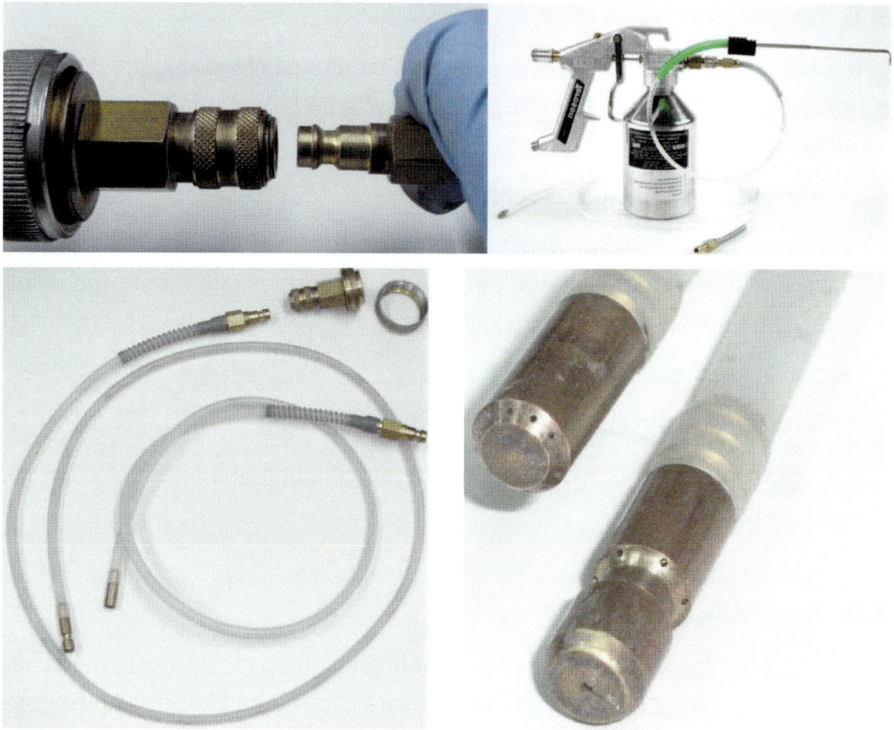

**Figura 3.26.** Pistola-sondas para la aplicación de ceras de cavidades. Conexión de las sondas sobre la pistola y detalle de los orificios de las boquillas de rociado.

Existen dos tipos de sondas: semirrígidas y de codo. Sin olvidar que sobre ellas pueden ir montadas boquillas para diferentes formas de rociado, como puede verse en el detalle de la Figura 3.26.

**Figura 3.27.** Aplicación con sonda semirrígida.

### ■■■ Aplicación en cavidades rectas

Para la distribución de la cera en piezas de gran profundidad, como son los largueros, se emplean sondas semirrígidas de longitudes próximas a 1,5 m. Son tubos huecos de plástico, que en uno de sus extremos llevan una toma de conexión rápida y en el otro una boquilla para pulverizar el producto en todas direcciones a través de unos taladros practicados en su periferia.

Para realizar la aplicación, se introduce la sonda por el comienzo de la cavidad hasta el extremo opuesto de esta y se empieza a pulverizar al tiempo que se va extrayendo la sonda para repartirlo por todo el interior de la pieza. Las carrocerías modernas tienen previstos unos taladros de 10 mm en los extremos de las cavidades para este fin que van cerrados con tapones de caucho (Figura 3.28).

Cuando no existen estos pueden practicarse los orificios con una fresa cónica. Antes de colocar el tapón nuevo, impregnar sus bordes con cera para que protejan los bordes del taladro.

**Figura 3.28.** Aplicaciones con sonda de gancho en el interior de la traviesa delantera, con sonda flexible en una puerta, con aerosol en el estribo.

### Aplicación en cavidades de difícil acceso

Cuando se prevé que la sonda recta se pueda trabar en algún recodo, se emplean sondas más cortas (unos 70 cm), con el extremo de rociado en forma de gancho y un solo orificio para que el operario pueda dirigir el producto hacia la zona que lo requiera.

Algunas **precauciones** a tener en cuenta son:

- Soplar las cavidades con aire a presión antes de la aplicación de la cera.
- Quitar los cinturones de seguridad.
- Antes de aplicar en las puertas, subir los cristales.
- Aplicar a temperatura ambiente, para evitar la formación de agua por condensación.
- Seguir el proceso, como se ha indicado, según se trate de un tipo u otro de cavidad.
- No obstruir los orificios de desagüe que se encuentran en la parte baja de las puertas.
- Evitar el contacto con piel y ojos.
- Los residuos (excedentes y botes vacíos) deben tratarse a través de un gestor autorizado.
- Mantener lejos de fuentes de calor.
- Utilizar únicamente en áreas bien ventiladas o utilizar protección respiratoria adecuada (mascarilla de gases).
- En caso de contacto con los ojos, inmediatamente lavar con abundante agua y acudir a un médico.
- Tras el contacto con la piel, lavar con agua y jabón.

## Productos espumógenos

Para mejorar el aislamiento en algunas zonas cerradas se aplican unos productos en forma de gel (antes del curado), que se adhieren a las paredes de la cavidad y al entrar en contacto con la humedad del ambiente aumentan su volumen, encerrando pequeñas burbujas de aire hasta formar una especie de esponja seca y rígida que obtura toda la cavidad.

De esta forma, protegen las paredes interiores de la corrosión reduciendo el efecto de la condensación, al tiempo que absorben y evitan la transmisión de ruidos por el interior de la pieza (Figura 3.29).

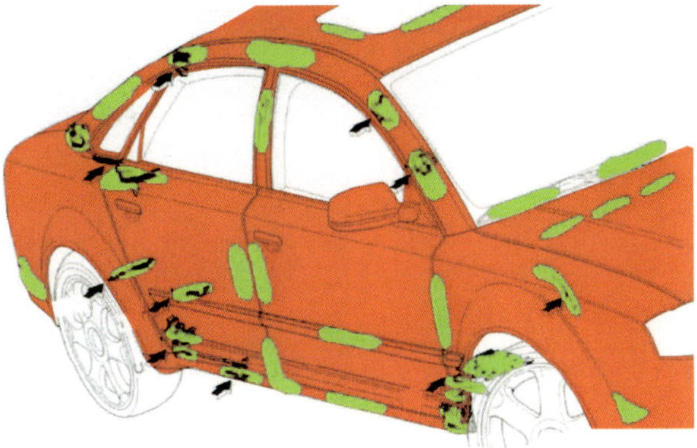

**Figura 3.29.** Lugares usuales de aplicación de productos espumógenos.

## Composición

Es una espuma monocomponente de relleno a base de PU, que se suministra en botes que emplean butano como propelente (gas que impulsa el producto fuera del bote cuando se oprime el difusor). Este producto solidifica cuando consigue absorber la humedad del ambiente, pasando a ser sólido y aumentando su volumen aproximadamente en un 150 %.

## Aplicación

La espuma se debe aplicar sobre superficies limpias (para facilitar el agarre), firmes (para que una vez seca no se desprenda) y sobre superficies húmedas (que facilitan el curado del producto).

## Precauciones

- Tener en consideración que el tiempo de formación de piel es de unos 10 minutos y el de curado funcional aproximadamente de 20.
- Humedecer las cavidades y dejar escurrir el agua antes de aplicar.
- Limpiar la boquilla después de dar la vuelta al bote y hacer una corta pulverización, evitando que salga demasiado gas (para que salga la espuma del conducto).
- Evitar cualquier punto de ignición a altas temperaturas.
- Evitar el contacto con productos corrosivos.

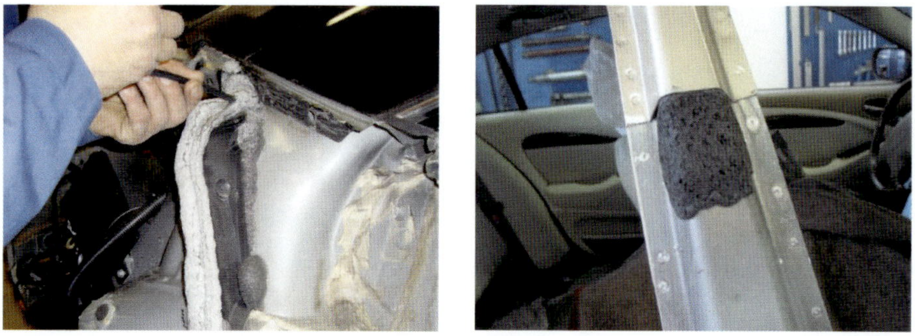

**Figura 3.30.** Derecha: aspecto que presenta la espuma una vez curada. Izquierda: ejemplo de aplicación.

## 3.2.2 Productos de protección de superficies. Imprimaciones, tipos y sistemas

Las denominadas imprimaciones son pinturas que se utilizan en la reparación como primera mano para la protección de la chapa contra la corrosión por su efecto antioxidante, debido a su alto contenido en cargas anticorrosivas que son pigmentos neutros de color, sobre todo fosfato de cinc. Tienen buena adherencia sobre la chapa y sirven como soporte de anclaje para las siguientes capas.

Según su forma de secado, se pueden clasificar en dos grandes grupos:

- 1K: normalmente empleadas en aerosol. Son muy cómodas y rápidas de utilizar ya que no es necesario mezclarlas, y una vez aplicadas, no necesitan el proceso posterior de limpieza de la pistola. Las imprimaciones de plásticos son de este tipo, pero aplicadas a pistola.
- 2K: necesitan de la adición de un catalizador para reaccionar y de esta manera provocar el secado. Las imprimaciones epoxi y fosfatantes son de este tipo.

Según su naturaleza química existen cuatro tipos de imprimaciones:

- Imprimaciones fosfatantes, vinílicas o Washprimer.
- Imprimaciones epoxi.
- Imprimaciones para plásticos.
- Imprimaciones en base agua.

### Imprimaciones fosfatantes

También conocidas como Washprimer, son adecuadas para su aplicación sobre piezas nuevas y reparadas. Los soportes más habituales para su aplicación son aceros galvanizados o cincados.

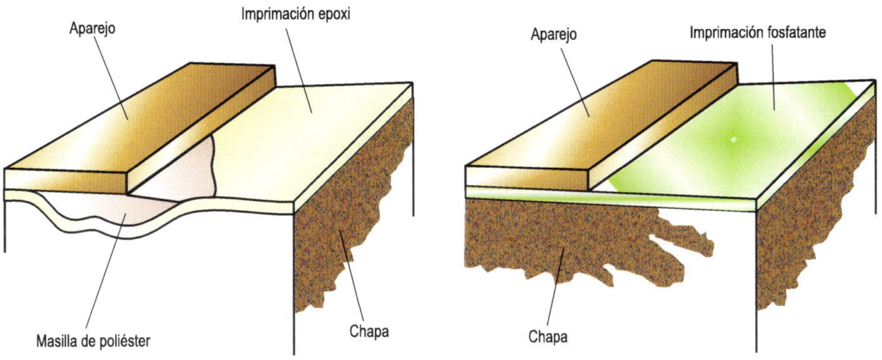


**Figura 3.31.** Características de la aplicación de imprimaciones.

**Figura 3.32.** Aplicación de imprimación fostatante (*Washprimer*).

Se mezclan con diluyentes reactivos de base ácida. Están compuestas por resinas de polivinil butital. Para su activación es necesario añadir ácido fosfórico.

Como principal inconveniente cabe destacar la imposibilidad de la aplicación de masillas de poliéster sobre ellas, ya que cuando la masilla se endurece produce una actividad química que altera y afecta a la composición de la imprimación, removiéndola y provocando desprendimientos. Para evitar este problema se utilizan imprimaciones epoxi. Este problema no significa que sobre masillas bien endurecidas no se pueda aplicar este producto, ya que en el momento que se produce el curado definitivo de la masilla, esta deja de ser químicamente activa y, por tanto, no altera la composición de las imprimaciones fosfatantes.

Así, por ejemplo, cuando hemos realizado el lijado de una zona enmasillada y descubrimos, por efecto de este lijado, chapa desnuda que necesita protección anticorrosiva, es posible aplicar este tipo de imprimaciones sobre el área a tratar sin miedo a que se produzcan reacciones que pudieran ocasionar incompatibilidades entre estos dos productos.

## ■ Imprimaciones epoxi

Cuando se requiere la máxima protección para estructuras y superficies de acero y hierro en toda clase de ambientes, una de las mejores soluciones técnicas consiste en las imprimaciones anticorrosivas de alto contenido en cinc. La formulación epoxi de estas imprimaciones garantiza una extraordinaria cohesión molecular que se traduce en perfecta adhesión al sustrato, al tiempo que crean una membrana completamente impermeable e insensible a la mayoría de agentes químicos, agua o disolventes. El alto contenido en pigmentos de cinc proporciona un efecto inhibidor de la corrosión sobre el acero, equivalente a un galvanizado en frío. Finalmente, el avanzado dominio de la técnica y nanotecnología aplicada se traduce en la capacidad de ofrecer protección catódica ante daños mecánicos que afectan a la continuidad de la película epoxi. Por este motivo, las imprimaciones ricas en cinc tienen un amplio campo de aplicación cuando se requiere minimizar el mantenimiento e interrupciones de servicio derivadas de dichas tareas, o cuando se quiere proteger el acero de todo tipo de agresiones químicas, medioambientales e incluso mecánicas. La imprimación epoxi bicomponente rica en cinc es uno de los mejores productos de su clase al incorporar mejores características que facilitan la aplicación del producto y, por tanto, optimizan los resultados obtenidos, minimizando poros, migración desde los bordes y uniformidad de la película.

Están formadas a base de ligantes de resinas epoxi, y sus principales características son:

**Figura 3.33.** Imprimación epoxi.

- Gran poder de relleno, lo que permite en algunos casos utilizarlas como aparejos.
- Presentan una excelente adhesión sobre diferentes substratos como acero, aluminio y plásticos.
- Son resistentes a los impactos, choques y vibraciones.
- Ofrecen una buena resistencia química, por lo que pueden ser aplicadas sobre ellas masillas de poliéster, sin miedo a que se produzcan reacciones adversas.
- Tienen muy buenas propiedades anticorrosivas.
- Las principales desventajas que presentan con respecto a las fosfatantes es el tiempo de secado (aproximadamente de 4 horas) y su rigidez.

## Imprimaciones para plásticos

Al aplicarse sobre componentes plásticos, no tienen función anticorrosiva. Debido a las particularidades que presentan los plásticos, estos productos están principalmente enfocados a proporcionar la adherencia necesaria entre el soporte y el aparejo o la masilla, por lo que en la práctica consisten en promotores de adherencia. Su composición suele estar basada en resinas polioléfínicas y suelen ser de un componente, por lo que están listos para su uso.

**Figura 3.34.** Imprimación para plásticos.

Para su aplicación, resulta muy importante asegurarse del correcto desengrasado de la pieza para asegurar la adecuada adherencia del producto. Si al finalizar la aplicación, sobrara el interior del vaso de la pistola de imprimación, este resto puede ser reintegrado al bote sin miedo a deteriorar su contenido. La película seca depositada es de muy pocas micras, por lo que no debe lijarse. Además, se utiliza como capa primaria sobre piezas plásticas de automóviles sensibles a la luz, ya que dicha imprimación sirve como barrera para bloquear la penetración de luz ultravioleta hacia el sustrato subyacente.

## 3.3 INFORMACIÓN TÉCNICA DE PINTURA. PICTOGRAMAS, FICHAS TÉCNICAS Y DE SEGURIDAD

Los fabricantes de pinturas y productos de reparación ofrecen información técnica sobre las características de los productos que comercializan (formulación, presentación, preparación, aplicación, almacenaje, seguridad, etc.), con el fin de conseguir los mejores resultados en su uso.

Tradicionalmente esta información se suministraba en papel y en microfichas, pero en la actualidad los formatos más utilizados son los soportes informáticos y la red de Internet, que permiten en el primer caso una elevada capacidad de almacenaje, y una información puntual y actualizada en el segundo.

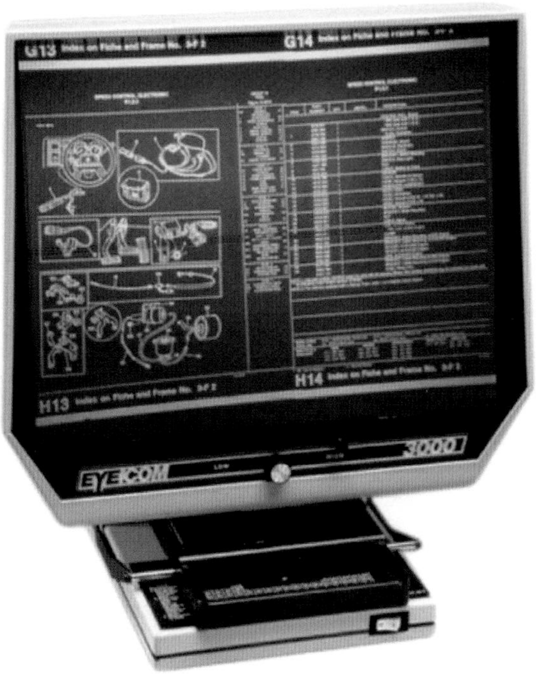


**Figura 3.35.** Lector de microfichas.

### 3.3.1 Pictogramas

Para intentar conseguir que la información requerida para desarrollar procesos de aplicación y reparación correctos, los principales fabricantes de productos del área de carrocería y pintura acordaron un lenguaje normalizado de indicaciones en forma de símbolos para aplicarlos en la documentación técnica y en el etiquetado.

Dichos pictogramas permiten disponer de forma rápida de la información necesaria sobre operaciones a realizar, equipamiento necesario, mezcla de productos, tiempos de aplicación/secado, etc.

Según la finalidad de los mismos, pueden agruparse en varias categorías:

- Para etiquetado.
- Almacenado.
- Preparación y mezcla.
- Herramientas y equipos.
- Características técnicas.
- Procesos de trabajo.
- Secado.
- Seguridad.
- Etc.

A continuación se muestran algunos de los pictogramas más significativos referentes al proceso de pintado:

**Almacenado**

Proteger del calor

Proteger del frío

Proteger de la humedad

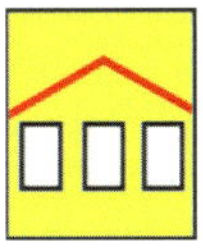
Almacenar cubierto

**Etiquetado**

E Explosivo

F Fácilmente inflamable o muy inflamable

T Tóxico o muy tóxico

N Peligroso para el medio ambiente

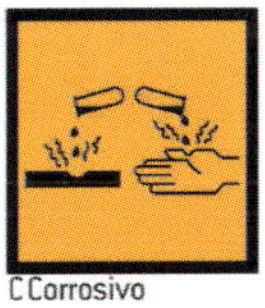
C Corrosivo

N Nocivo o irritante

## Preparación de superficies

Limpieza de superficie

Lijado manual en seco

Lijado manual al agua

Lijado a máquina orbital al agua

Lijado a máquina vibradora al agua

Lijado a máquina vibradora en seco

Lijado a máquina vibradora en seco

## General

Consultar Hoja Técnica

Proteger de la humedad

Proteger del sol

Proteger del frío

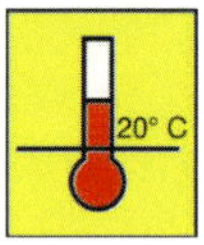


Temperatura recomendada

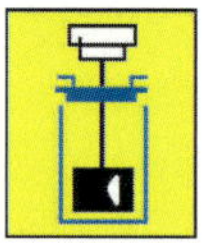

Agitación con máquina de mezcla

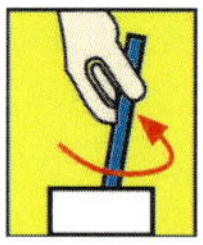

Agitación manual

## Preparación de las pinturas

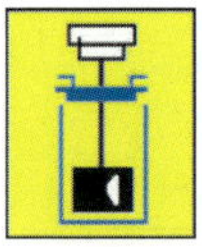

Agitado de básicos automático

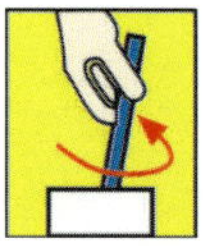

Agitado de básicos manual

Mezcla de un componente

Mezcla de dos componentes

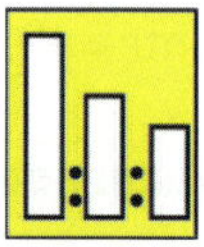

Mezcla de tres componentes

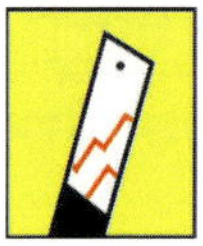

Usar regla de proporciones

Tiempo de vida de la mezcla

Viscosidad de aplicación

Soluble en agua

Añadir endurecedor

## Aplicación de las pinturas

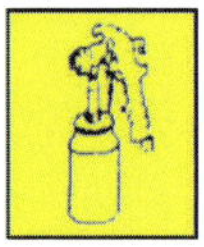

Aplicación de pinturas (genérico)

Pistola de succión

Pistola de gravedad

Número de pasadas

Distancia de aplicación

Pistola de bajos

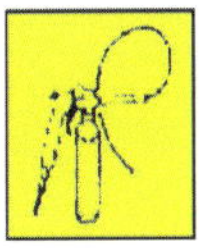
Aplicación protectores cerosos

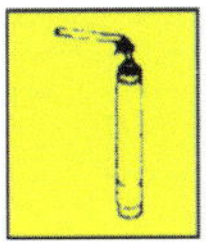
Aplicación de espumógenos

Aplicación a brocha

Aplicación a rodillo

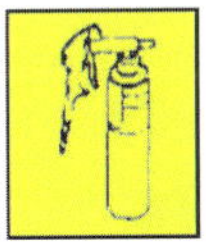
Aplicación de protectores bajos

Aplicación a espátula

**Secado**

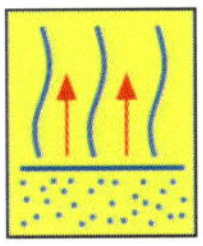
Tiempo de evaporación

Tiempo de secado

Tiempo de secado con infrarrojos

**Complementarios**

Pulido al agua

Pulido abrillantado

Cerrar envases

## 3.3.2 Ficha técnica

En estas fichas el fabricante muestra toda la información sobre cada uno de sus productos separada por secciones, entre las que destacan:

- Productos del mismo tipo.
- Descripción del producto y sus características principales.
- Preparación del soporte, condiciones previas.
- Guía para la elección del limpiador más apropiado.
- Guía de aplicación, componentes y sus proporciones, viscosidad, tipos de pistola y pico recomendado, presión de aplicación, número de capas, tiempo de evaporación, diferentes tipos de secado, tiempo de endurecimiento.
- Rendimiento y limitaciones. Cuidados específicos de almacenaje y otros particulares.
- Seguridad, higiene y medio ambiente, indica dónde se encuentra la información específica de cada uno de los productos.
- Puntos de inflamación.

**Delfleet**

Octubre 2006 TDS: **RLD198V**

# Información Producto

## DELFLEET F3994

### PRODUCTO

| | |
|---|---|
| Imprimación Epoxi HS con cromatos Delfleet | F3994 |
| Catalizador Epoxi Delfleet | F3296 |
| Diluyente Epoxi Delfleet | F3342 |

### DESCRIPCIÓN PRODUCTO

La Imprimación Epoxi HS con cromatos es una imprimación epoxi versátil y de alto rendimiento que cumple con la Legislación VOC de menos de 540g/l.

Esta imprimación lleva cromatos basados en pigmentos anticorrosivos dando una excepcional resistencia a la corrosión. Es una imprimación no lijable que puede ser horneada, secada al aire o aplicable como sistema húmedo sobre húmedo.

Puede aplicar sobre diferentes sustratos.

### PREPARACIÓN DEL SUBSTRATO

| | **Preparar el substrato como sigue:** | **LIJADO** | **LIMPIEZA** |
|---|---|---|---|
|  | Acero Nuevo laminado en frío y/o caliente | Chorreado | El substrato a pintar debe estar seco, limpio, libre de corrosión, grasa y cualquier agente contaminante. |
| | Acero viejo | P180-240 en seco | |
|  | Zincado<br>Acero galvanizado | P180-240 en seco<br>P240-320 en seco | Los substratos necesitan estar totalmente limpios usando una combinación de desengrasante D845 y D837 Spirit Wipe (ó D842 limpiador bajo en VOC). |
| | Pintura de acabados en buen estado | P180-240 en seco | |
| | Electropaint<br>GRP | P120-320 en seco<br>P320-P400 en seco | |

Las Imprimaciones Epoxi de Delfleet no están recomemendadas para aplicarse sobre Etch primers (imprimaciones anticorrosivas) ó substratos termoplásticos.

**(* Pedir consejo al comercial/técnico de PPG si hay secciones de aluminio a pintar)**

Estos productos son solo para uso profesional.
RLD198V
Pag. 1

## PREPARACIÓN Y APLICACIÓN

| | | | | |
|---|---|---|---|---|
| | Asegurar que la mezcla del producto se ha hecho minuciosamente antes de su aplicación. | **HVLP / Presión**<br>En volumen<br>F3994 4<br>F3296 1<br>F3342 1 | | **Airless / Airmix**<br>En volumen<br>F3994 4<br>F3296 1 |
| **Vida útil de la mezcla a 20°C -: 4-6 Horas** | | | | |
| | Viscosidad: | **HVLP**<br>18-22 seg.<br>DIN4/20°C | **PRESION**<br>18-22 seg.<br>DIN4/20°C | **AIRLESS / AIRMIX**<br>71-85 seg. DIN4/20°C |
| | **Pico de fluido:** | 1.4-1.8 mm.<br>2 Bar entrada | 1.0 -1.2 mm.<br>2 Bar entrada<br>Fluido 380-420 cc/min | 13-15 thou<br>( 0.33-0.37mm)<br>Airless-: 2000 psi<br>Airmix-: 1000psi<br>20-25 psi cabezal aire |
| | **Número de capas:** | 2 | 2 | 1-2 |
| | **20°C Evaporación:**<br>**Entre capas**<br>**Antes horneado**<br>**Antes repintado** | <br>10-15 minutos<br>15 -20 minutos<br>40 - 50 minutos | <br>10-15 minutos<br>15 – 20 minutos<br>40 - 50 minutos | <br>20-30 minutos<br>20 -30 minutos<br>60 minutos |
| **Tiempos de secado:** | **20° C Libre de polvo:**<br>**20° C Totalmente seco**<br>**60°C Horneado**<br>**(temperatura metal)** | **HVLP**<br>15-25 minutos<br>Toda la noche<br>1 Hora | **PRESION**<br>15-25 minutos<br>Toda la noche<br>1 Hora | **AIRLESS / AIRMIX**<br>30-60 minutos<br>Toda la noche<br>1 Hour |
| **Espesor capa seca:** | **Mínimo**<br>**Máximo**<br>**Rendimiento teórico:** | 50µm<br>75µm<br>$8m^2/l$ | 50µm<br>75µm<br>$8m^2/l$ | 75µm<br>100µm<br>$5\ m^2/l$ |
| El rendimiento teórico asume el 100% de la eficiencia de la transferencia a los espesores indicados. | | | | |
| | NO RECOMENDADO | | | |
| | **Repintable con: Cualquier acabado Delfleet.** | | | |

Estos productos son solo para uso profesional
RLD198V
Pag. 2

## RENDIMIENTO Y LIMITACIONES

La Imprimación Epoxi HS con cromatos de Delfleet no debería ser aplicada a temperaturas más bajas de 10° C y una humedad superior al 80%.

## EQUIPO DE LIMPIEZA

Después de la aplicación, limpiar minuciosamente todos los equipos usados con disolvente.

**INFORMACION VOC**
El valor límite de la UE para este producto (categoría de producto: IIB.d) en la forma de 'listo para usar' es de cómo máximo 540g/litros de VOC.
El contenido de VOC de este producto en la forma de 'listo para usar' es de cómo máximo 540g/litros.
**Según el modo de uso elegido, el VOC real de este producto 'listo para usar' puede ser inferior al especificado por el Código Directivo de la UE.**

## SEGURIDAD E HIGIENE

**Estos productos son sólo para el pintado profesional de vehículos de automoción**, y no deben utilizarse para otros propósitos distintos a los especificados. La información en esta TDS se basa en el conocimiento técnico y científico actual, y es responsabilidad del usuario tomar todas las medidas oportunas para asegurar que el producto se ajusta al propósito deseado. Para información sobre Seguridad e Higiene consultar la Hoja de Seguridad, también disponible en: http://www.ppg.com/PPG_MSDS

**Para más información, póngase en contacto con:**
**PPG**

PPG Ibérica Sales & Services, S.L.
Pol. Ind. La Ferrería
Montcada i Reixac
Barcelona
**Tel: 935 61 10 00**
**Fax: 935 75 28 28**

Estos productos son solo para uso profesional
RLD198V
Pag. 3

### 3.3.3 Ficha de seguridad

Los fabricantes de productos químicos clasificados como peligrosos que son utilizados en los procesos de trabajo, están obligados a facilitar unos documentos en los que se especifica claramente la información concerniente a la seguridad y prevención necesaria para su utilización, así como la forma de actuación en caso de intoxicación.

Estas hojas o fichas de seguridad incluyen una serie de dieciséis apartados precedidos por la fecha de su actualización.

A continuación, se expone un ejemplo de los apartados más importantes de estas hojas, así como los contenidos más comunes de algunos apartados. Estas hojas informativas deberán estar en un lugar accesible y conocido dentro del taller para, en caso necesario, proporcionar de forma rápida las pautas de actuación específicas para cada producto.

FICHA DE DATOS DE SEGURIDAD

Fecha de revisión: 31/05/2007

**1. DATOS IDENTIFICATIVOS DEL PRODUCTO Y DE LA EMPRESA**

| | |
|---|---|
| 1.1. Descripción comercial: | ENDURECEDOR |
| 1.2. Usos previstos: | Endurecedor |
| 1.3. Empresa: | |
| 1.4. Teléfono de urgencias: | |

**2. COMPOSICIÓN/INFORMACIÓN SOBRE LOS COMPONENTES**

| | |
|---|---|
| 2.1. Descripción química: | Disolución de... |
| 2.2. Componentes peligrosos: | Sustancias que intervienen en porcentaje superior al límite de exención. |

**3. IDENTIFICACIÓN DE LOS PELIGROS**

| | |
|---|---|
| 3.1. Clasificación CE: | R*** |
| 3.2. Efectos adversos: | Inflamable. Nocivo por inhalación. Nocivo en contacto con la piel.<br>Irrita la piel. Posibilidad de sensibilización en contacto con la piel. |

**4. MEDIDAS DE PRIMEROS AUXILIOS**

En los casos de duda, o cuando persistan los síntomas de malestar, solicitar atención médica...

**5. MEDIDAS DE LUCHA CONTRA INCENDIOS**

5.1. Medios de extinción: Polvo extintor o $CO_2$...
5.2. Riesgos específicos: El fuego puede producir un espeso humo negro...
5.3. Equipo de protección antiincendios:
5.4. Otras recomendaciones: Refrigerar con agua los tanques, cisternas...

**6. MEDIDAS EN CASO DE LIBERACIÓN ACCIDENTAL**

6.1. Precauciones personales: Eliminar los posibles puntos de ignición y...
6.2. Precauciones para la protección del medio ambiente: Evitar la contaminación de desagües, aguas...
6.3. Métodos de limpieza: Recoger el vertido con materiales absorbentes no combustibles...

**7. MANIPULACIÓN Y ALMACENAMIENTO**

7.1. Precauciones en la manipulación: Cumplir con la legislación...
- Recomendaciones generales:
  Evitar todo tipo de derrame o fuga. No dejar los recipientes abiertos.
- Recomendaciones para prevenir riesgos de incendio y explosión:
  Los vapores son más pesados que el aire,...
- Temperatura de inflamación:
- Temperatura de autoignición:
- Intervalo de explosividad:
- Recomendaciones para prevenir riesgos toxicológicos:
  Las personas con historial asmático,...

7.2. Condiciones de almacenamiento: Prohibir la entrada a personas no autorizadas...
7.3. Usos específicos: No existen recomendaciones particulares...

**8. CONTROLES DE EXPOSICIÓN/PROTECCIÓN PERSONAL 98/24/CE (RD 374/2001)**

8.1. Límites de exposición (VLA)...
8.2. Controles de exposición profesional, Directiva...
- Protección del sistema respiratorio.

8.3. Controles de la exposición del medio ambiente:
Evitar cualquier vertido al medio ambiente. Evitar...

**9. PROPIEDADES FÍSICAS Y QUÍMICAS**

- Forma física: Líquido.
- Color: Incoloro.
- Olor: Característico.
- Viscosidad: ...

**10. ESTABILIDAD Y REACTIVIDAD**

10.1. Condiciones que deben evitarse: Estable bajo...
10.2. Materias que deben evitarse: Posible reacción peligrosa con...
10.3. Descomposición térmica: Como consecuencia de la descomposición térmica.

**11. INFORMACIÓN TOXICOLÓGICA**

No se dispone de datos toxicológicos experimentales...
11.1. Efectos toxicológicos: La exposición a concentraciones de vapores
11.2. Dosis y concentraciones letales: Para mayor información, ver epígrafes...

**12. INFORMACIÓN ECOLÓGICA**

No se dispone de datos ecotoxicológicos experimentales...
12.1. Vertidos al suelo: Evitar la penetración en el terreno.
12.2. Vertidos al agua: No se debe permitir que el producto...
12.3. Emisiones a la atmósfera: Evitar emisiones a la atmósfera.
12.4. Datos ecotoxicológicos de componentes individuales...

**13. CONSIDERACIONES RELATIVAS A LA ELIMINACIÓN**

13.1. Manipulación de residuos, Directiva...
13.2. ...

**14. INFORMACIÓN RELATIVA AL TRANSPORTE**

PINTURAS
14.1. Transporte por carretera.
14.2. Transporte por vía marítima (IMDG 32-04).
14.3. Transporte por vía aérea (ICAO/IATA).

**15. INFORMACIÓN REGLAMENTARIA**

15.1. Etiquetado CE:
15.2. Limitaciones a la comercialización y al uso, Directiva...
15.3. Otras legislaciones CE: No aplicable
15.4. Otras legislaciones: No disponible

**16. OTRA INFORMACIÓN**

Texto de las Frases R referenciadas en el epígrafe...

La información de esta ficha de seguridad está basada en los conocimientos actuales y en las leyes vigentes de la UE y nacionales, en cuanto que las condiciones de de los usuarios están fuera de nuestro conocimiento y control. El producto no debe utilizarse para fines distintos a aquellos que se especifican, sin tener primero una instrucción por escrito de su manejo. Es siempre responsabilidad del usuario tomar las medidas oportunas con el fin de cumplir con las exigencias establecidas en las legislaciones vigentes. La información contenida en esta ficha de seguridad solo significa una descripción de las exigencias de seguridad del preparado y no hay que considerarla como una garantía de sus propiedades.

A continuación se muestra un ejemplo de ficha de seguridad de una imprimación *Washprimer* (solo aparece la primera hoja de la ficha, ya que es muy extensa).

**FICHA DE DATOS DE SEGURIDAD (REACH)** Fecha de revisión: 26/04/2012 Pág. 1 / 8

| | |
|---|---|
| | IMP WASH PRIMER<br>Código: 11855 |
| **SECCIÓN 1: IDENTIFICACION DE LA MEZCLA Y DE LA SOCIEDAD O LA EMPRESA** | |
| 1.1 | IDENTIFICADOR DEL PRODUCTO: IMP WASH PRIMER<br>Código: 11855 |
| 1.2 | USOS PERTINENTES IDENTIFICADOS Y USOS DESACONSEJADOS: [_] Doméstico [_] Profesional [X] Industrial<br>Usos previstos:<br>Pintura anticorrosiva.<br>Usos desaconsejados:<br>Este producto no está recomendado para ningún uso o sector de uso industrial, profesional o de consumo distinto a los anteriormente recogidos como 'Usos previstos o identificados'. |
| 1.3 | DATOS DEL PROVEEDOR DE LA FICHA DE DATOS DE SEGURIDAD:<br>Industrias Químicas Eurotex S.L.<br>Polígono Industrial Santa Isabel, s /n- 41520 El Viso del Alcor ( Sevilla )<br>Teléfono: 955 74 15 92 - Fax: 955 74 16 08 e-mail : eurotex@eurotex.es |
| 1.4 | TELÉFONO DE EMERGENCIA: 955 741 592 (8:30-13:30 - 15:00-18:00 h.) (horario laboral) |
| **SECCIÓN 2 : IDENTIFICACION DE LOS PELIGROS** | |
| 2.1 | CLASIFICACIÓN DE LA MEZCLA:<br>Clasificación según la Directiva 67/548/CEE~2001/59/CE (DSP):<br>F:R11 \| Repr.Cat.3:R63 \| Xn:R48/20 \| Xi:R36/38 \| R43 \| R67 |
| 2.2 | ELEMENTOS DE LA ETIQUETA: F , Xn<br>El producto está etiquetado como FÁCILMENTE INFLAMABLE y NOCIVO según la Directiva 67/548/CEE~2009/2/CE (RD.363/1995~OM.PRE/1244/2006) y 1999/45/CE~2006/8/CE (RD.255/2003~OM.PRE/164/2007)<br>Frases R:<br>R11 Fácilmente inflamable.<br>R36/38 Irrita los ojos y la piel.<br>R43 Posibilidad de sensibilización en contacto con la piel.<br>R48/20 Nocivo: riesgo de efectos graves para la salud en caso de exposición prolongada por inhalación.<br>R63 Posible riesgo durante el embarazo de efectos adversos para el feto.<br>R67 La inhalación de vapores puede provocar somnolencia y vértigo.<br>Frases S:<br>S7/9 Manténgase el recipiente bien cerrado y en lugar bien ventilado.<br>S16 Conservar alejado de toda llama o fuente de chispas - No fumar.<br>S29 No tirar los residuos por el desagüe.<br>S36/37/39 Úsense indumentaria y guantes adecuados y protección para los ojos.<br>S43 En caso de incendio, utilizar agua pulverizada, espuma antialcohol, polvo químico seco, anhídrido carbónico.<br>S51 Úsese únicamente en lugares bien ventilados.<br>Componentes peligrosos:<br>Tolueno<br>Xileno (mezcla de isómeros)<br>Resina epoxi PM~1000 |
| 2.3 | OTROS PELIGROS:<br>No aplicable. |
| **SECCIÓN 3 : COMPOSICIÓN/INFORMACIÓN SOBRE LOS COMPONENTES** | |
| 3.1 | DESCRIPCIÓN QUÍMICA:<br>MEZCLA: Mezcla de pigmentos, resinas y aditivos en disolventes orgánicos. |

**Figura 3.36.** Ejemplo de ficha de seguridad.

# CUESTIONES

1. Enumera las funciones más importantes de las imprimaciones anticorrosivas.
2. Señala qué efectos (en materia de corrosión) puede proporcionar la aplicación de las diferentes pinturas anticorrosivas.
3. Indica los elementos por los que están constituidas las pinturas.
4. ¿Por qué es necesario aplicar selladores en reparación?
5. ¿En qué dos zonas de las piezas sometidas a la unión se aplican los selladores?
6. ¿Qué son los selladores plásticos?
7. Cita cuatro tipos de selladores plásticos.
8. ¿Qué tipo de sellador es el que se utiliza en la siguiente figura?

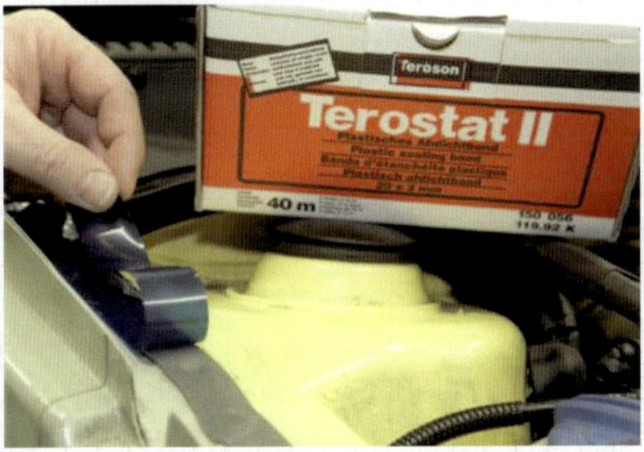


9. ¿Qué son los selladores elásticos? ¿En qué se diferencian de los anteriores?
10. Anota tres ejemplos de aplicaciones de estos selladores.
11. ¿Cuál es la misión principal de los adhesivos estructurales?
12. ¿Qué son las pinturas ricas en cinc?
13. ¿Para qué se aplican los selladores de extremos y bordes?
14. ¿Qué son los selladores de extremos y bordes?
15. Indica los tipos de adhesivos empleados en el sellado según sus características de aplicación y transformación.
16. Señala la respuesta correcta:
    - Los selladores 1 K solamente pueden ser de secado físico.
    - Los selladores 1 K solamente pueden ser de secado químico.

- Las dos posibilidades son ciertas.
- No es cierta ninguna de todas ellas.

**17.** ¿De qué están compuestos los revestimientos de bajos empleados en reparación?

**18.** Indica las diferencias más importantes entre los productos de "mantenimiento de los protectores de bajos" y los "protectores de bajos".

**19.** Describe las fases del proceso de aplicación del producto de bajos.

**20.** ¿Qué son las pinturas antigravilla?

**21.** Enumera los pasos principales de un proceso de aplicación de la pintura antigravilla.

**22.** Al hablar de la protección de zonas cerradas, ¿a cuáles nos estamos refiriendo?

**23.** Enumera los cuatro tipos más importantes de imprimaciones según su naturaleza química.

**24.** De las imprimaciones anteriores, ¿cuáles son las más indicadas para aplicar sobre piezas nuevas y reparadas, y cuyos soportes más habituales para su aplicación son aceros, galvanizados o cincados? Indica, asimismo, cuál es su principal inconveniente.

**25.** Indica las características más importantes de las imprimaciones anticorrosivas de alto contenido en cinc, de formulación epoxi.

**26.** Señala las diferentes categorías de pictogramas según la finalidad de los mismos.

**27.** Identifica los siguientes pictogramas:

| | | | |
|---|---|---|---|
|  |  |  |  |
| | | | |
|  | 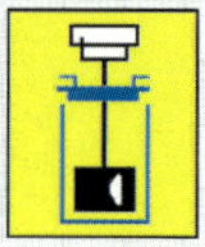 |  |  |
| | | | |

**28.** Indica las diferentes secciones que suelen incluir las fichas técnicas de los fabricantes de productos.

**29.** ¿Qué son y qué utilidad tienen las denominadas "fichas de seguridad"?

# 4. Equipos y útiles en la aplicación de productos para la protección de superficies

## Contenidos

## INTRODUCCIÓN

En el taller de pintura se realizan un gran número de tareas diferentes, algunas de ellas se repiten en cada proceso, incluso varias veces cada día. Para facilitar su realización, disminuyendo el trabajo y el tiempo empleado en su ejecución manual se han desarrollado equipos, máquinas y útiles adecuados para la mayor parte de las operaciones del trabajo.

Realizar los diferentes procesos de embellecimiento o difuminado de superficies requiere poseer los conocimientos tecnológicos necesarios para saber qué útiles o máquinas deben emplearse con el objetivo de obtener resultados óptimos con la mayor economía de tiempo y, sobre todo, de trabajo empleado. En esta unidad, se desarrollan los equipos básicos necesarios más habituales en el área de pintura. También se especifican la forma adecuada de utilización, su mantenimiento y la seguridad de cada herramienta o máquina.

De la correcta utilización de los equipos para cada trabajo va a depender su vida útil y la calidad del acabado.

Para garantizar la reparación de pintura, los talleres deben disponer de personal cualificado, de una infraestructura y de unos equipos adecuados a los trabajos que se van a desarrollar: equipos de generación, distribución, regulación y purificación de aire comprimido, equipos de aplicación, equipos de secado y equipos auxiliares utilizados en la zona de pintura.

## 4.1 INSTALACIONES. EQUIPOS DE GENERACIÓN, DISTRIBUCIÓN, REGULACIÓN Y PURIFICACIÓN DE AIRE COMPRIMIDO

Dado que la mayor parte de las herramientas empleadas en las tareas de pintura son herramientas neumáticas debido a sus ventajas, como menor tamaño y peso, necesitan una red neumática (Figura 4.1) para generar y distribuir el aire comprimido a las diferentes herramientas del taller. Esta instalación debe permitir regular las presiones de utilización, y llevar el suficiente caudal a los diferentes puntos donde se va a necesitar.

Se compone de los siguientes elementos:

- Un compresor que suministre un caudal de aire a presión, suficiente para abastecer a toda la instalación.
- Un decantador de agua que elimine la mayor parte de la humedad.
- Un depósito o acumulador que estabilice y asegure en todo momento el suministro y la presión.

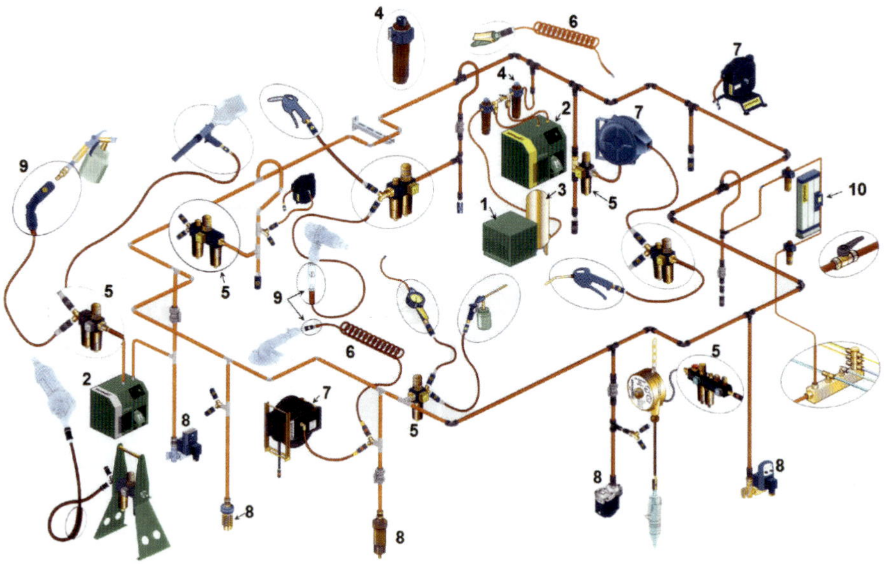

1. Compresor
2. Secador por refrigeración
3. Acumulador
4. Filtro
5. Acondicionador
6. Manguera de aire
7. Enrollador de manguera
8. Purgador automático
9. Conector rápido
10. Secador por absorción

**Figura 4.1.** Esquema tipo para la distribución y el tratamiento del aire comprimido.

- Una red de distribución que lleve el aire a presión a toda la instalación del taller.
- Canalizaciones de bajada repartidas por las zonas de trabajo que conduzcan el aire hasta las tomas donde el trabajador puede acceder fácilmente.
- Sistemas de acondicionamiento del aire.
- Conectores de enchufe rápido.

El aire comprimido que alimenta a todas las máquinas y herramientas del taller se genera en el compresor y a través de las canalizaciones de la instalación llega a las diferentes salidas. En el trayecto el aire pasa por diferentes elementos (acumulador, secador frigorífico, purgador automático, etc.) hasta llegar a la salida donde, a través del grupo acondicionador, se filtra y se lubrica para que pueda ser utilizado por las máquinas y herramientas.

El aire que alimenta las pistolas aerográficas debe estar exento de cualquier partícula; recordemos que un metro cúbico de aire ambiente puede contener hasta 140 millones de partículas de polvo, que naturalmente son aspiradas por el compresor, y solo una pequeña parte es retenida por el filtro de entrada del compresor.

Por otro lado, la atmósfera contiene vapor de agua, cuya cantidad depende de la humedad ambiental, a la que hay que sumar la condensación que se produce en el interior del circuito.

Todos estos factores hacen que el aire que circula por la instalación no sea el más idóneo para la aplicación de los productos, ya que producirá defectos en las capas aplicadas, como manchas, mala adherencia, burbujas, etc.

Para evitar estos problemas es indispensable instalar entre la conexión de la pistola y el circuito del aire un grupo de tratamiento del aire (Figura 4.2), que consta de un manómetro regulador que controla la presión de trabajo necesaria para la aplicación, y un filtro diseñado para la retención de:

- Partículas de polvo cuyo tamaño supere las 0,01 micras.
- Humedad del aire que puede formar gotas de agua.
- Partículas de aceite desprendidas por el compresor.
- Todo tipo de agentes perjudiciales para la calidad del aire.

Estos filtros deben estar instalados en cada zona de trabajo donde se utilicen las pistolas aerográficas para no usar mangueras excesivamente largas que provocarían caídas de presión elevadas.

Es recomendable que estas mangueras sean antiestáticas, sin siliconas y que soporten las temperaturas del interior de la cabina.

Deben utilizarse expresamente para las pistolas aerográficas, de ningún modo se deben utilizar para máquinas y herramientas que necesiten lubrificación.

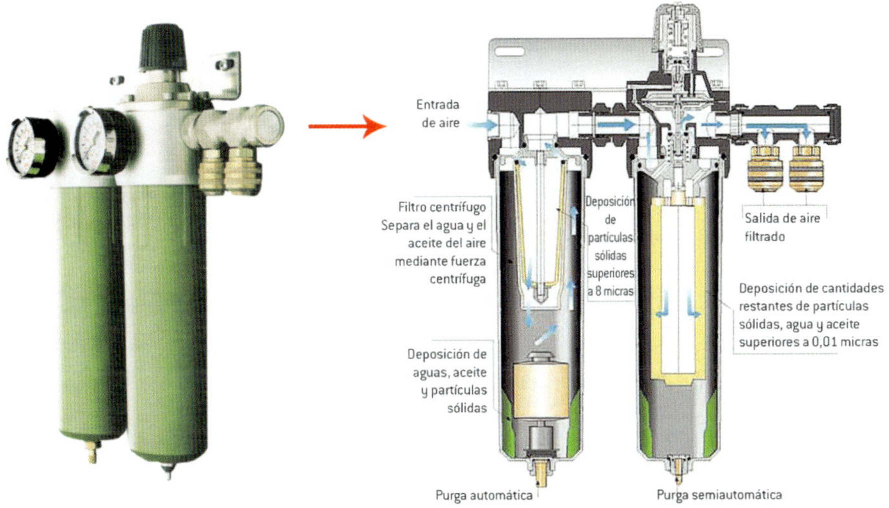


**Figura 4.2.** Equipo de tratamiento de aire en cabina.

## 4.2 EQUIPOS Y HERRAMIENTAS PARA EL LIJADO

Las operaciones de lijado constituyen uno de los procesos más importantes de la reparación de carrocerías, en las que se llega a invertir entre un 50 y un 75 % del tiempo del proceso de pintado de una pieza, por lo que es importante conocer los distintos tipos de equipos y herramientas de lijado empleados en reparación.

Para el uso de los materiales abrasivos se utilizan diferentes soportes en función del tipo de proceso a realizar o de la herramienta a utilizar:

- En el lijado a mano, estos soportes pueden ser tacos de mayor o menor dureza.
- En el lijado con máquinas lijadoras los soportes tienen forma de plato.

### 4.2.1 Tacos y soportes de lijado

A pesar de lo útiles que resultan las lijadoras, el lijado manual sigue siendo necesario, especialmente en pequeñas reparaciones.

Los tacos y soportes de lijado resultan adecuados para repasar bordes y perfiles, además facilitan el lijado manual y contribuyen a evitar errores. Su tamaño y forma distribuyen la presión, y la superficie plana de lijado permite un trabajo preciso.

**Figura 4.3.** Soporte de lijado con aspiración de polvo.

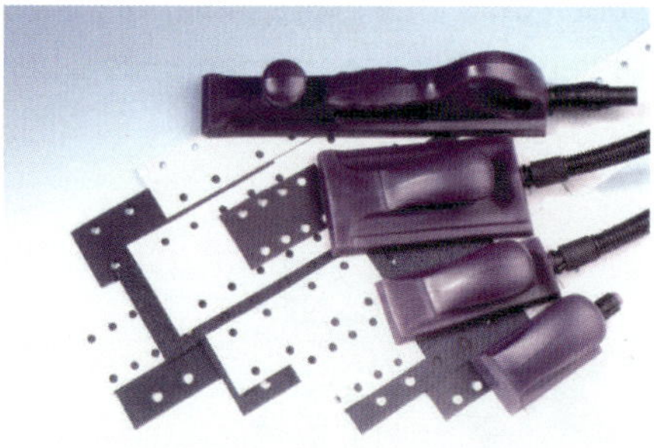

**Figura 4.4.** Distintos soportes de lijado.

La fijación de los abrasivos a los tacos y soportes de lijado suele realizarse mediante velcro, aunque en algunos casos también se utilizan amarres por pinzas o simplemente mediante ranurados en el soporte.

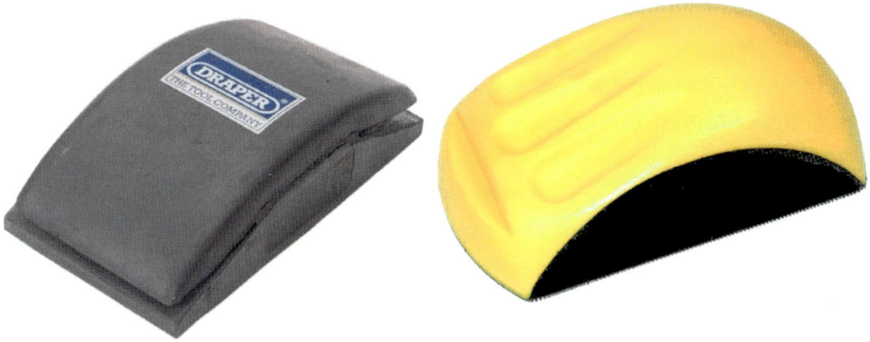


**Figura 4.5.** Tacos de lijado. Izquierda: sujeción por ranurado. Derecha: sujeción por velcro (Hookit).

### 4.2.2 Lijadoras

Las máquinas lijadoras se pueden clasificar en:

- **Lijadoras neumáticas.** Sus características son:
  - Velocidad regulable.
  - Posibles variaciones de velocidad ante una resistencia en el trabajo.
  - Producen menos ruido.
  - Necesitan una buena instalación de aire comprimido.
  - Necesitan un mantenimiento de aceite de la red de aire y un filtro de decantación de agua.
  - No se calientan ante un trabajo continuado.

**Figura 4.6.** Lijadora neumática.

- **Lijadoras eléctricas.** Sus características son:
  - Velocidad de trabajo fija.
  - Pesadas de manejar.
  - Si se presionan excesivamente se calientan.
  - No son necesarias instalaciones especiales.
  - Presentan los riesgos propios del uso de la electricidad como fuente de energía.

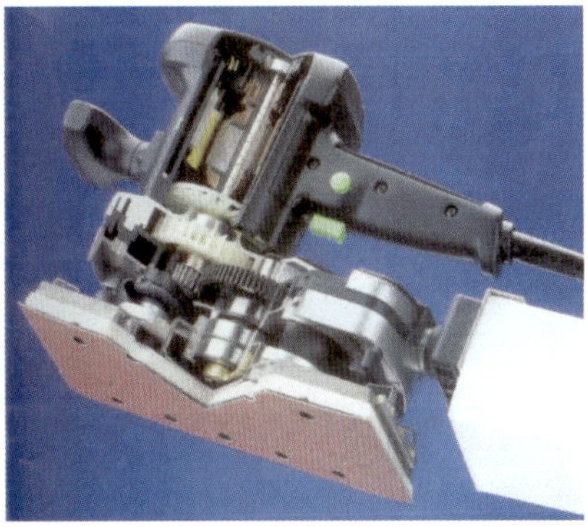

**Figura 4.7.** Lijadora eléctrica.

La calidad de la superficie depende, entre otras cosas, de la elección del tipo de máquina que se selecciona para realizar los trabajos de lijado. Para simplificar esta tarea, a continuación se muestran unos gráficos en los que se analizan los siguientes parámetros:

- Poder abrasivo.
- Posibilidad de moldeo.
- Comportamiento de la máquina en esquinas y cantos.
- Acabado de las superficies.

Según su funcionamiento las máquinas lijadoras se clasifican en:

- Radiales.
- Vibratorias.
- Excéntrico-rotativas.

**Figura 4.8.** Parámetros de la calidad superficial de las lijadoras.

## ■ Lijadoras radiales o rotativas

Estas máquinas giran sobre un punto fijo, lo que impide el lijado plano de la superficie. Están especialmente indicadas para trabajos de desbarbado de metal, eliminación de puntos de soldadura, limpieza de corrosión y corte de paneles de puerta para su extracción (Figura 4.9).

Es posible la fijación sobre estas máquinas de discos Clean'n Strip para eliminación de pinturas y de boinas para el pulido de defectos.

Actualmente, algunas máquinas cuentan con aspiración de polvo y un sistema de fijación del abrasivo que permite el lijado plano.

**Figura 4.9.** Lijadora radial.

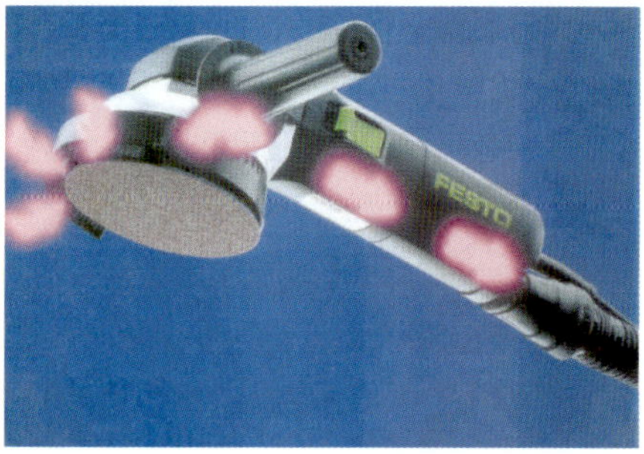


**Figura 4.10.** Lijadora radial con aspiración de polvo.

**Figura 4.11.** Parámetros de las máquinas radiales.

**Tabla 4.4.** Ventajas y desventajas de las lijadoras radiales

| Ventajas | Desventajas |
|---|---|
| • Trabajo muy agresivo.<br>• Uso óptimo para trabajos pesados.<br>• Rápido lijado. | • Generan una gran cantidad de calor.<br>• Son incómodas de manejar.<br>• Normalmente, no es posible el lijado plano.<br>• No suelen contar con aspiración de polvo.<br>Cuando se lija con este tipo de máquinas, hay que tener en cuenta las siguientes recomendaciones:<br>• Los discos embazados incrementan el calentamiento de la chapa.<br>• No ejercer demasiada presión para evitar dejar rayas profundas del lijado y el calentamiento de la chapa.<br>• Los discos con restos metálicos pueden generar rayas profundas.<br>• La presión adecuada es la que aplana el borde del disco 25 mm con un ángulo de 12°. |

La huella típica de estas máquinas es la mostrada en la Figura 4.12.

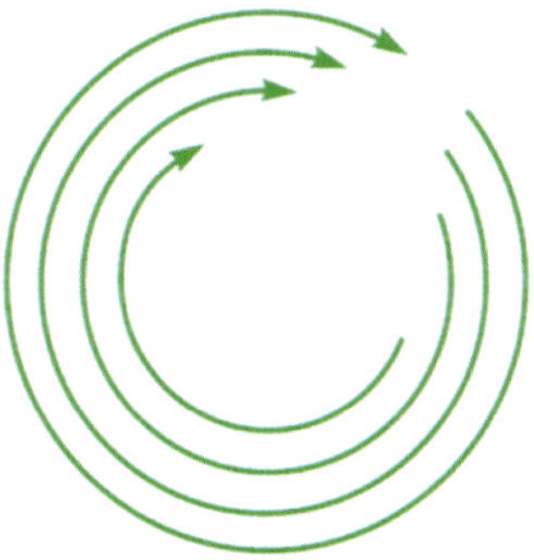

**Figura 4.12.** Huella típica de una lijadora radial.

## Lijadoras vibratorias o vibradoras

Estas máquinas se caracterizan por producir un movimiento longitudinal y otro transversal al mismo tiempo, dejando una huella característica de lijado.

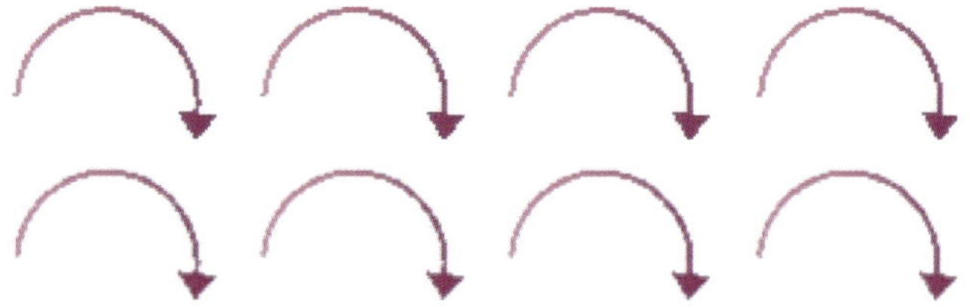

**Figura 4.13.** Huella típica de una lijadora vibratoria.

Resultan indicadas para trabajos en áreas planas, lijado de masillas de poliéster y, en general, para trabajos de gran desbaste de material. Es conveniente mantener siempre la máquina plana.

**Figura 4.14.** Lijado con máquina vibratoria.

Como puede comprobarse en el gráfico de la Figura 4.15, su poder de abrasión, el acabado de superficies y la posibilidad de conformar superficies es bueno. Las máquinas lijadoras vibratorias, tienen excelentes resultados en trabajos en esquinas y cantos.

**Tabla 4.5.** Ventajas y desventajas de las lijadoras vibratorias

| Ventajas | Desventajas |
| --- | --- |
| • En grandes áreas planas, su uso evita las aguas.<br>• Debido al tamaño de su zapata es recomendable en zonas amplias de lijado.<br>• Suelen contar con aspiración de polvo. | • No son recomendables en zonas redondeadas.<br>• Vibran cuando no trabajan sobre un plano.<br>• Su zapata no es flexible.<br>• No dejan una superficie apta para el acabado. |

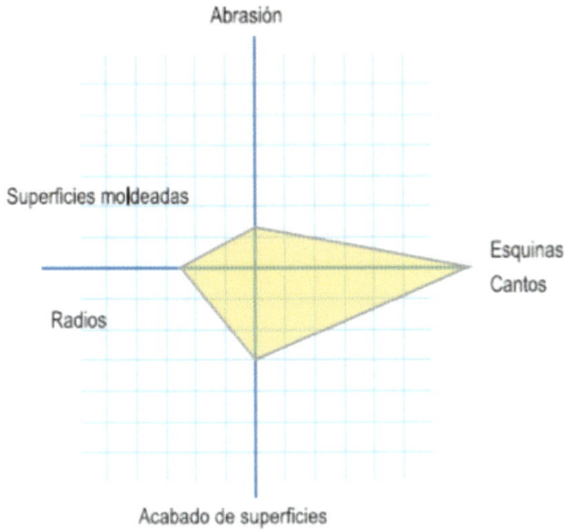


**Figura 4.15.** Máquina vibratoria especialmente indicada para esquinas y cantos.

## Lijadoras excéntrico-rotativas o roto-orbitales

La característica fundamental de este tipo de máquinas es su acabado, lo que las hace especialmente recomendables en el lijado de aparejos y preparación de la superficie para el acabado final.

En el esquema de aplicación que se muestra en la Figura 4.17 comprobamos que sus posibilidades de trabajo en esquinas y cantos son muy reducidas, así como su poder de abrasión, sin embargo la calidad del acabado y el moldeo de superficies son óptimos.

El tipo de huella que dejan sobre la chapa es el representado típico de un movimiento giratorio y otro excéntrico.

**Figura 4.16.** Lijadora excéntrico-rotativa.

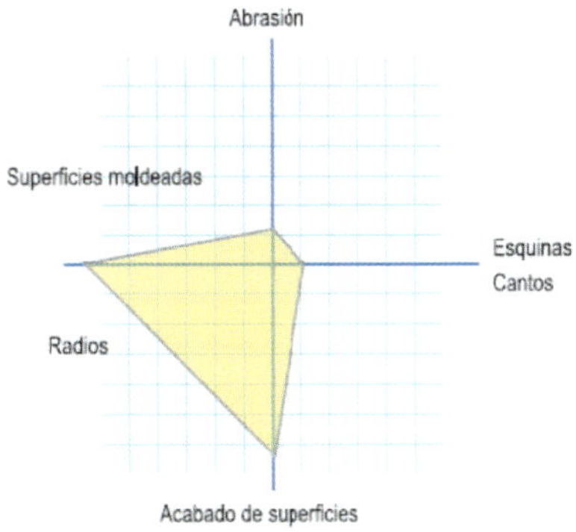


**Figura 4.17.** Máquina roto-orbital especialmente indicada para acabados.

**Tabla 4.6.** Ventajas y desventajas de las lijadoras excéntrico-rotativas

| Ventajas | Desventajas |
|---|---|
| • Excelentes acabados.<br>• Fácil de trabajar, son muy manejables.<br>• Suelen contar con aspiración de polvo. | • No son recomendables en los trabajos de lijado de masillas.<br>• Deben trabajar completamente planas para evitar aguas. |

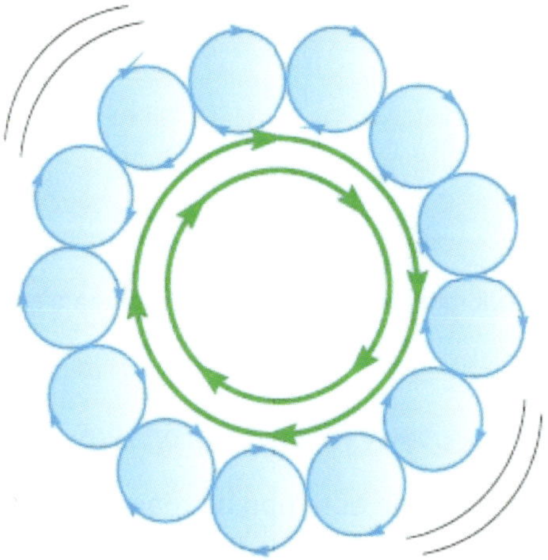

**Figura 4.18.** Huella típica de una lijadora excéntrico-rotativa.

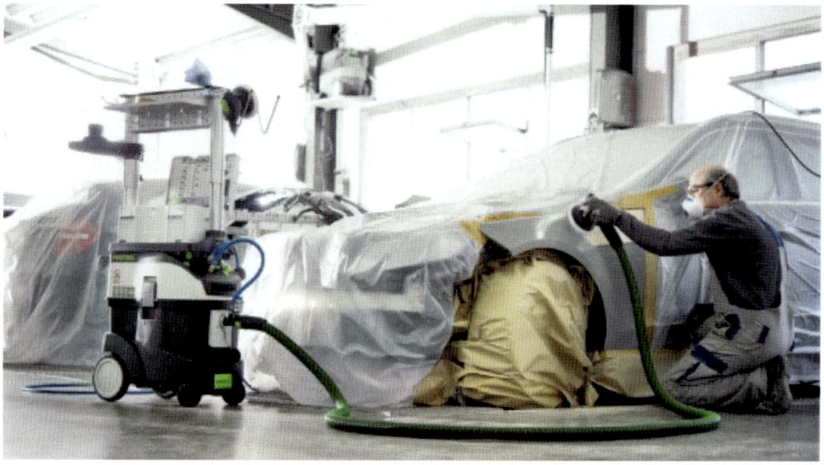

**Figura 4.19.** Trabajos de lijado.

## 4.2.3 Fijación de los abrasivos

Para la fijación de los abrasivos al plato de la lijadora se utilizan diferentes métodos, dependiendo del tipo de máquina y del soporte del abrasivo.

## Amarre con pinzas

Este sistema es poco utilizado, debido a que deben practicarse los orificios de extracción de polvo y al tiempo que se tarda en sustituir las lijas.

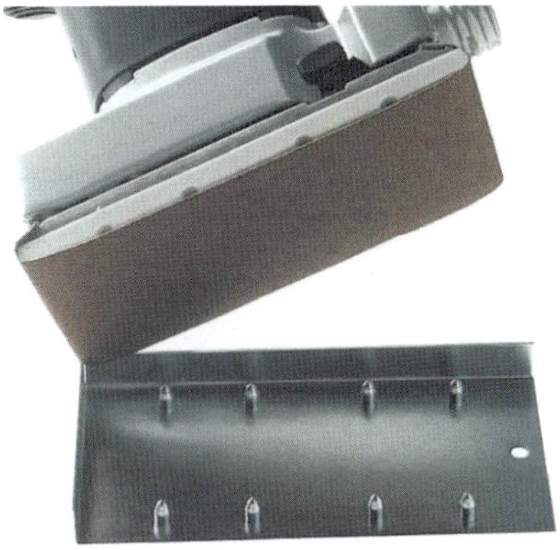

**Figura 4.20.** Plantilla para la perforación de orificios.

**Figura 4.21.** Amarre por pinzas.

## Amarre por tuerca

En las lijadoras radiales, la fijación se realiza por medio de un eje con rosca y una tuerca.

**Figura 4.22.** Amarre por tuerca.

## Hojas Stikit (hojas adhesivas)

En este sistema de fijación, el soporte del abrasivo incorpora un adhesivo que se adhiere sin dificultad al plato portalijas.

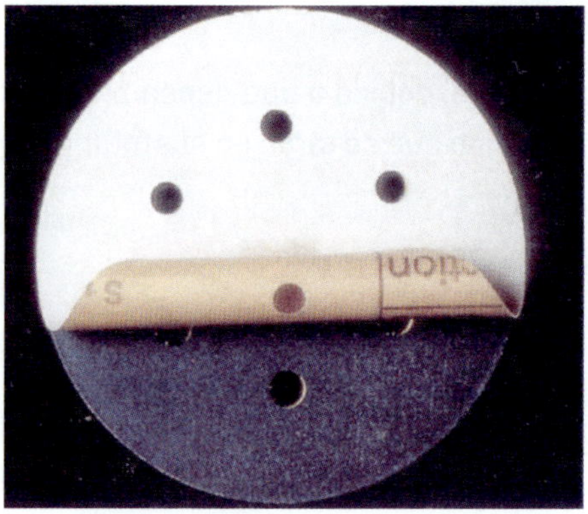

**Figura 4.23.** Fijación por adhesivo.

## ■ Fijación Hookit (tipo velcro)

Este tipo de unión tiene la gran ventaja de que los discos abrasivos pueden ser reutilizados.

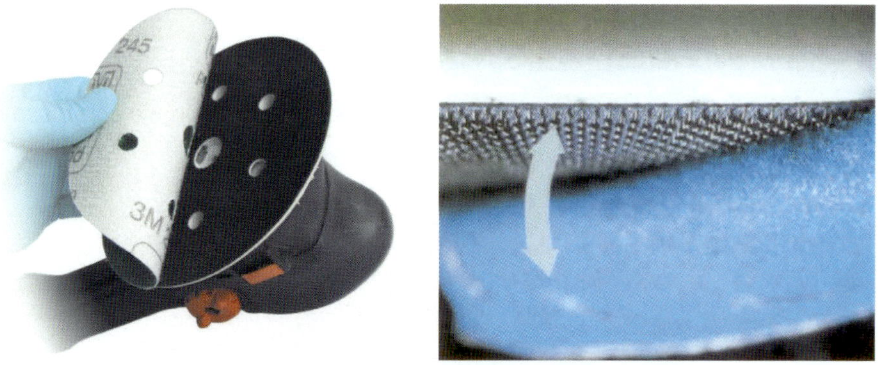

**Figura 4.24.** Fijación tipo velcro.

Este sistema está constituido por un conjunto de ganchos en forma de seta (Figura 4.25), situados en el plato portalijas, que se fijan sin dificultad a la superficie de terciopelo rizado del abrasivo.

El sistema velcro es el más recomendado, debido a que el movimiento de deslizamiento lo realiza la lijadora, por lo que el rendimiento será más efectivo si la lija está firmemente unida al plato portalijas.

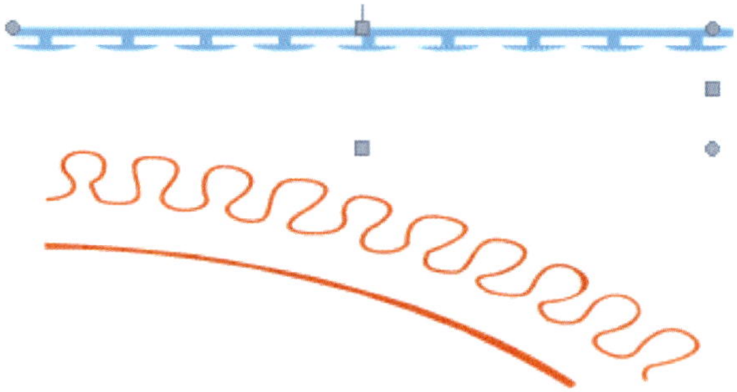

**Figura 4.25.** Estructura del adhesivo tipo velcro.

### 4.2.4 Abrasivos tridimensionales

Entre estos tipos de abrasivos se encuentran:

#### ■ Abrasivos tipo Scotch-Brite

Este tipo de abrasivo es una especie de esponja, fabricado en tres dimensiones a base de un entramado sintético de nailon de fibras esponjadas. El mineral se encuentra distribuido por la superficie del nailon y adherido a este gracias a las resinas de origen sintético.

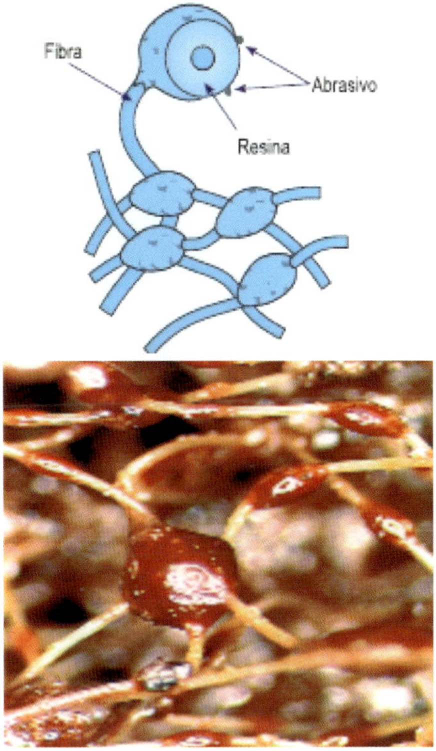


**Figura 4.26.** Constitución del abrasivo Scotch-Brite.

Está diseñado como un abrasivo de grano abierto, gracias a lo cual la ventilación interior es la adecuada para reducir el embazamiento. Es muy flexible y además provoca un efecto amortiguador en el lijado, se puede doblar sin deterioro, lo que permite el conformado uniforme de la pieza. Se puede utilizar a mano y a máquina, y es muy eficaz en las operaciones de acabado.

Se fabrican con tres granulometrías diferentes: fino, ultra fino y extra fino.

De cara a su óptima adaptación sobre cada reparación, los abrasivos Scotch-Brite se pueden encontrar bajo diferentes presentaciones, en forma de tiras o rollos precortados, almohadillas o en esponjas. Los colores del soporte identifican el grado de abrasión y su aplicación corresponde a:

- Rojo, piezas del interior de la carrocería.
- Gris, partes exteriores con colores no críticos.
- Cobrizo o dorado, colores críticos y difuminados.

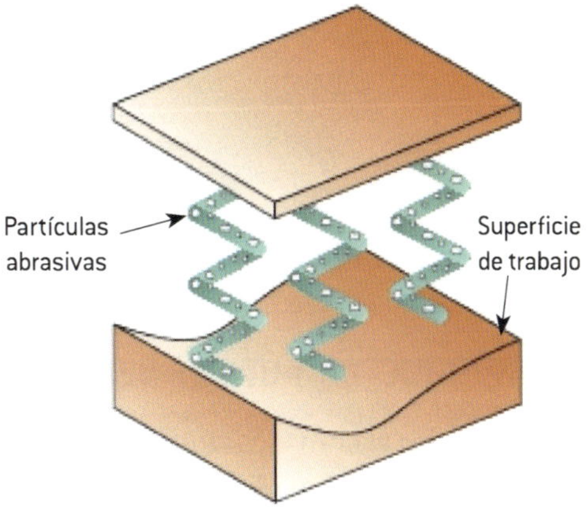


**Figura 4.27.** Efecto amortiguador de este abrasivo.

El abrasivo de la esponjilla gris lleva mineral del óxido de aluminio y en los otros el mineral es carburo de silicio. Los tres tamaños pueden usarse en seco, con agua, con desengrasante o con líquido matizante.

**Figura 4.28.** Gama de rollos Scotch-Brite.

### Discos *Clean'n Strip*

Este tipo de abrasivos se utilizan para la eliminación de pintura y óxido superficial en lugares de difícil acceso y limpieza de áreas donde se va a proceder a soldar o despuntear puntos de soldadura. Su gran ventaja radica en la facilidad con la que se trabaja, su buen acabado y que apenas agreden a la chapa. Se pueden adaptar a máquinas neumáticas y eléctricas.

**Figura 4.29.** Discos *Clean'n Strip*.

## 4.3 PRODUCTOS Y ÚTILES DE ENMASCARADO

Para proceder al enmascarado de piezas se precisa la utilización de determinados productos que se adapten a este cometido. A continuación se muestran los más utilizados:

- Papel.
- Film plástico.
- Mantas.
- Cubrerruedas.
- Cinta de enmascarado.
- Burletes de enmascarar.
- Burletes de junquillos.
- Cintas para molduras.
- Productos líquidos.
- Film protector.
- Fundas protectoras de asientos y volantes.

### 4.3.1 Papel

El papel que se utiliza para enmascarar piezas debe reunir las siguientes características:

- Resistencia a los disolventes.
- Ser impermeable al agua del lijado.
- Presentar una densidad, lo suficientemente compacta, para evitar ser atravesado por la presión de la pintura en la aplicación.

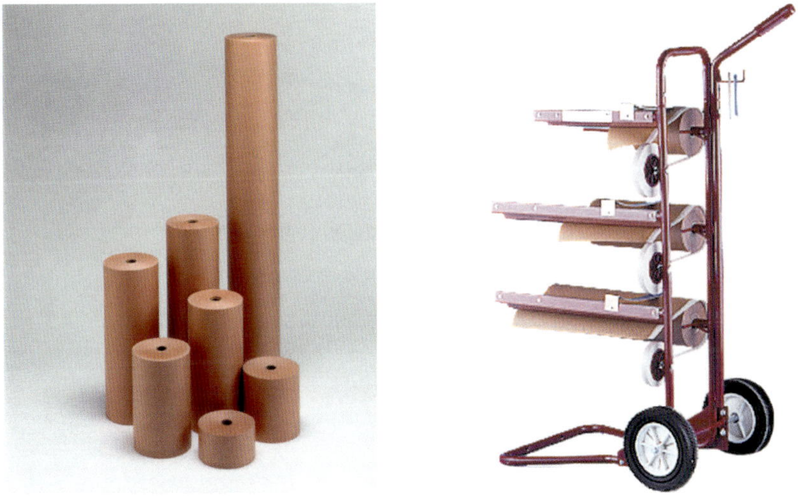

**Figura 4.30.** Rollos de papel en diferentes anchos y carro móvil dispensador de papel.

- Deberá tener una resistencia suficiente para aguantar su manipulación.
- Facilidad para adaptarse a los diferentes contornos.
- No tendrá fibras sueltas en la superficie que puedan desprenderse.
- Presentar una superficie lisa para que evite la acumulación de polvo.
- Se suministra en pliegos con diferentes anchos para adaptarse al tamaño de las piezas a enmascarar.

### 4.3.2 Láminas de film plástico

Son láminas o pliegos de plástico de distintos tamaños utilizados para cubrir diferentes partes del vehículo o incluso su totalidad. En este último caso, una vez cubierto el vehículo se corta el perímetro de la pieza o zona a pintar y se fija sobre las piezas adyacentes dejando libre la parte requerida. Las láminas proporcionan un enmascarado de la mayor calidad en un tiempo más reducido con respecto al papel, por lo que se convierten en uno de los mejores sistemas de enmascarado.

**Figura 4.31.** Soportes dispensadores de film plástico.

El film plástico de enmascarado tiene las siguientes características:

- El plástico es resistente a los disolventes.
- Son fáciles de colocar.
- Se adhieren a las piezas del vehículo.
- Soportan las temperaturas de secado, inclusive por infrarrojos.

- Son biodegradables.
- Su reutilización está condicionada por los recortes realizados y por los desperfectos ocasionados.
- Soporta el lijado con agua sin deformarse.
- Llevan motivos o colores distintivos para identificar la cara interna de la externa.

Las láminas deben colocarse correctamente, ya que cada una de sus dos caras tiene funciones y tratamientos distintos para mejorar su cometido. La cara exterior atrae las finas partículas de pintura para que no se suelten bajo la presión del aire al pintar y salten a la pintura recién aplicada. La interior tiene la particularidad de ser adherente para adaptarse al vehículo facilitando su colocación e impidiendo su movimiento durante el pintado, aunque el film esté sometido al aire de la pistola.

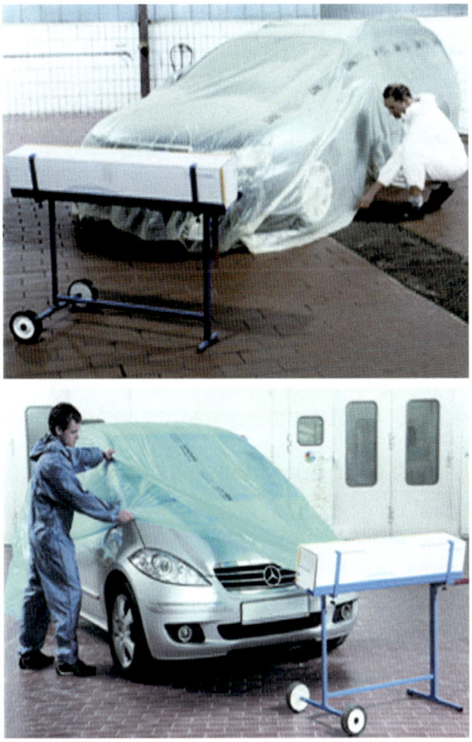

**Figura 4.32.** Aplicaciones de film plástico.

Los fabricantes marcan sus láminas plásticas con colores para diferenciar la cara interna de la que debe ir hacia el exterior, si bien la tendencia actual es fabricarlas transparentes con anagramas que identifican la parte exterior.

## 4.3.3 Mantas

Son láminas especiales de mayor resistencia que las descritas anteriormente; están provistas de cremalleras que permiten el acceso a las piezas que se reparan, su mayor resistencia permite su reutilización.

## 4.3.4 Cubrerruedas

Son fundas especiales dotadas de un sistema de acoplamiento rápido a la rueda para facilitar el montaje y asegurar su fijación durante toda la aplicación. Las propiedades son las mismas que las de las fundas.

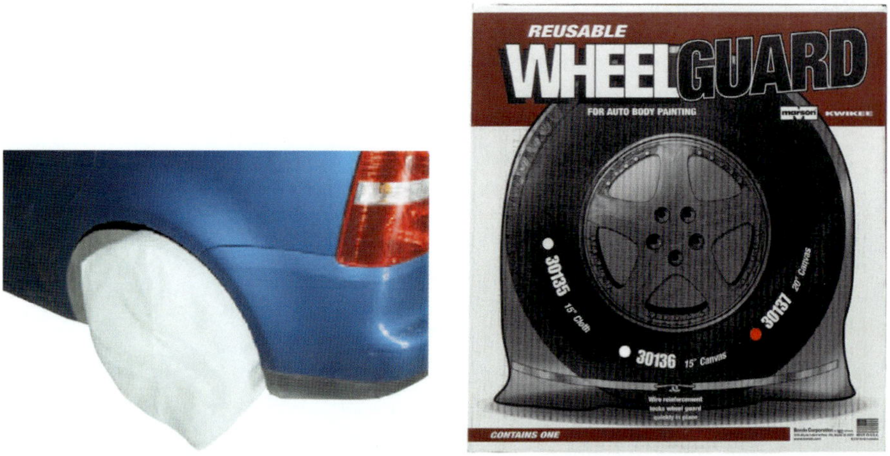


**Figura 4.33.** Cubrerrueda reutilizable y su aplicación.

## 4.3.5 Cinta de enmascarado

Es una cinta autoadhesiva que se utiliza para delimitar contornos y fijar el material de enmascarado. Se presenta en forma de rollos de diferentes anchos.

Para colocar la cinta sobre el borde del papel de forma automática, existen unos dispositivos que cumplen esta función, tanto para pliegos pequeños como para pliegos más grandes.

La cinta cumple los siguientes cometidos:

- Conseguir una buena sujeción del material de enmascarar al vehículo.
- Permitir que se despegue sin dañar a la pintura.
- No dejar restos del adhesivo cuando se retira.
- Fácil de aplicar, incluso en los cambios de dirección, asegurando su adaptación.

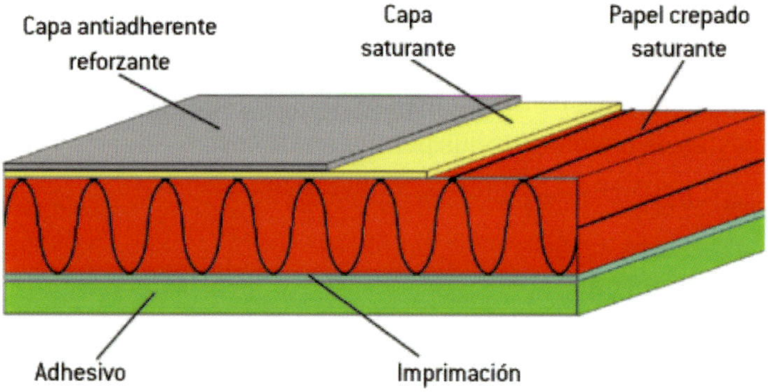


**Figura 4.34.** Componentes de la cinta de enmascarar.

- Soportar el lijado al agua.
- Resistir las temperaturas de secado y los disolventes.

### 4.3.6 Burletes de enmascarado de luces

Son cordones de espuma de poliéster de sección circular o elíptica con distintos diámetros (12 a 27 mm). Se usan para enmascarar aperturas de puertas (luces), tapa de llenado de gasolina, maletero, etc. Sirven para evitar que entre pulverización o polvo en el interior de la zona enmascarada y para que no aparezcan escalones en la línea donde acaba el pintado.

**Figura 4.35.** Rollo múltiple de enmascarado de luces.

**Figura 4.36.** Aplicación del burlete en el marco de puerta.

### 4.3.7 Burletes de junquillos

Son cordones fabricados con el mismo material que los anteriores aunque su diámetro es menor (7 mm), de acuerdo a su cometido se utilizan para:

- Simplificar el enmascarado de junquillos o molduras, manteniéndolos levantados para que la pintura entre debajo sin mancharlos.
- Mejorar el acabado ya que el corte de la pintura queda oculto bajo la goma al retirar el burlete. Su aplicación se realiza introduciendo el cordón entre la goma y la chapa con la ayuda de un aplicador que cuenta con un diseño especial. Está fabricado de un material plástico para no dañar la carrocería.

Con este tipo de burlete se evita la formación de costuras en la pintura que está junto a la goma.

> ***Nota***
>
> El borde irregular que forma la pintura al secarse sobre la mayor parte de los sistemas de enmascarado también se denomina cremallera, debido a la forma irregular que aparece al retirar la cinta de enmascarado.

**Figura 4.37.** Rollo de burletes de junquillos.

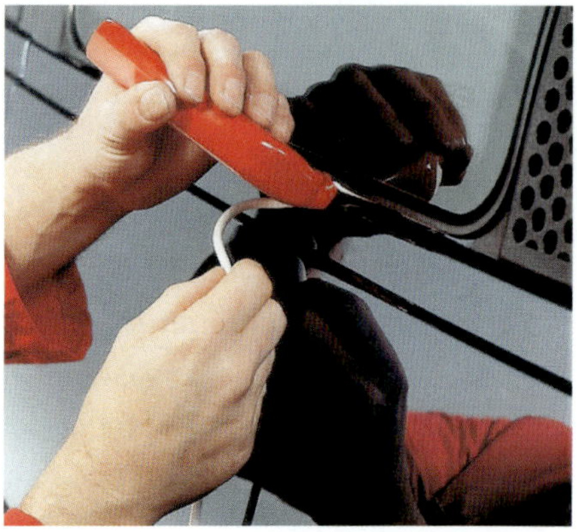

**Figura 4.38.** Aplicación del burlete de junquillos.

## 4.3.8 Cintas para molduras

Son cintas para enmascarar las gomas junquillos y embellecedores de las lunas. Son de material plástico y están compuestas por dos zonas cuya rigidez y funciones son distintas:

- Una parte rígida capaz de hacer la palanca necesaria entre la carrocería y el adhesivo para mantener levantada la goma, ocupa más de un tercio de toda la anchura de la cinta.
- Otra parte mucho más flexible y muy adhesiva que facilita su ajuste sobre el cristal, ocupa el resto del ancho de la cinta. Durante su almacenaje y manipulación el adhesivo se encuentra protegido por una fina lámina de plástico.

Su cometido es similar al burlete, aunque se adapta mejor para algunos casos concretos.

## 4.3.9 Productos líquidos (laca pelable)

Son barnices líquidos antes de su aplicación, que se emplean como productos de enmascarado y se aplican con pistolas aerográficas.

Una vez secos forman una especie de piel fina, capaz de soportar los disolventes y las temperaturas de secado. Su retirada es fácil, ya que dependiendo del fabricante se elimina tirando como si fuera papel de decoración de la pared, o simplemente lavando el vehículo con agua cuando la pintura ha endurecido (el producto se deshace completamente y actúa como si fuese jabón).

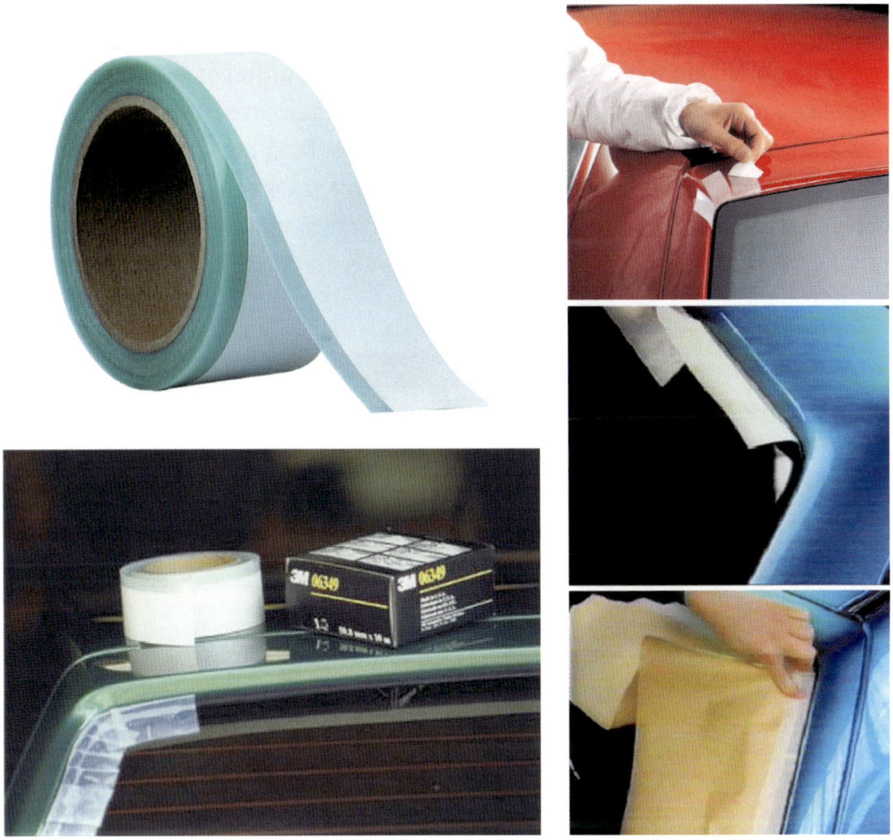


**Figura 4.39.** Cinta de enmascarar molduras y aplicación práctica. Arriba izquierda: aspecto de la cinta de enmascarar molduras. Arriba derecha: realizando cortes para adaptarlo al contorno de la curva. En el centro, colocación en zonas rectas o de poca curvatura. Abajo izquierda: aspecto que presenta una vez pegada. Abajo derecha: colocación del papel de enmascarado sobre la cinta que levanta la moldura.

**Figura 4.40.** Presentaciones del líquido para enmascarar.

### 4.3.10 Film protector

Consiste en un film termorreflectante diseñado para proteger los elementos no metálicos de la distorsión y degradación que pueden presentar al ser sometidos a un exceso de calor por los rayos infrarrojos. Está compuesto por un film de poliéster en el que la cara exterior (la que no está en contacto con la carrocería) está metalizada de aluminio para reducir el calentamiento de las piezas que cubre, reduce este calor más del 40 %, y existen distintas dimensiones de anchos de film

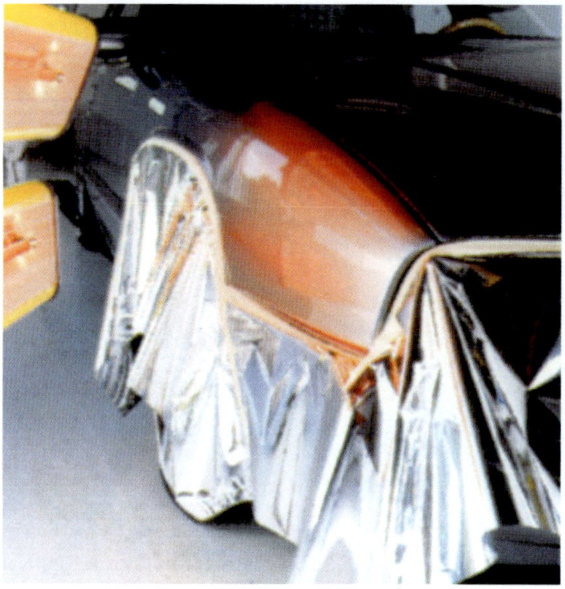

**Figura 4.41.** Enmascarado con film protector.

## 4.4 EQUIPOS DE APLICACIÓN

En el taller de pintura se emplean las pistolas aerográficas como equipo exclusivo para el pintado, detallándose a continuación.

La pistola aerográfica es una herramienta que utiliza el aire comprimido para dividir la pintura u otros líquidos pulverizables en partes muy pequeñas (atomizar) y proyectarlas de manera uniforme sobre la superficie de las piezas. Es una herramienta delicada y de su correcta utilización y conservación dependerá la calidad del trabajo realizado.

El tipo de pistola que se utilice debe estar en concordancia con el trabajo que se tiene que realizar, en relación con los distintos tipos de productos y de las dimensiones de las superficies a pintar.

### 4.4.1 Tipos de pistolas

Existe una gran variedad de pistolas; seguidamente se realiza una clasificación en función de sus características más representativas:

**Tabla 4.1.** Clasificación de las pistolas aerográficas

| Características | Tipos | | |
|---|---|---|---|
| Proyección y atomización | Pulverización *airless* | Pulverización *airmix* | Pulverización por aire a presión |
| Posición del depósito | Succión | Gravedad | |
| Tamaño | Estándar | Retoques | Aerógrafos |
| Presión de trabajo | Estándar | HVLP | Híbridas |
| Manejo | Manuales | Automáticas | |

- **Proyección y atomización:** con sistemas como: *airless*, *airmix* (Figura 4.42) o presión de aire (Figura 4.43).

  Las de tipo *airless* llevan el depósito aparte y tienen una sola manguera por la que les llega la pintura a elevada presión (100 a 400 bares), gracias a esa presión lanzan y atomizan la pintura.

  Las *airmix* permiten reducir la presión de trabajo (30-60 bares), con una segunda manguera que envía aire a presión a la boquilla para facilitar la atomización mediante el efecto Venturi.

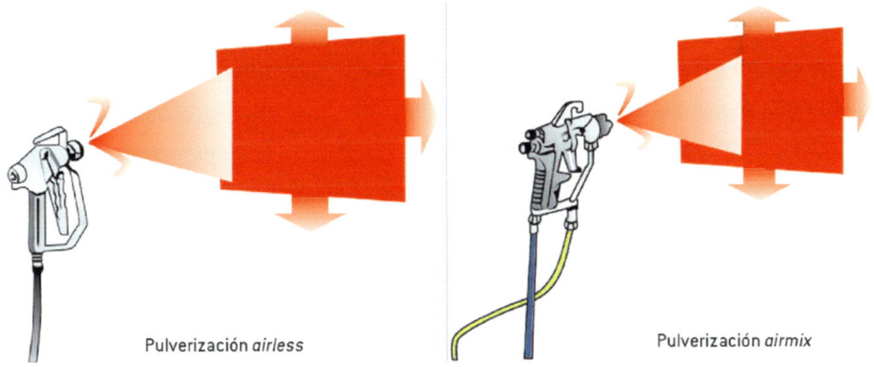


**Figura 4.42.** Sistemas de pulverización.

Las de presión de aire emplean presión únicamente en el aire suministrado (3,5 a 4 bares) y no sobre el producto, que sale por efecto Venturi.

Los dos primeros tipos se emplean para grandes consumos como la aplicación en fabricación, en algunos casos se emplean para facilitar la aplicación de productos de alta viscosidad. Una de sus principales limitaciones se debe a la dificultad que implica el empleo de largas canalizaciones por las que debe pasar la pintura hasta la pistola.

Las pistolas que atomizan y proyectan por presión se emplean para trabajos en los que se requiere poco tiempo y continuos cambios de producto, como es el caso de los talleres de repintado. Estas pistolas llevan incorporado el depósito y así evitan el empleo de mangueras de suministro de pintura, difíciles de limpiar y sin pérdidas de producto.

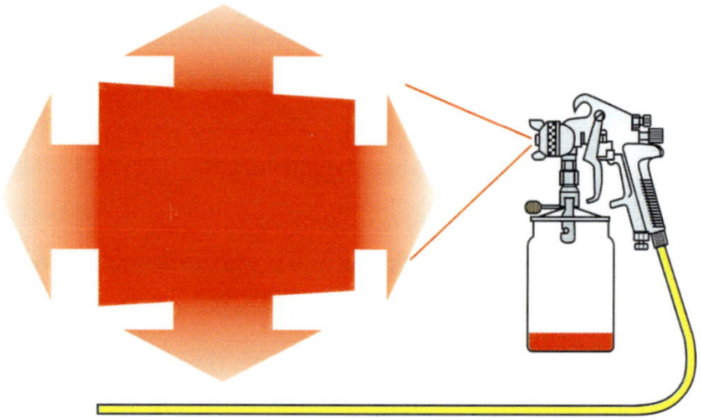

**Figura 4.43.** Sistema de pulverización por aire a presión.

- **Posición del depósito:** succión (Figura 4.44) y gravedad (Figura 4.45). Se diferencian en la colocación de su depósito; en las de succión va colocado en la parte inferior y la pintura sale por el efecto Venturi y la atomización es ligeramente mejor, aunque la posición del depósito dificulta la aplicación.

  Las de gravedad llevan el depósito en la parte superior, lo que facilita la salida de la pintura y su aplicación.

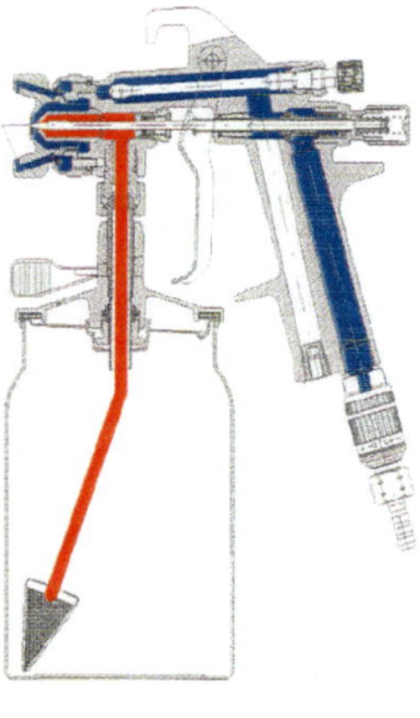

**Figura 4.44.** Pistola de succión.

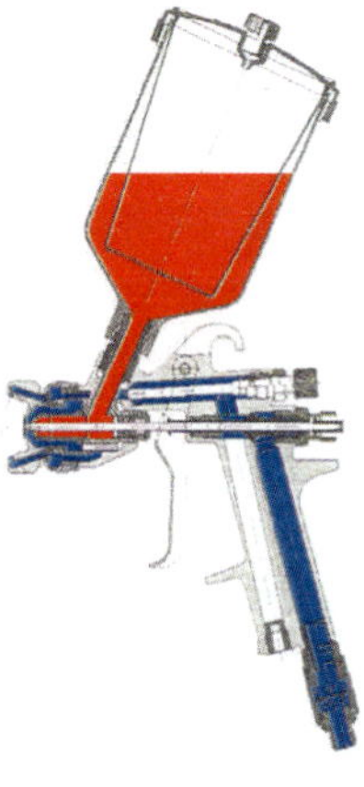

**Figura 4.45.** Pistola de gravedad.

- **Tamaño:** estándar (Figura 4.46), retoques (Figura 4.47) o estilo aerógrafos (Figura 4.48). Las pistolas denominadas estándar son las de uso habitual en repintado, si bien en pequeñas reparaciones y en difuminados se emplean las de retoques que son más pequeñas para facilitar el control en esos casos.

  Los estilo aerógrafos son pulverizadores de pintura que permiten un gran control de la aplicación con proyección de líneas de 0,8 mm de espesor; se emplean para dibujos y detalles de personalización de los vehículos.

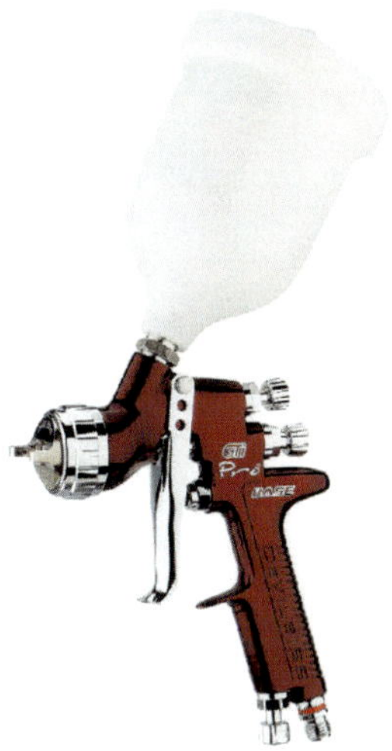

**Figura 4.46.** Pistola estándar.

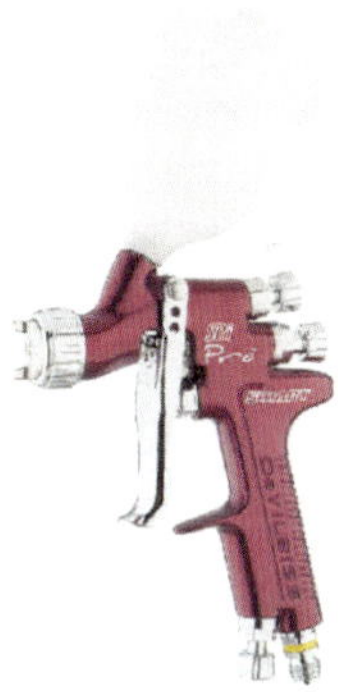

**Figura 4.47.** Pistola de retoques.

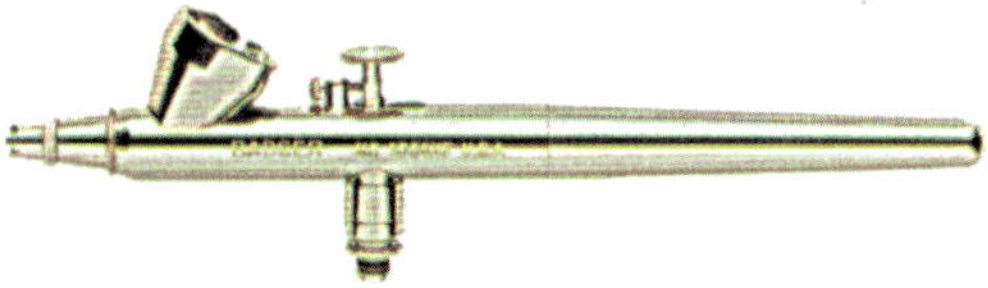

**Figura 4.48.** Estilo aerógrafo.

- **Presión de trabajo:** estándar, híbridas y HVLP. Las pistolas convencionales o estándar emplean presiones de aire entre 3,5 y 4 bares, con las que se consiguen acabados de gran calidad, aunque el rebote que produce esta elevada presión hace que su rendimiento sea inferior al 40 %. Esta pintura contamina en exceso y para evitarlo se sustituyen por las pistolas HVLP que mejoran el rendimiento con buenos resultados, trabaja con presiones de 2 bares a la entrada y de 0,68 en la boquilla.

  Como alternativa intermedia existen las pistolas híbridas que combinan las ventajas de ambas, emplean presiones de trabajo intermedias con buenos acabados. Físicamente son casi idénticas: interiormente varía el tamaño de sus orificios y exteriormente se diferencian en el tamaño y número de orificios de la boquilla.

- **Manejo:** manuales (Figura 4.49) o automáticas (Figuras 4.50 y 4.51). Las automáticas se emplean únicamente en fabricación; están montadas sobre autómatas guiados mediante programas informáticos. Las manuales se emplean en fabricación solo en las líneas de retoque y en los talleres de repintado para todas las operaciones.

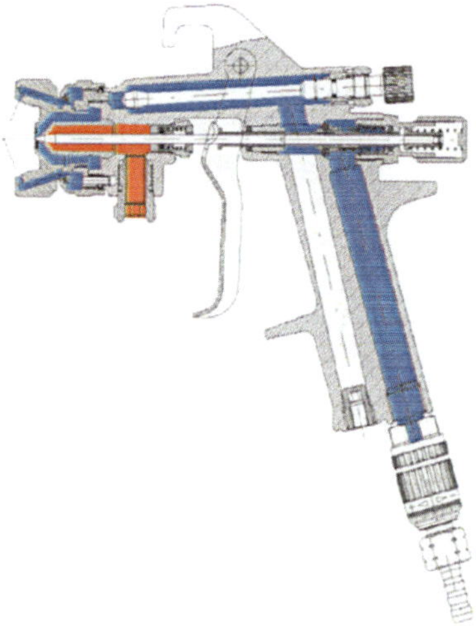

**Figura 4.49.** Pistola manual, vista seccionada.

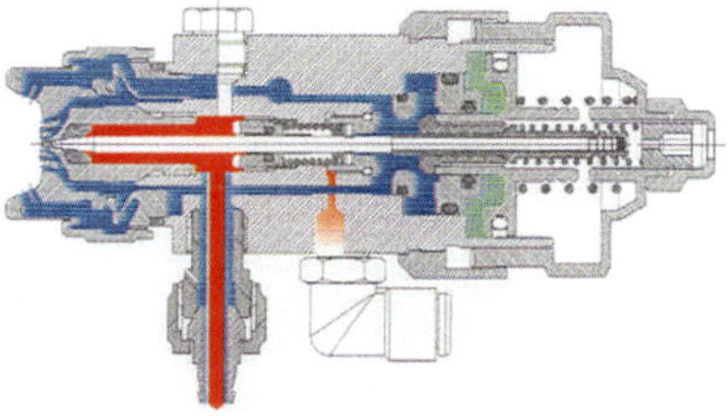

**Figura 4.50.** Pistola automática, vista seccionada.

**Figura 4.51.** Pistola aerográfica automática.

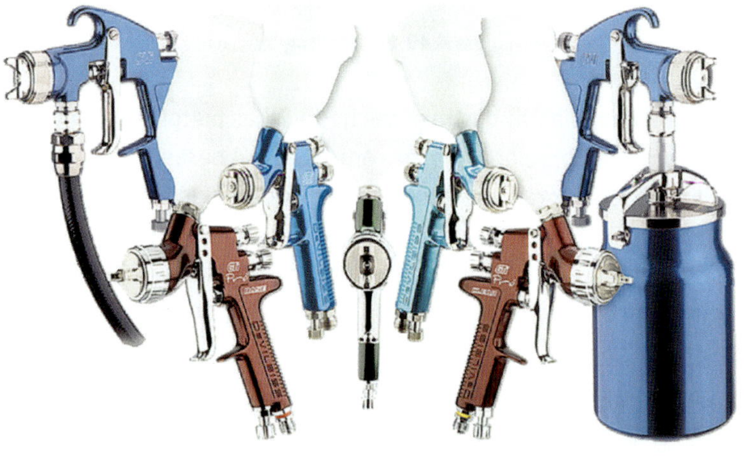

**Figura 4.52.** Diferentes tipos de pistolas aerográficas manuales.

Las más utilizadas en la reparación de carrocerías son las pistolas manuales HVLP de succión o de gravedad y especialmente las segundas, ya que la posición del depósito no dificulta la aplicación y permite aprovechar mejor la pintura. Estas pistolas tienen incorporado un recipiente que se rellena con el producto que se va a pulverizar.

## 4.4.2 Partes de la pistola aerográfica

Las partes principales (Figura 4.53) son:

- Boquilla de aire.
- Pico de fluido y aguja.
- Regulador de caudal de fluido.
- Válvula de aire.
- Cuerpo de la pistola.
- Depósito de producto.
- Regulador de abanico.
- Regulador de caudal de aire.
- Conjunto prensaestopa.

**Figura 4.53.** Componentes de una pistola aerográfica.

### La boquilla de aire

Es la parte más importante del conjunto de la pistola, ya que es donde se produce la mezcla de la pintura con el aire. Su función es la de pulverizar y atomizar el producto, proyectándolo en forma de abanico sobre la superficie a pintar. Estas funciones las realiza a través de:

- Un orificio que tiene en su parte central que rodea la salida del producto del pico de fluido, por donde pasa el aire a gran velocidad que provoca la succión del producto.
- Los orificios laterales que tiene en la parte interior de sus extremos (orejetas) están orientados con una determinada inclinación (Figura 4.54); estos últimos son los que van a generar el abanico en función de la mayor o menor cantidad de aire que sale a través de ellos y que es controlada por el regulador de abanico.

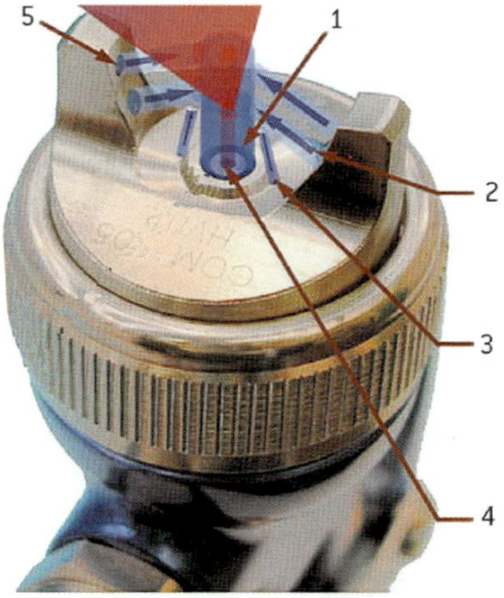


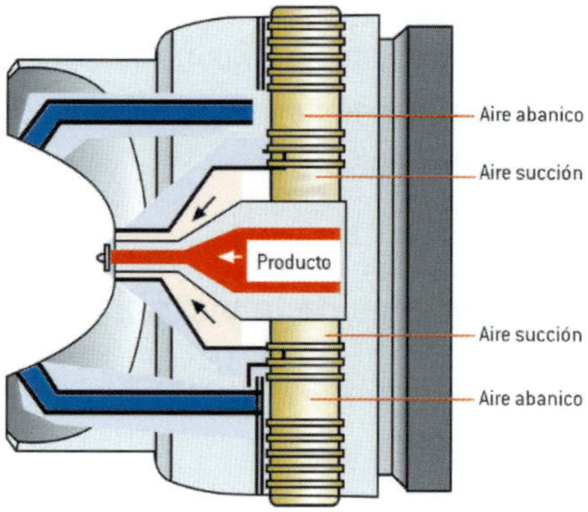


**Figura 4.54.** Sistema de atomización, sección interior y esquema de funcionamiento: 1) Aire de succión y atomización. 2) Aire de formación de abanico. 3) Aire de pulverización. 4) Salida de producto. 5) Aire de formación de abanico.

El abanico que se forma en la boquilla ha de cumplir tres cometidos (Figura 4.55):

- Debe ser simétrico.
- Debe cubrir de forma homogénea.
- No debe producir descuelgue en la pintura.

La mezcla de la pintura con el aire se puede realizar de las siguientes formas:

- **En el exterior de la boquilla:** la mezcla se produce aproximadamente a 1 cm fuera de su extremo. Este tipo de mezcla es el que se utiliza en las pistolas de succión y gravedad (Figura 4.56).
- **En el interior de la boquilla:** en este tipo de pistolas la mezcla se produce en el extremo interior de la misma. Solamente puede ser utilizada en pistolas de presión o con depósitos presurizados (Figura 4.57).

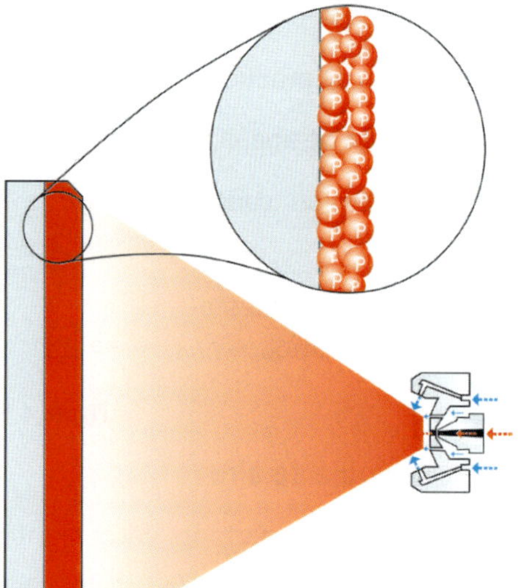

**Figura 4.55.** Forma correcta del abanico con distribución homogénea de la pintura.

Se fabrican distintas boquillas para diferentes necesidades de aplicación, lógicamente todas tienen que emplearse en consonancia con la viscosidad del

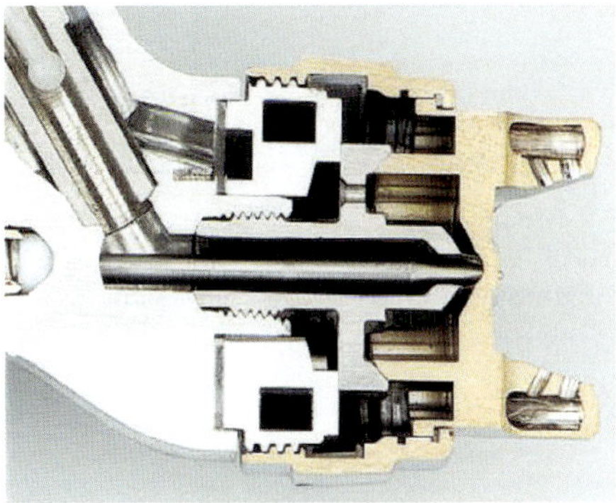

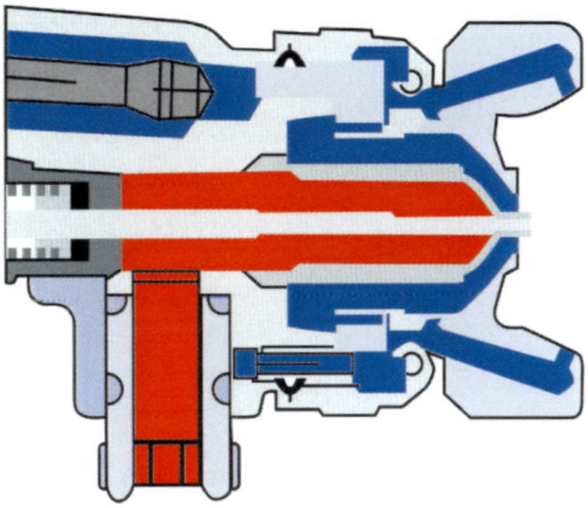

**Figura 4.56.** Sección y esquema de una boquilla de succión.

producto y con el pico con el que se monten. Se diferencian por el diámetro interior, el número, tamaño y la disposición de sus orificios. Se identifican mediante dígitos de referencia que tiene marcados en la parte exterior (Figura 4.58).

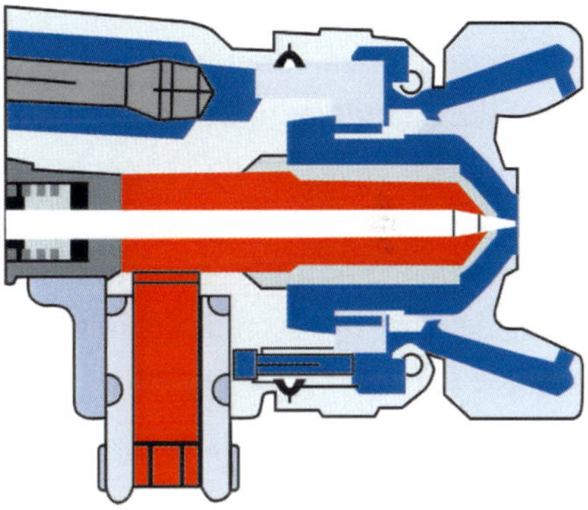

**Figura 4.57.** Esquema de una boquilla de presión.

Generalmente, para el pintado del vehículo los orificios laterales se colocan paralelamente al suelo y la pistola se debe desplazar realizando ligeros movimientos de izquierda a derecha cuando se pinten superficies pequeñas. En cambio, para pintar grandes superficies (como la de los autocares o las cajas de los camiones), los orificios laterales se dispondrán verticalmente al suelo, en este caso el desplazamiento de la pistola se realiza de arriba a abajo o viceversa.

Pistola estándar

Pistola híbrida

Pistola HVLP

**Figura 4.58.** Tipos de boquillas de acuerdo a la presión de trabajo.

**Tabla 4.2.** Clasificación de las pistolas según sus boquillas de aire

| Pistola | Alimentación | Mezcla | Boq. de aire |
|---|---|---|---|
| Succión | Depósito inferior | Externa | Succión |
| Gravedad | Depósito superior | Externa | Succión |
| Presión | Calderín a presión | Externa / Interna | Presión |

## Pico de fluido y aguja

Estos dos elementos forman el conjunto cuya misión consiste en controlar la cantidad del producto que se desea pulverizar o, si se desea, su cierre (Figura 4.59). El asiento de la punta de la aguja apoya sobre el asiento del pico de fluido, formando una válvula de paso, cuya apertura se regula a voluntad al accionar el gatillo. Cuando este se encuentra en posición de reposo, es decir, sin ser accionado, los asientos de la aguja y pico de fluido están apoyados uno con el otro, impidiendo que la pintura salga. Al accionar el gatillo, la aguja se desplaza, dejando hueco entre los asientos, permitiendo la salida del producto hacia el exterior, bien por la succión provocada con la boquilla de aire, o bien por la presión a la que está sometida la pintura desde su depósito.

El pico de fluido y la aguja se fabrican con materiales muy resistentes como acero inoxidable y carburo de tungsteno. La identificación del pico de fluido se realiza teniendo en cuenta el diámetro de su orificio de salida que se expresa en mm. La aguja se identifica a través de una serie de dígitos designadas por cada fabricante (Figura 4.60).

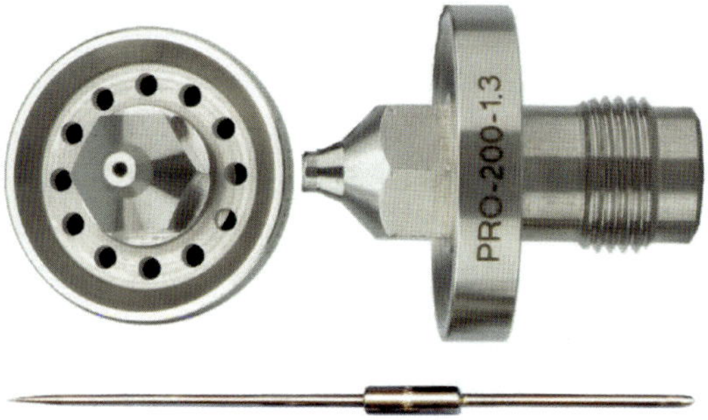


**Figura 4.59.** Pico de fluido y aguja DeVilbis.

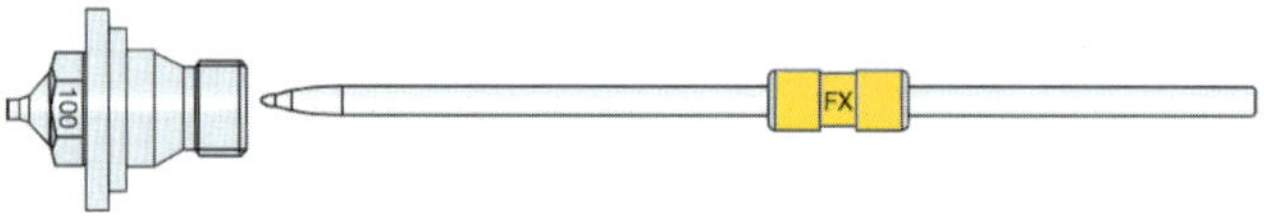


**Figura 4.60.** Esquema del pico de fluido y aguja Sagola.

**Tabla 4.3.** Ejemplo de correlación entre pico de fluido y aguja

| Pico de fluido | Aguja |
|---|---|
| 1,00 | FX |
| 1,20/1,30 | FZ |
| 1,40/1,60 | FF |

El tamaño (diámetro interior) del pico a emplear dependerá de:

- **La viscosidad del producto.** Si la viscosidad es elevada, mayor diámetro. Si la viscosidad es baja, menor diámetro.
- **Del tipo de pistola elegida para la aplicación.** Si la pistola es de succión, el efecto Venturi debe ser mayor que si la pistola es de gravedad, ya que el propio peso del producto ayuda a que salga por el pico de fluido. No obstante, hay fabricantes de pistolas que tienen calculados los circuitos de sus pistolas para que sean iguales.
- **Del caudal de pintura necesario.** A mayor caudal, mayor pico. A menor caudal, menor pico.

Siempre debe utilizarse el pico especificado por el fabricante del producto.

El pico y la aguja forman un conjunto inseparable, en contadas ocasiones pueden intercambiarse por otras piezas similares de forma independiente, puesto que su ajuste se realiza por pulido entre ambas.

Emplear el conjunto de pico y aguja adecuados asegura un perfecto cierre, necesario para evitar el goteo y evitar pequeñas salpicaduras de pintura al comienzo de la siguiente pasada.

Todos los trabajos de aplicación se pueden realizar con la misma pistola, cambiando la boquilla, pico de fluido y aguja; sin embargo, no se recomienda el continuo cambio de estos elementos, porque se aceleraría su deterioro; por eso es aconsejable disponer de cuatro pistolas diferentes para realizar las distintas aplicaciones (aparejo, color, barniz y retoques).

***Consejos útiles***

La manipulación incorrecta del pico, de la boquilla de aire o de la aguja, puede destruir el equipo de pintado.

## Regulador de abanico

Es el mecanismo mediante el cual se puede regular la amplitud o anchura del abanico, variando la cantidad de aire que pasa hacia los orificios laterales de la boquilla al accionar el gatillo de la pistola (Figura 4.61).

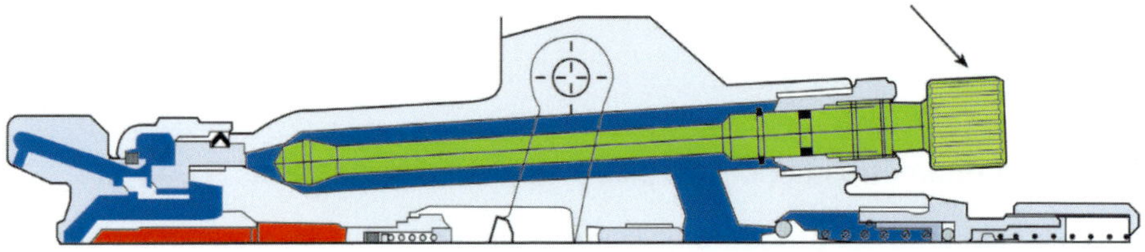

**Figura 4.61.** Sección de la pistola con detalle del regulador de abanico.

Está compuesto por una sola pieza o eje que consta de cuatro zonas:

- El mecanizado del extremo exterior, en forma de rueda para facilitar el giro del eje.
- El mecanizado de la rosca que sirve para sujetar toda la pieza y para permitir el avance o retroceso, cerrando o abriendo el paso de aire hacia los orificios de las orejetas.
- El mecanizado central cilíndrico en forma de vástago que va desde el roscado al extremo interior cuya función es la de ajustar el paso de aire.
- El mecanizado del extremo interior en forma de cono para ajustar sobre el asiento del cuerpo que conduce hacia las orejetas.

### Funcionamiento

Cuando se acciona el gatillo de la pistola se abre la válvula que deja pasar el aire hacia el interior de la pistola por dos caminos diferentes: uno de ellos dirige el aire directamente hacia el orificio central de la boquilla que rodea el pico de fluido, y el otro, lo dirige hacia las orejetas de la boquilla a través del paso controlado por el regulador de abanico. Si se acciona el gatillo con el regulador cerrado, se puede observar cómo el aire sale solamente por el centro de la boquilla e impulsa la pintura en forma de cono y con el regulador abierto el aire sale también por las orejetas y lo achata por el centro, repartiendo perpendicularmente la cantidad de pintura en una superficie mayor para facilitar la integración de las diferentes pasadas.

Al girar el regulador en sentido contrario al de las agujas del reloj se consigue separar más el extremo cónico de su asiento gracias al retroceso de la rosca y deja pasar mayor cantidad de aire hacia los orificios laterales abriendo el abanico; si se gira el regulador en sentido contrario, se cierra el paso entre el extremo cónico y su asiento, reduciendo el paso del aire que saldrá por las orejetas y el tamaño del abanico (Figura 4.62).

El abanico correcto se consigue actuando sobre el regulador hasta conseguir la forma más alargada posible sin que la parte central comience a estrecharse.

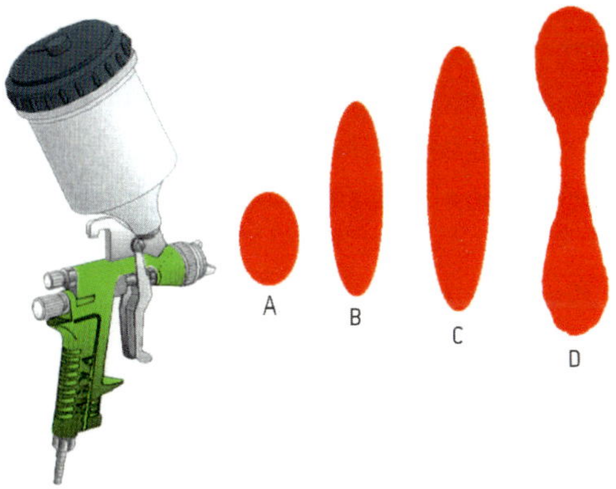


**Figura 4.62.** Distintas formas del abanico con diferentes regulaciones desde: A. Regulador de abanico con paso de aire muy cerrado, hasta D. Regulador de abanico con paso de aire muy abierto.

## Regulador de caudal de fluido (regulador de producto)

Es el mecanismo encargado de controlar el recorrido de la aguja de fluido, permitiendo que salga más o menos producto (Figura 4.63).

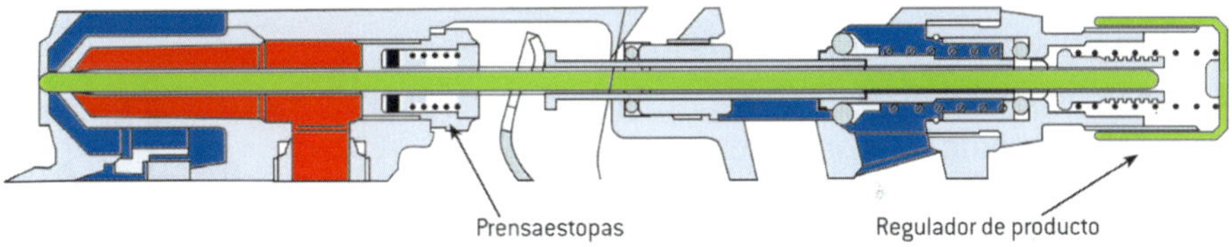


**Figura 4.63.** Sección del regulador de producto.

Está compuesto por:

- Un muelle que mantiene al asiento de la aguja, haciendo presión sobre el asiento del pico de fluido.
- Un volante regulador, que hace de tope a la aguja.
- La aguja, el pico de fluido y el gatillo.

Los asientos de la aguja y del pico de fluido están normalmente en reposo, gracias a la presión que ejerce al muelle que se encuentra en el extremo opuesto de la aguja. Al apretar el gatillo, la aguja se desplaza, venciendo la presión del muelle, hasta hacer tope con el volante regulador, iniciándose la salida del producto, entre la aguja y el pico de fluido. Al soltar el gatillo, la presión del muelle hace que el asiento de la aguja vuelva a hacer presión sobre el asiento del pico de fluido, impidiendo la salida de producto.

Girando el volante regulador en sentido de las agujas del reloj, se permite un menor desplazamiento de la aguja, por lo que la separación del asiento de la aguja respecto al pico del fluido será pequeña y saldrá poco producto. Si se gira en sentido contrario, se aumenta el desplazamiento de la aguja, y como consecuencia de ello, la cantidad de producto.

***Consejos útiles***

El desplazamiento máximo de la aguja es limitado y no se corresponde con el desenroscado total del volante regulador; para saber cuál es el desplazamiento máximo de la aguja, desenroscar al máximo el volante regulador, y con el gatillo ligeramente presionado ir roscando el volante regulador hasta que se note la presión de este sobre la aguja. Se aprecia fácilmente porque el gatillo intenta desplazarse. Esta posición se corresponde a la máxima salida de producto, si se sigue roscando, irá disminuyendo la cantidad de producto.

## Depósito de producto

Es el recipiente en el que se coloca la pintura de la pistola (Figura 4.64). En las pistolas que llevan suministro de aire a presión el depósito de producto va atornillado en el cuerpo de la misma; son de materiales ligeros como plástico o aluminio, su capacidad varía desde 1 litro en las de succión a 0,61 litros en las de gravedad; 0,45 litros en las de retoques y solo unos pocos centímetros cúbicos en los estilo aerógrafos.

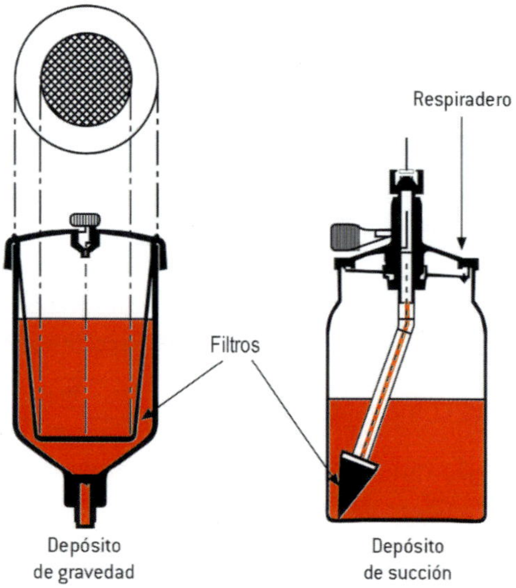


**Figura 4.64.** Depósitos incorporados a la pistola.

En la parte superior se encuentra la tapa de rellenado y cierre del depósito que tiene un pequeño orificio para permitir la entrada de aire a presión atmosférica al interior del depósito para compensar el volumen del producto consumido y en su interior lleva incorporado un filtro para evitar que las posibles partículas pasen a los mecanismos de la pistola.

Las pistolas de succión, además de la tapa de cierre, también llevan en la parte superior una tapa antigoteo, para facilitar la limpieza y evitar que al inclinar la pistola se derrame el producto. El orificio de la tapa exterior debe colocarse hacia el operario y el de la tapa interior hacia la boquilla. Es muy importante que estos orificios estén siempre limpios para evitar defectos en la pulverización.

En los sistemas *airmix* el depósito no forma parte de la pistola sino que va unido por unas mangueras de presión por las que llega la pintura hasta la pistola (Figura 4.65).

**Figura 4.65.** Depósito de presión, independiente a la pistola.

## ■ Válvula de aire

Esta válvula es accionada por el gatillo de la pistola y está colocada al final de empuñadura, sirve para controlar el paso del aire a presión hacia el centro de la boquilla y hacia el estrangulador del regulador de abanico (Figura 4.66).

Es accionada a través del gatillo mediante el cuerpo de válvula o de un eje, según corresponda el diseño de la pistola.

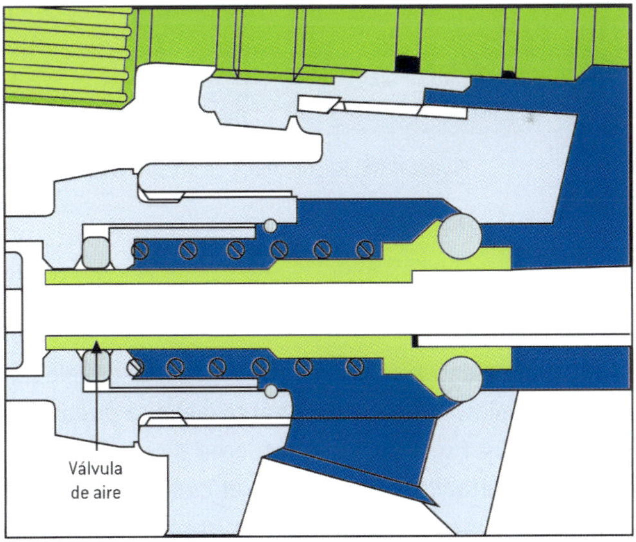


**Figura 4.66.** Detalle de la válvula de aire.

## ■ Estranguladores y reguladores de caudal de aire

Son los mecanismos que permiten reducir el volumen total de aire que pasa al interior de la pistola, e incluso controlar la presión que llega a la entrada de la pistola. Estos mecanismos se encuentran en la entrada de la pistola aunque no todas las pistolas lo llevan incorporado, por el contrario, algunas marcas ofrecen la posibilidad de incorporar control digital en algunas de sus pistolas.

- **Los estranguladores** solo permiten reducir el caudal de aire que llega de la manguera (Figura 4.67).
- **Los reguladores** (Figura 4.68) incorporan un mecanismo que permite variar la presión de interior de la pistola sin tener que desplazarse hasta el equipo de regulación donde se conecta la toma de la manguera. Es un mecanismo útil para regular la presión de salida del aire en la boquilla en aplicaciones puntuales como el pintado por difuminado.

Las pistolas convencionales trabajan con una presión de entrada a la pistola de 3,5/4 bar, obteniéndose en la boquilla una presión de salida de 3,2/3,7 bar. Las de tipo HVLP trabajan con presiones de entrada inferiores a 2,5 bar y 0,68/0,70 en boquilla.

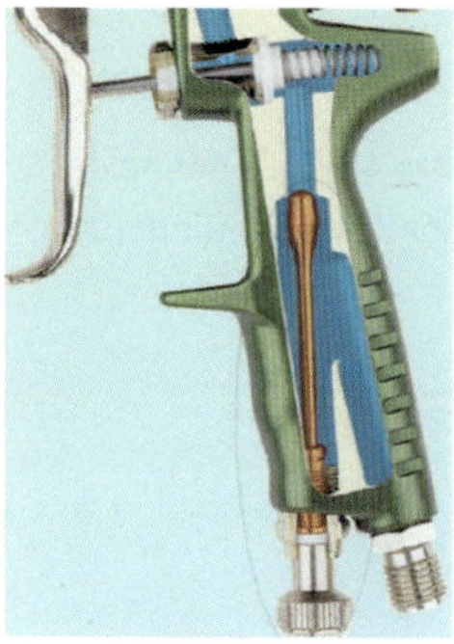

**Figura 4.67.** Estrangulador de caudal de entrada de aire.

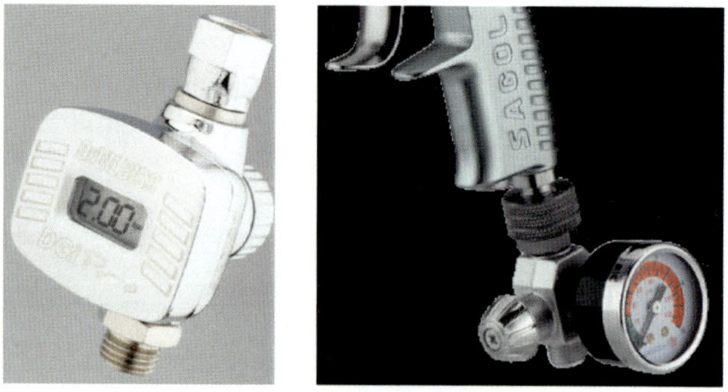

**Figura 4.68.** Reguladores de presión de entrada de aire.

## Conjunto prensaestopa

Es el sistema de estanqueidad empleado para permitir el desplazamiento de la aguja evitando que la pintura pueda escaparse o el aire pueda introducirse entre la pieza móvil (aguja) y la parte fija (cuerpo de la pistola). Está compuesto por una tuerca metálica que lo sujeta al cuerpo de la pistola y una arandela hueca, de teflón o estopa en la parte frontal e interior de la tuerca que se encarga de la hermeticidad. Por su interior se desplaza la aguja (Figura 4.69).

Las pistolas actuales incorporan los nuevos prensaestopas autoajustables, que aseguran el cierre de la pistola eliminando así fugas de producto sin mantenimiento. Este sistema proporciona comodidad y fiabilidad, ya que el pintor no tiene que preocuparse en reapretar el prensaestopas periódicamente, prolongando considerablemente la vida de la pistola.

***Consejo útil***

No apretar excesivamente el tornillo prensaestopa para evitar el agarre de la aguja de fluido.

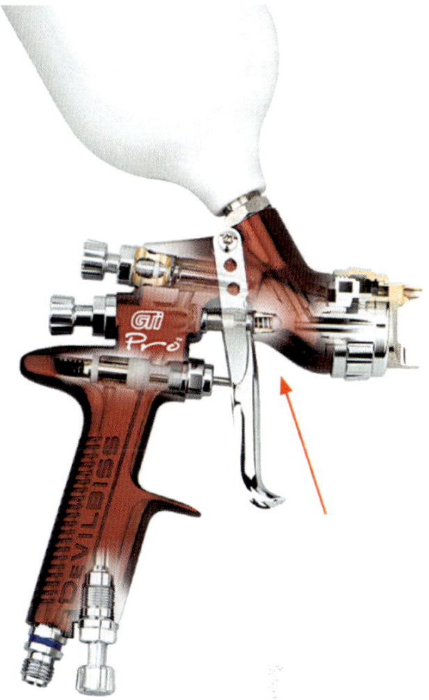

**Figura 4.69.** Cierre interior de producto o prensaestopa.

### ■ El cuerpo de la pistola

Es el soporte de todos los mecanismos; por su interior circula el aire y el producto a través de diferentes circuitos. Se fabrican de acero inoxidable, de aluminio forjado y anodizado.

## 4.4.3 Características básicas de una pistola

Las características principales que definen a una pistola son:

**1. Peso:** peso de la pistola sin el producto; se especifica siempre en gramos. A menor peso, menos cansancio del operario.

**2. Ergonomía:** facilidad de uso por la disposición de todos sus componentes y de la adaptabilidad de sus formas y contornos a la mano del operario.

**3. Consumo:** cantidad máxima de aire que puede consumir; se especifica en litros por minuto (l/m). Es necesario tener en cuenta el consumo de aire de las pistolas, ya que el compresor debe ser suficientemente potente para producir los litros de aire por minuto necesarios para todos los componentes que lo requieran, asegurando el suministro necesario para el pintado.

**4. Capacidad del depósito:** es el volumen que puede alojar el depósito; se expresa en litros o centímetros cúbicos.

**5. Rango de trabajo o pulverización:** límites de presión de aire que deben mantenerse a la entrada de la pistola durante la fase de aplicación; se expresa en bares o kilogramos por centímetro cuadrado. La presión se puede regular mediante el regulador de presión que llevan incorporadas algunas pistolas o desde el conjunto purificador de la línea de aire de la cabina.

**6. Presión de boquilla:** presión máxima con la que sale el aire por la boquilla.

**7. Grado de transferencia:** relación entre la cantidad de producto depositado en la superficie de la pieza a pintar y la cantidad de producto consumido por la pistola; se expresa en tanto por ciento. En esta característica influyen los siguientes factores:

- Tipo de pistola: estándar, HVLP o híbridas.
- Presión de aire en la boquilla.
- Distancia de aplicación.
- Forma y tamaño de la superficie.
- Ventilación de la cabina.
- Temperatura y humedad del ambiente.
- Regulación adecuada del equipo.

**8. Pasos de fluido:** indica los distintos picos y agujas de fluido que se pueden utilizar en la pistola (Figura 4.70).

**9. Caudal de pintura:** cantidad de pintura desalojada por la pistola; se expresa en centímetros cúbicos por minuto (cm³/min). Depende de:

- Presión de entrada de la pistola.
- Diámetro del pico de fluido.
- Presión de pulverización (en pistolas de succión y gravedad).

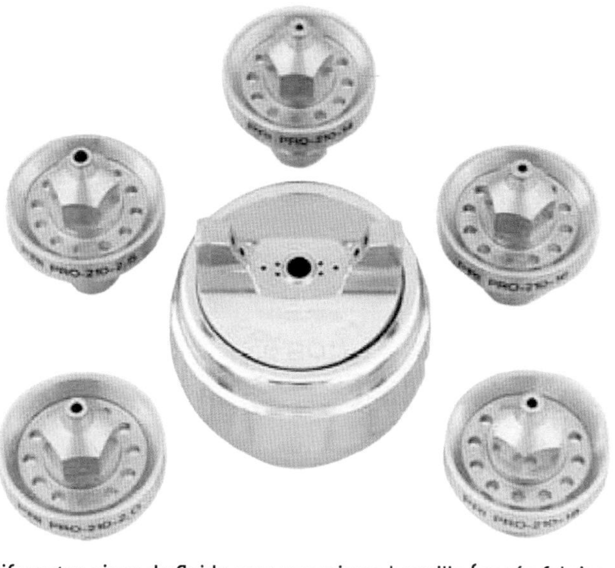

**Figura 4.70.** Diferentes picos de fluido para una misma boquilla (según fabricantes, como en la figura).

**10. Suministro básico:** informa del juego de boquilla, pico y aguja de fluido que viene incorporado con la pistola cuando se suministra de fábrica.

A continuación, se cita un ejemplo práctico de una pistola GTI de la marca DeVilbiss (Tabla 4.4).

**Tabla 4.4.** Ejemplo práctico de una pistola GTI

| **Características de construcción** | | | |
|---|---|---|---|
| **1** | Cabezal de aire (latón niquelado para mayor durabilidad) | **10** | Ajuste del aire de abanico (regulación sin escalones desde abanico a patrón redondo) |
| **2** | Anillo de retención del cabezal de aire (permite la rotación libre del cabezal de aire) | **11** | Ajuste de fluido (regulación sin escalones del volumen de fluido) |
| **3** | Boquilla de fluido (ideal para sistemas de capa de acabado para automoción) | **12** | Cabezal de pulverización desmontable (mayor vida de servicio de la pistola) |
| **4** | Aguja de fluido (vástago ranurado para facilitar la extracción) | **13** | Sistema de identificación por colores intercambiables (se suministran 4 anillos de colores) |
| **5** | Entrada de fluido (rosca 3/8 BSP —acepta la taza DeVilbiss y la mayoría de las tazas de otros proveedores) | **14** | Cuerpo de la pistola de aluminio forjado anodizado (ergonómico, elegante y duradero, fácil de limpiar) |
| **6** | Entrada de aire (rosca universal, acepta G 1/4 y 1/4 NPS) | **15** | Taza de acetal de 500 cc (fácil de limpiar, antiestática) |
| **7** | Empaquetadura de la aguja de ajuste automático (funcionamiento sin problemas) | **16** | Tapa de la taza con orificio de ventilación antigoteo (evita el goteo) |
| **8** | Gatillo (ergonómico para mayor confort) | **17** | Válvula de aire (diseño de baja presión de gatillo y baja caída de presión) |
| **9** | Espárrago y tornillo del gatillo (diseño de recambio fácil) | **18** | Pistola aceptable para aplicaciones a base de agua y disolventes |

| | |
|---|---|
| Cuerpo de la pistola | Aluminio anodizado |
| Cabezal de aire | Latón niquelado |
| Boquilla de fluido, aguja de fluido, entrada de fluido, espárrago del gatillo | Acero inoxidable |
| Cabeza de pulverización | Aluminio anodizado |
| Muelles, clips, tornillos | Acero inoxidable |
| Juntas, retenes | Resistente a disolventes |
| Gatillo | Acero cromado |
| Entrada de aire, casquillo del cuerpo, cuerpo de la válvula dispersora, tuerca de la válvula de aire, anillo de retención del cabezal de aire, mandos | Latón cromado |
| Conjunto de válvula de aire | Acero inoxidable, HPDE |

| **Especificaciones y datos técnicos** | |
|---|---|
| Conexión del suministro de aire | Universal 1/4" BSP y 1/4" NPS, macho |
| Presión máxima estática del aire de entrada | P1 = 12 bar (175 psi) |
| Presión de entrada de aire para HVLP (H1) y Trans-Tech® (T1 y T2) con el gatillo apretado | 2,0 bar (29 psi) |
| Conexión del suministro de fluido | 3/8" BSP |
| Temperatura de servicio | 0 a 40 °C (32 a 100 °F) |
| Peso de la pistola (pistola solo) - (con taza) | 585 g - 768 g |

### 4.4.4 Funcionamiento de la pistola

La pistola aerográfica es una herramienta que además de proyectar la pintura finamente pulverizada permite al operario controlar la dirección y el momento de su activación mediante una palanca o gatillo sujeta al cuerpo de la pistola por un eje. Al pulsar el gatillo se actúa de forma escalonada e independiente sobre cada una de las dos válvulas gracias a que el eje de la válvula de aire se encuentra más cerca del gatillo y la de producto unos milímetros más atrás.

El funcionamiento escalonado es necesario para evitar que se forme una gota en la salida del pico al cerrar el producto que provocaría un fallo al comienzo de la siguiente pulverización.

Durante el accionamiento, en los primeros milímetros de desplazamiento, se va abriendo el paso de aire y, a continuación, se desplaza también la aguja abriendo el paso de producto hasta el tope del regulador de producto o del recorrido total del gatillo.

Al ir soltando el gatillo se invierte el proceso, primero se cierra el paso de producto y después el paso de aire.

No se debe olvidar que el gatillo debe poder desplazarse libremente y que cuenta con un recorrido libre para asegurar el firme cierre de la válvula de aire.

***Consejos útiles***

- Antes de utilizar por primera vez la pistola o sus accesorios, deben ser limpiados correctamente, ya que para su embalaje y almacenamiento son sometidos a un tratamiento de protección anticorrosivo graso, que debe ser eliminado.
- No utilizar productos corrosivos o abrasivos para su limpieza. La pistola está preparada para tener una larga vida con la mayoría de los productos existentes en el mercado. El uso de productos altamente agresivos aumentará rápidamente la necesidad de recambios.

### 4.4.5 Pasos a seguir para la correcta utilización de la pistola

1. Elegir correctamente el juego de boquilla, pico y aguja de fluido; para ello es necesario conocer la viscosidad del producto y acoplar el recomendado por el fabricante de la pistola o leer la ficha técnica del producto y utilizar el juego que esta indique.
2. Comprobar la correcta colocación de los elementos y juntas desmontables.
3. Accionar el volante regulador del abanico para dejarlo en la máxima apertura posible.

4. Accionar el volante regulador de producto para dejarlo en la máxima apertura.
5. Filtrar el producto al echarlo al depósito.
6. Conectar la pistola a la línea de aire.
7. Regular la presión de entrada a la pistola basándose en las especificaciones del fabricante.
8. Comprobar y ajustar el patrón de rociado.
9. Comprobar y ajustar la cantidad de producto necesaria para la aplicación.
10. Realizar la aplicación sobre una superficie de prueba (probetas) en las mismas condiciones de pintado sobre la pieza.
11. Comenzar con la aplicación siguiendo las reglas de pintado oportunas.

***Consejos útiles***

- Mezclar, preparar y filtrar el producto que va a ser pulverizado de acuerdo con las instrucciones del fabricante. Si se tiene dudas sobre la pureza o composición de los productos, realizar las comprobaciones oportunas.
- Se recomienda emplear la pistola con el regulador de abanico abierto lo máximo posible con el fin de que llegue a la boquilla la máxima cantidad de aire para una óptima pulverización.
- Una excesiva presión de pulverización no garantiza un buen acabado.
- La presión de pulverización debe ser siempre aquella con la que se obtiene el mejor acabado. Para empezar a regular la presión, utilizar como referencia la recomendada por el fabricante.
- Una adecuada y minuciosa limpieza, nada más terminar la aplicación, asegura una correcta pulverización, reduce el mantenimiento y garantiza una mayor vida útil de la pistola.
- Es conveniente lubrificar las partes móviles de la pistola al finalizar la limpieza. Para ello, emplear vaselina neutra.

### 4.4.6 Limpieza de la pistola

Terminada la aplicación del producto o cuando haya que utilizar otro producto distinto con la misma pistola, es indispensable limpiar a fondo todos los elementos de la pistola, esta operación se puede realizar de dos formas:

### Limpieza en máquinas

- Retirar la pintura sobrante de la pistola almacenándola debidamente etiquetada cuando su tiempo de vida permite su aplicación en otra ocasión, o echándola en el recipiente apropiado para su reciclado.
- Echar un poco de disolvente en el depósito, enjuagarlo y hacer funcionar la pistola para limpiar los orificios de paso.
- Retirar la tapa y el depósito colocándolos en el depósito de la máquina sobre uno de los chorros de disolvente.
- Desmontar la boquilla de la pistola si no se ha manchado y dejarla fuera.
- Poner el muelle que sujeta el gatillo accionado y disponer la pistola con la entrada de producto sobre uno de los chorros de la máquina.
- Cerrar la máquina, fijar el programa adecuado y ponerla en marcha.
- Asegurarse de secar todos los componentes nada más terminar el programa.
- Montar y colocar todos los útiles debidamente ordenados.

### Limpieza manual

- Retirar la pintura sobrante de la pistola almacenándola debidamente etiquetada cuando su tiempo de vida permite su aplicación en otra ocasión o echándola en el recipiente apropiado para su reciclado.
- Echar un poco diluyente en el depósito, enjuagarlo y hacer funcionar la pistola para limpiar los orificios de paso.
- Repetir las operaciones del punto anterior.
- Secar los conductos con papel limpio que no deje pelusas. Si las partes exteriores resultan manchadas de pintura, limpiarlas con un papel humedecido con disolvente.
- Cuando este procedimiento resulte insuficiente, sumergir las piezas en disolvente de limpieza y frotarlas con una brocha hasta que queden limpias, posteriormente secarlas con papel.
- Recoger y colocar todas piezas debidamente ordenadas.

## 4.4.7 Piezas básicas en el mantenimiento de las pistolas

Para el buen funcionamiento de las pistolas hay que extremar los cuidados en las piezas y elementos que son fundamentales para asegurar la buena atomización del producto y la calidad del acabado.

**Figura 4.71.** Recomendaciones para la limpieza de las pistolas.

***Consejos útiles***

- Limpiar la pistola lo más pronto posible facilita y mejora el resultado de la limpieza.
- Cuando existan dudas sobre la limpieza de las piezas interiores o cuando el patrón de rociado sea deficiente, desmontar los componentes necesarios y limpiarlos de forma minuciosa, comenzando por las piezas que tienen los orificios más finos.
- La pistola y el depósito deben lavarse con el disolvente apropiado para eliminar los restos del producto. No utilizar disolventes sucios, puesto que pueden obstruir los conductos y los orificios.
- No se aconseja utilizar disolventes halogenados ni decapantes, ya que atacan al aluminio y a las juntas internas de la pistola.
- Reducir al máximo el tiempo en que la pistola está sumergida en disolvente.
- Limpiar única y exclusivamente los conductos por los que pasa el producto, pudiéndose desmontar boquilla, pico y aguja de fluido.
- Limpiar bien la tapa y la rosca del depósito para eliminar posibles fugas de producto para asegurar el cierre correcto.
- Cuando se utilicen pinturas de base disolvente, usar siempre un limpiador específico.

A continuación se expone el despiece de una pistola de succión (Figura 4.72) y otra de gravedad (Figura 4.73), señalando las piezas básicas de mantenimiento.

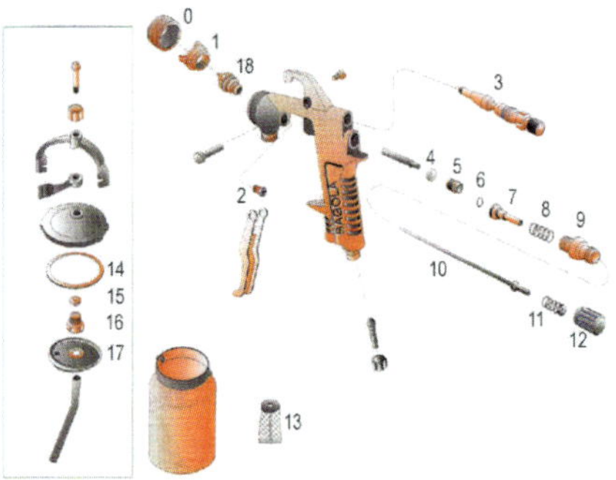

| Pieza | Denominación | Pieza | Denominación |
|---|---|---|---|
| 0 | Tuerca/boquilla de aire | 10 | Aguja |
| 1 | Boquilla de aire | 11 | Muelle |
| 2 | Prensaestopa | 12 | Volante regulador |
| 3 | Regulador de abanico | 13 | Filtro |
| 4 | Arandela de cierre | 14 | Arandela de cierre |
| 5 | Tornillo prensaestopas | 15 | Junta de cierre |
| 6 | Junta cierre válvula | 16 | Tuerca prensaestopas |
| 7 | Cuerpo de válvula | 17 | Tapa antigoteo |
| 8 | Muelle | 18 | Pico de fluido |
| 9 | Caja guía aguja | | |

**Figura 4.72.** Despiece de una pistola de succión.

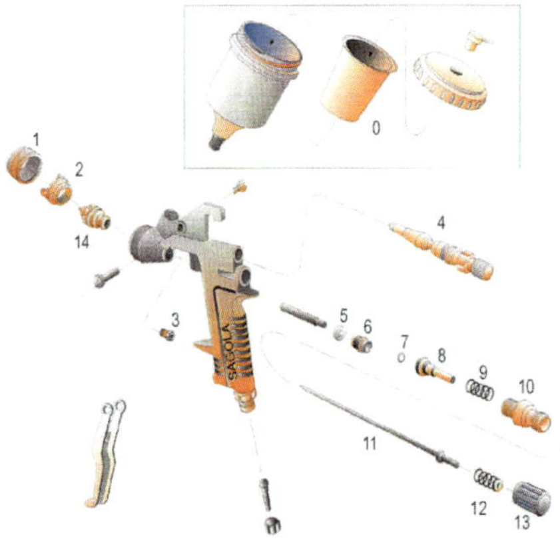

| Pieza | Denominación | Pieza | Denominación |
|---|---|---|---|
| 0 | Filtro | 8 | Cuerpo válvula |
| 1 | Tuerca boquilla de aire | 9 | Muelle |
| 2 | Boquilla de aire | 10 | Caja guía aguja |
| 3 | Prensaestopas | 11 | Aguja |
| 4 | Regulador de abanico | 12 | Muelle |
| 5 | Arandela de cierre | 13 | Volante regulador |
| 6 | Tornillo prensaestopas | 14 | Pico de fluido |
| 7 | Junta de cierre válvula | | |

**Figura 4.73.** Despiece de una pistola de gravedad.

La existencia de algún defecto o desgaste en estas piezas puede producir:

- Abanico defectuoso.
- Aportaciones irregulares de material o producto.
- Acabado de baja calidad.
- Pérdidas de producto.

## 4.4.8 Defectos y síntomas de fallo en la aplicación con pistolas aerográficas

Cuando se producen defectos en el pulverizado hay que analizar si se cumplen los parámetros recomendados por el fabricante. Seguidamente se exponen los más habituales: síntomas de los defectos, causas y formas de evitarlos (Figuras 4.74 y 4.75).

| **Síntoma: NO PULVERIZA** | |
|---|---|
| **Causa:** | **Corrección:** |
| No tiene producto | Verificar y rellenar |
| No hay presión de aire | Verificar manómetro conjunto purificador<br>Revisar circuito general del aire |
| Presión de aire insuficiente | Verificar manómetro conjunto purificador<br>Verificar posible pinzamiento de la manguera<br>Revisar circuito general del aire |
| Producto demasiado denso | Comprobar densidad del producto y corregir |
| Regulador del producto cerrado | Ajustar adecuadamente |

| **Síntoma: PULVERIZACIÓN INTERMITENTE** | |
|---|---|
| **Causa:** | **Corrección:** |
| Cantidad de producto insuficiente en el depósito | Llenar adecuadamente |
| Producto con impureza | Filtrar el producto |
| Pico flojo o mal apretado | Apretar el pico correctamente |

| **Síntoma: PULVERIZACIÓN INCORRECTA** | |
|---|---|
| **Causa:** | **Corrección:** |
| Presión de aire baja | Aumentar presión de aire |
| Regulador de producto muy abierto | Reducir el caudal de producto |
| Presión de aire excesiva | Reducir presión a través del regulador |
| Producto muy fluido | Aumentar la viscosidad del producto |

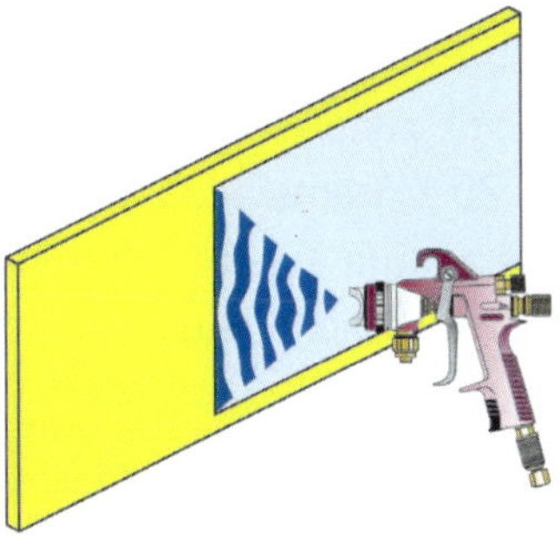

**Figura 4.74.** Representación de una pulverización intermitente.

| **Síntoma: ABÁNICO DEFECTUOSO** | |
|---|---|
| **Causa:** | **Corrección:** |
| Obstrucción o golpe en la boquilla de aire | Girar la boquilla; si continúa el defecto, desmontar la boquilla y revisar |
| Obstrucción o golpe en el pico de fluido | Desmontar el pico de fluido y revisar |
| Regulación de la presión del abanico incorrecta | Ajustar el regulador de abanico en la probeta |

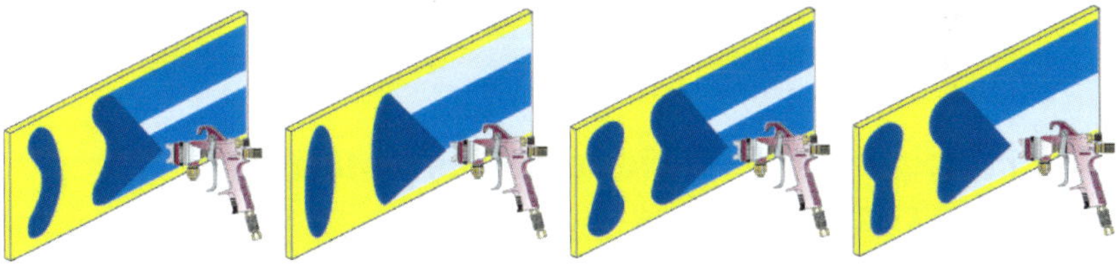

**Figura 4.75.** Representación de fallos comunes con abanico defectuoso.

| **Síntoma: NO CIERRA LA AGUJA DE FLUIDO** | |
|---|---|
| **Causa:** | **Corrección:** |
| Pico de fluido con partículas de suciedad | Limpiar |
| Conjunto prensaestopa excesivamente apretado | Ajustar adecuadamente |
| Combinación pico/aguja no adecuado | Revisar códigos de las piezas y sustituir |
| Muelle de la aguja roto | Sustituir |
| Producto con partículas | Limpiar |
| Regulador de producto excesivamente abierto | Ajustar correctamente |

## 4.4.9 Pistolas de alta tasa de transferencia: HVLP e híbridas

Para mejorar el rendimiento en la aplicación de los productos, las investigaciones de los fabricantes de pistolas ha dado como resultado la creación de las pistolas aerográficas HVLP (*High Volume Low Pressure* - Alto Volumen Baja Presión). Estas pistolas consiguen la necesaria atomización del producto compensando la bajada de presión con el aumento del volumen de aire empleado (Figuras 4.76 y 4.77).

Este tipo de pistolas se caracterizan por su alta capacidad de transferencia, en torno al 70 %, frente al 35 % de convencionales. Su secreto consiste en que al lanzar la pintura a menor velocidad el rebote de esta es casi nulo y con ello la mejora en su rendimiento.

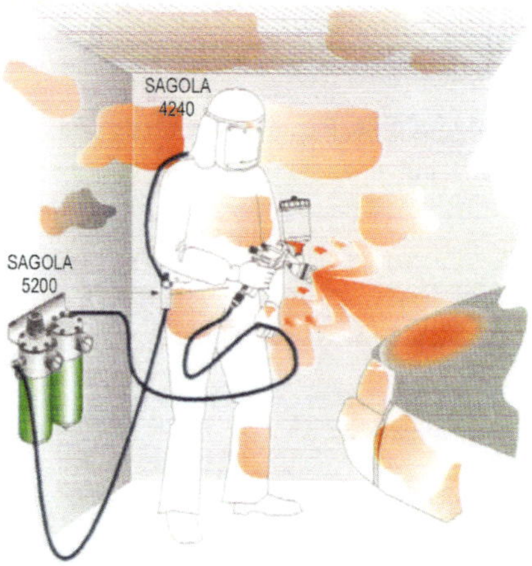


**Figura 4.76.** Sistema convencional, bajo rendimiento y gran contaminación.

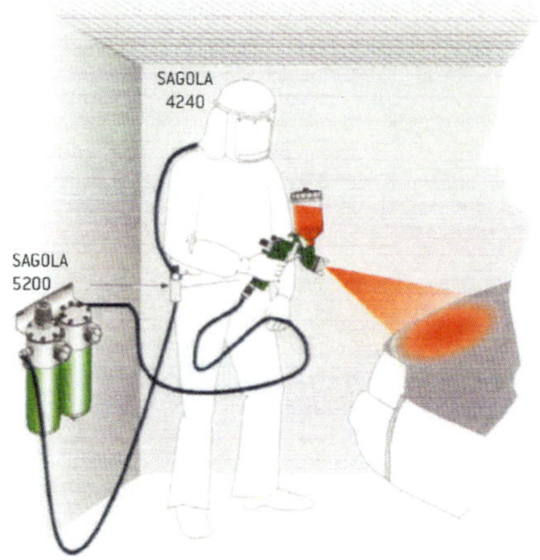


**Figura 4.77.** Sistema HVLP, gran rendimiento y bajo nivel de contaminación.

## 4.4.10 Principales diferencias entre las pistolas HVLP y las convencionales

### De componentes

- El pico de fluido es, normalmente, de menor diámetro, para un mismo tipo de aplicación.
- La boquilla de aire trabaja con mayor caudal de aire a una presión inferior (número o/y tamaño de orificios).
- Distribución interior ajustada a cada aplicación.

### De regulación

- La presión de pulverización se regula a 0,68 bar en lugar de los 3,2 a 3,7 bar de las convencionales.
- El caudal de aire se incrementa considerablemente respecto a las convencionales.
- La distancia de aplicación se reduce con respecto a las convencionales; se aplicará a una distancia de 10 a 15 cm frente a los 25 cm de las anteriores. Desde el punto de vista del profesional, las diferencias principales consisten en que su manejo es ligeramente más complejo.

Como alternativa intermedia también se emplean pistolas híbridas que combinan la mayor parte de las ventajas de ambos con una pequeña parte de sus inconvenientes. Esta clase de pistolas se caracterizan por un manejo más sencillo, con prestaciones casi de HVLP. Con estas pistolas la tasa de transferencia puede rondar el 60 %, algunos fabricantes aseguran que pueden conseguir superar esta marca.

En cuanto a las diferencias de componentes resultan tan reducidas que es necesario trabajar con ellas para poder diferenciarlas y, por cuestiones prácticas, conviene recordar la importancia de seguir las recomendaciones de los fabricantes, al menos en principio, y después aplicar la profesionalidad propia de adaptación del trabajador.

## 4.4.11 Preparación de las pistolas aerográficas HVLP

Siempre que se trabaje por primera vez con una pistola nueva de este tipo y cuando aparece algún problema en su uso, se debe comprobar la pistola siguiendo los pasos que se detallan a continuación:

1. Verificar que la calidad del aire que circula por las tuberías sea la adecuada, utilizando su equipo de comprobación.
2. Comprobar que no hay pérdidas de aire en el circuito.
3. Girar el regulador del caudal del aire hasta obstruir totalmente el paso del aire (Figura 4.78).

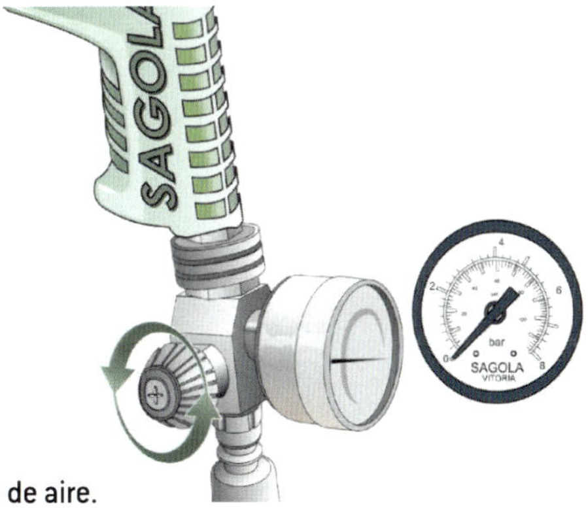


**Figura 4.78.** Cerrar el paso de aire.

4. Quitar la boquilla de aplicación y montar la de comprobación de presión (Figura 4.79). El comprobador consiste en una boquilla apropiada para cada pistola en la que se ha instalado uno o dos manómetros (dependiendo del fabricante de pistola), para verificar la presión del aire en ese punto (la salida de la boquilla).

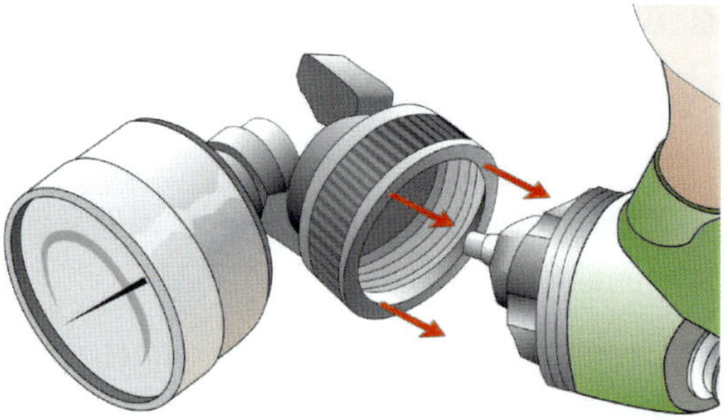

**Figura 4.79.** Cambio de la boquilla normal por la de comprobación con su/s manómetro/s.

5. Girar el regulador de abanico hasta dejarlo abierto por completo (Figura 4.80).

6. Apretar el gatillo de la pistola al máximo, e ir abriendo el regulador de caudal de aire hasta conseguir la presión especificada por el fabricante en boquilla (Figura 4.81).

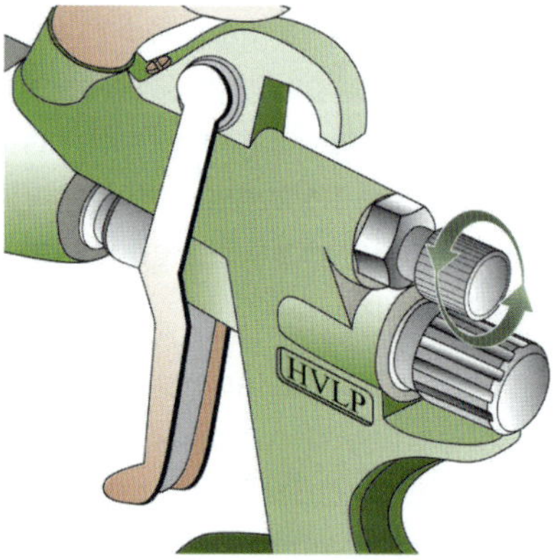


**Figura 4.80.** Abrir completamente el regulador.

7. Manteniendo el gatillo apretado, el suministro de aire y su presión en la boquilla ha de ser constante, si existe algún problema de suministro la presión varía constantemente, este defecto se puede observar cuando la aguja del manómetro oscila. Soltando y apretando el gatillo, la presión en la boquilla no debe pasar de la especificada por el fabricante (Figura 4.82).

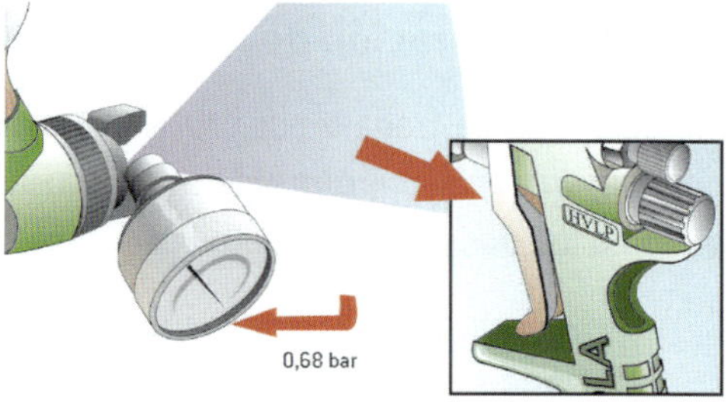


**Figura 4.81.** Comprobar la lectura del manómetro.

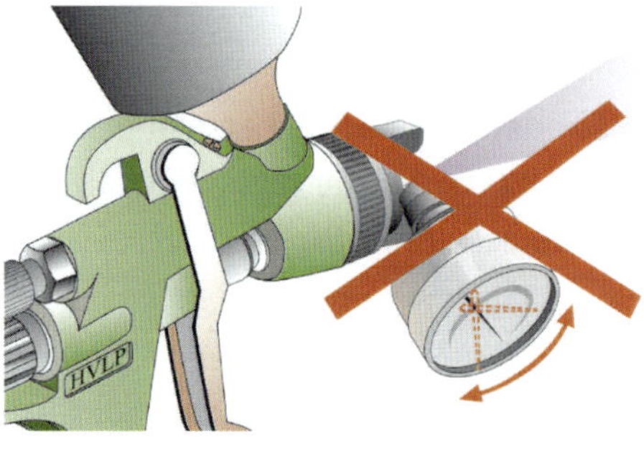


**Figura 4.82.** Cuando la aguja oscila indica algún defecto en la instalación de aire comprimido.

8. Una vez terminada la comprobación y siempre antes de echar el producto en la pistola, desmontar el verificador de presión en boquilla y montar la boquilla de la pistola (Figura 4.83).

9. Echar en el depósito el producto que se va aplicar y realizar la regulación del abanico y la cantidad de producto, tal y como se realizó para las pistolas convencionales. La distancia de aplicación con estas pistolas se encuentra entre los 10 a 15 cm desde la pieza (Figura 4.84).

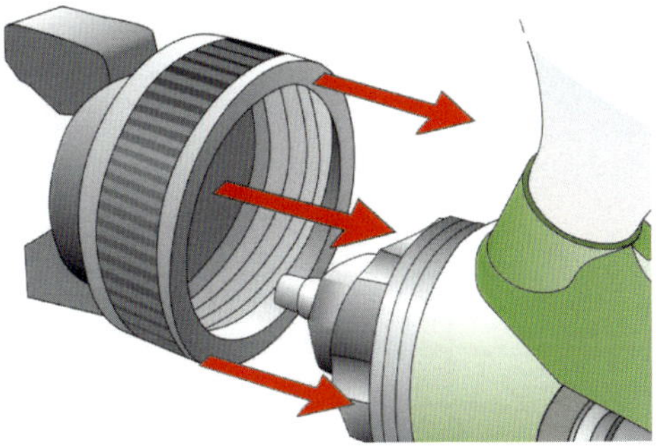

**Figura 4.83.** Colocación de la boquilla de trabajo.

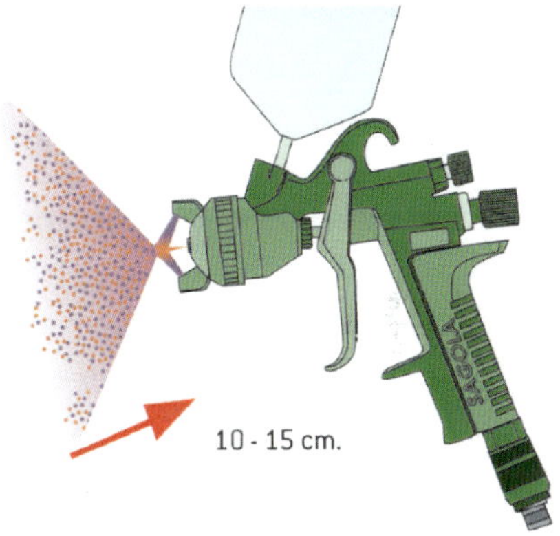


**Figura 4.84.** Ajustar la cantidad de producto de acuerdo a la forma de aplicación del propio operario actuando sobre el regulador correspondiente.

## 4.4.12 La cabina de pintura

La cabina es un recinto cerrado donde se crea el ambiente apropiado para realizar la aplicación de la pintura y su secado (Figura 4.85). Este recinto permite aislar al vehículo o las piezas a aplicar de los agentes exteriores del taller. En su interior se crea una circulación forzada de aire, que se desplaza, generalmente de arriba hacia abajo, arrastrando las nubes que se forman por la pulverización de los productos.

La circulación del aire pasa por unos filtros situados en la entrada de la ventilación que retienen las partículas procedentes del exterior y otros filtros situados en la salida de la ventilación para retener las partículas en suspensión procedentes de la pulverización de los productos, evitando que salgan al medio ambiente. En la puesta en marcha, y después de abrir las puertas, el caudal de aire que entra en el recinto es mayor que el caudal que sale. Esta diferencia de caudal origina una ligera sobrepresión respecto a la existente fuera del recinto, evitándose de esta forma que puedan entrar partículas del exterior por cualquier hueco o rendija que pueda tener entre las uniones de ensamblaje de la cabina; incluso al abrir las puertas de acceso se establecería una corriente desde dentro de la cabina hacia el exterior.

**Figura 4.85.** Cabina de pintado.

El perfecto estado de estos filtros permite una buena circulación del aire, que envuelve totalmente al vehículo, arrastrando cualquier formación de niebla, sin que se produzca ningún tipo de turbulencia, permitiendo que se evaporen de forma gradual los disolventes que tienen incorporados los productos.

El caudal de renovación del aire está comprendido entre los 20.000 y los 35.000 $m^3$ a la hora, desplazándose a una velocidad de abatimiento de 2 a 3 m/s (cabina vacía). Es muy conveniente que el aire que entra en la cabina proceda del exterior del taller para evitar la absorción del polvo y gases que se generan en el interior del mismo.

El aire de su interior puede ser calentado a través de una caldera o por radiación infrarroja, hasta alcanzar la temperatura óptima para la aplicación del producto, o superior, para el secado.

Con la utilización de la cabina de pintura se obtienen las siguientes ventajas:

- La aplicación y secado del producto se lleva a cabo en un ambiente filtrado y carente de polvo con el consiguiente aumento en la calidad de acabado.
- La temperatura de la cabina se puede mantener de forma óptima para realizar la aplicación, independientemente de la temperatura que exista en el exterior.
- El tiempo de secado se reduce.
- El medio ambiente se contamina menos.
- Se mejora el aspecto de la salud laboral de los trabajadores del taller.

Aunque existen diferentes tipos de cabinas y sus equipamientos, básicamente una cabina se compone de:

**Paredes laterales, techo y suelo.** Está compuesta por dos planchas, fabricadas de acero galvanizado y prepintadas o forradas de poliéster. Entre las dos planchas hay un aislamiento térmico, compuesto normalmente por manta de vidrio, lana de roca o espuma de poliuretano. Las planchas son modulares para adaptarlas a distintas dimensiones. Tanto los techos como los suelos están huecos para permitir el paso de aire y tienen una configuración interna muy estudiada para distribuir el flujo de aire uniformemente por toda la cabina.

**Foso de extracción.** Está compuesto por un piso enrejillado permeable al flujo de aire capaz de soportar el peso del vehículo y del profesional; bajo el cual se montan unos largueros y travesaños que forman un hueco bajo el piso por donde se canaliza el aire hacia el exterior. El espacio que ocupa el foso de extracción suele ir excavado en el suelo del taller para que el nivel del piso de la cabina quede a la misma altura del resto del taller, así se facilita la entrada y salida de vehículos a su interior, aunque en algunos casos las cabinas con su foso de extracción se montan sobre el suelo del taller con unas rampas de acceso para superar el desnivel del piso debido al foso.

**Puertas de acceso.** Generalmente, tiene dos puertas: una grande para el acceso del vehículo y otra más pequeña de servicio, para no tener que abrir la puerta de entrada del vehículo cada vez que haya que entrar o salir, reduciendo entradas de polvo, bajadas de temperatura en el interior o sencillamente por su accesibilidad.

**Iluminación.** Se realiza con lámparas que produzcan luz día protegidas dentro de plafones estancos, con cristal de seguridad, situados formando ángulo entre las paredes laterales y el techo de la cabina, aunque algunos modelos tienen también plafones instalados en las paredes de la cabina, para iluminar la parte baja de los vehículos. La iluminación en las cabinas es uno de los factores importantes para el control durante la aplicación del producto.

**Filtros** (Figura 4.86). En general todas las cabinas llevan los siguientes filtros:

- **Pre-filtro:** se encuentra a la entrada de la toma de aire del exterior. Está constituido por una o dos bolsas filtrantes de fibra acrílica no tejida; en él se efectúa el primer filtrado del aire que entra en la cabina. Estos filtros tienen una capacidad de filtrado media, con una eficiencia filtrante de un 80 %.
- **El post-filtro:** está situado en el techo de la cabina y se fabrica de manta de fibra no tejida. Tiene una capacidad filtrante muy elevada, lo que garantiza un aire exento de polvo; su eficacia media filtrante es del 98 %.
- **El filtro *pain-stop*:** está situado sobre el foso de extracción y su constitución es de fibra de vidrio de densidad progresiva. Tiene una buena capacidad para retener los residuos secos de los productos. Su eficiencia de filtración oscila entre el 85-90 %.

**Figura 4.86.** Distintos filtros de la cabina.

- **Filtro de carbón activo:** es un filtro situado en el conducto de salida del aire hacia el exterior, constituido básicamente por carbón activo; se encarga de retener los componentes volátiles orgánicos (VOC) para evitar su emisión al medio ambiente.

Todos los filtros son resistentes a altas temperaturas.

**Grupo ventilador.** Es el encargado de introducir y extraer el aire que circula por la cabina. En las cabinas de dimensiones reducidas solo tienen un grupo ventilador, pero las de grandes dimensiones llevan dos: uno para introducir el aire y otro para extraerlo. Esta es la tendencia actual de cara a las pinturas al agua. Está compuesto por los conductos del aire, el motor eléctrico, las trampillas de accionamiento y el ventilador. Puede adoptar distintas formas o configuración en función de las necesidades o limitaciones de espacio.

Las nuevas cabinas incorporan sistemas de activación de tipo Inverter, con los que se consigue mayor rendimiento y mejor control del consumo gracias al control que realizan sobre la gestión de intensidad de corriente en arrancadas y mantenimiento de carga cuando se alcanza la potencia máxima.

**Sistema de elevación de temperatura.** El sistema tradicional es por convección, que consiste en elevar la temperatura del aire que entra en la cabina, utilizando un intercambiador de calor por caldera de gasoil o gas natural.

Otro sistema es el de radiación, que utiliza rayos infrarrojos. Las placas que emiten los rayos pueden estar de forma fija o desplazarse en el interior de la cabina

## ■ Secado de la pintura

Una vez aplicado el producto, el secado y endurecimiento se puede realizar a temperatura ambiente o elevando la temperatura. En función del tipo de producto y de sus características, se lleva a cabo uno o los dos procesos siguientes:

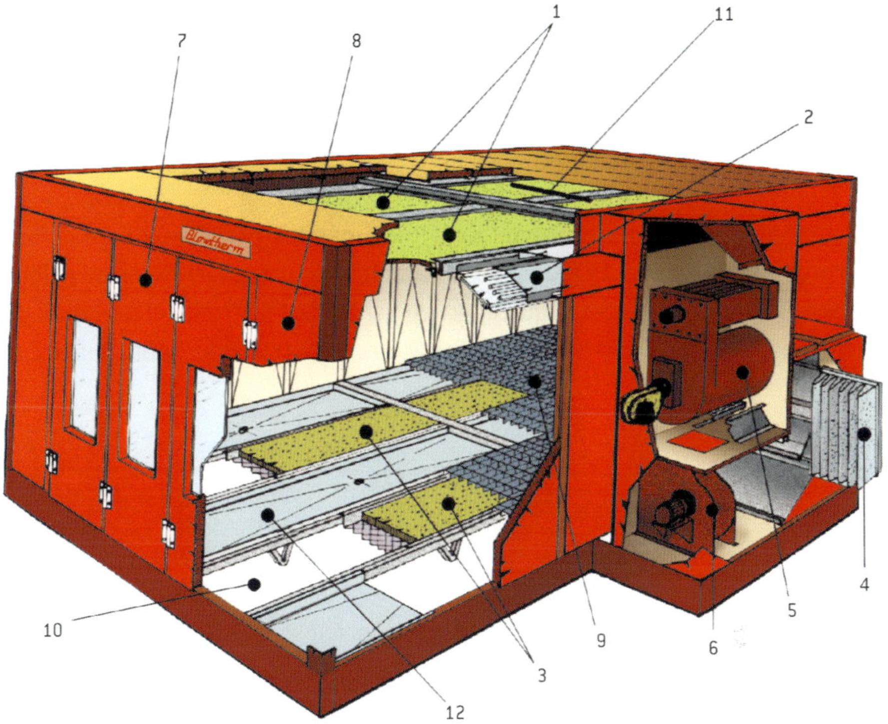


1. Filtros de entrada a la zona de aplicación.
2. Iluminación.
3. Filtros *paint-stop*.
4. Prefiltros.
5. Intercambiador de calor (quemador).
6. Grupo de ventilación (impulsión de aire).
7. Puertas de acceso para vehículos.
8. Puertas de acceso de servicio.
9. Enrejillado de la base.
10. Foso de extracción (*plenum* de aspiración).
11. Cámara de remansado (*plenum* de soplado).
12. Bandejas metálicas.

**Figura 4.87.** Elementos de la cabina de pintura.

- **Secado:** es el paso de estado del producto de líquido a sólido.
- **Curado:** consiste en la solidificación de la resina.

## Funcionamiento de las cabinas

La cabina puede trabajar en dos ciclos:

- Pintado y pasivación.
- Secado y enfriamiento.

## Pintado y pasivación

La **fase de pintado** es el período de tiempo dedicado a la aplicación del producto (Figura 4.88). Durante esta fase se asegura una correcta temperatura, próxima a los 20 ºC, y una perfecta despolvorización para obtener un buen resultado final.

Al actuar sobre el programador del cuadro de mandos para ponerlo en la fase de pintado, la trampilla (1) (compuerta de expulsión y aspiración) se posiciona automáticamente de manera que el grupo ventilador (2) toma el aire directamente del exterior (3). En las cabinas antiguas, esta trampilla había que accionarla de forma manual.

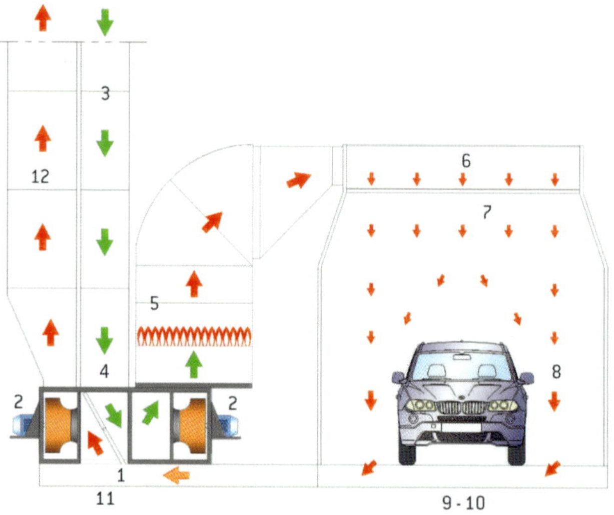


**Figura 4.88.** Flujo de aire durante el pintado.

El aire atraviesa el grupo de prefiltrado (4) realizándose el primer filtrado; a continuación, pasa a través del intercambiador de calor (5), calentándose hasta alcanzar la temperatura que previamente se había graduado en el cuadro eléctrico. Esta temperatura es controlada mediante una sonda del termostato que se encuentra en el interior del recinto. En algunos modelos de cabina el intercambiador no existe, ya que el secado de las piezas se realiza a través de rayos infrarrojos.

El aire se canaliza hacia la parte superior de la cabina, a una zona denominada *plenum* superior (6) (cámara de calma), donde disminuye su velocidad, se eliminan las turbulencias y se distribuye homogéneamente por todo el recinto donde se realiza la aplicación (8). Seguidamente, atraviesa los filtros superiores (7), que atrapan cualquier mota de polvo para bajar envolviendo todas las piezas que están en la cabina y arrastra las partículas de producto suspendidas, impidiendo que se formen nubes como consecuencia de la pulverización del producto.

El aire continúa descendiendo hasta el plano de emparrillado (9), atravesando el grupo de filtrado inferior (10) denominado *paint-stop* (alto a la pintura), donde quedan retenidos los productos sólidos que han sido arrastrados por el aire, y entra en el *plenum* de expulsión (11), donde es expulsado al exterior a través del conducto de salida (12).

En el interior de la cabina existen otros componentes que están en el aire, como son los componentes volátiles orgánicos (VOC), que son expulsados a la atmósfera, aunque las legislaciones medioambientales son cada vez más exigentes en este punto y son cada vez más los fabricantes de cabina que incluyen además de los filtros de partículas expuestos anteriormente, otro filtro compuesto principalmente de carbón activo para absorber estos gases.

La **fase de pasivación** es el tiempo que transcurre entre dos aplicaciones o entre la última aplicación y la fase de secado; es necesario respetar este tiempo para que el producto pulverizado se extienda correctamente y transcurra el período necesario para que salgan todos los disolventes de la pintura. El tiempo requerido viene señalado por el fabricante de la pintura en la ficha técnica de cada producto. Cuando las cabinas están preparadas, este tiempo puede programarse modificando la temperatura y el nivel de ventilación para acelerar el proceso.

***Consejos útiles***

Durante la fase de pintado y pasivado, el aire debe entrar en la cabina directamente desde el exterior, además de ser obligatorio, impide que haya concentración de gases de disolventes.

## Secado y enfriamiento

El secado es el período de tiempo en el que el producto aplicado cataliza y endurece. Durante este período la cabina asegura una adecuada temperatura y una perfecta despolvorización (Figura 4.89).

Se inicia el proceso posicionando el conmutador en la fase de horno o secado; a continuación, hay que seleccionar en el programador el tiempo de secado, el cual empezará a contar cuando el interior de la cabina haya alcanzado la temperatura seleccionada; tanto la temperatura como el tiempo seleccionado deberán ser los indicados por el fabricante del producto en su ficha técnica.

Una vez accionado el conmutador en la posición de secado (horno), la trampilla (1) se posiciona automáticamente, para que el grupo ventilador tome una cantidad de aire comprendida entre el 10 y 15 % del exterior (3) y hace recircular el resto, ya que en esa fase no se produce pulverización. Con la recirculación se facilita la elevación de temperatura y se optimiza el rendimiento de los filtros. Con el aumento de temperatura se consigue acelerar el proceso de curado o catalización de la pintura.

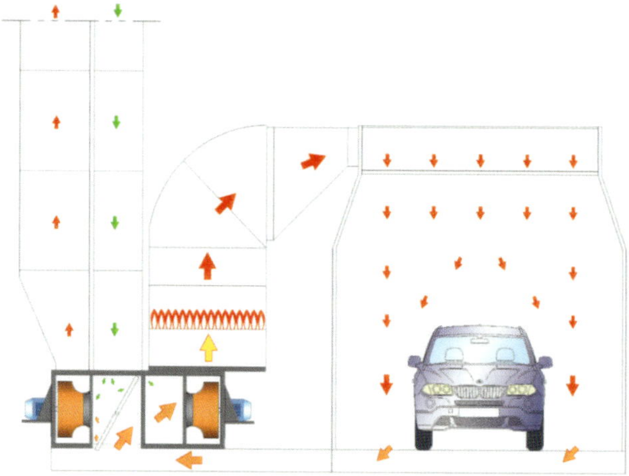

**Figura 4.89.** Flujo de aire durante el secado.

El enfriamiento es el período de tiempo necesario para obtener el enfriamiento de las piezas aplicadas y, por tanto, el endurecimiento de la superficie a la vez que se enfría el intercambiador.

Esta fase se conecta de forma automática al final de la fase de secado (horno) y su duración será la predeterminada en el cuadro de control. Al conectarse, la trampilla (1) gira y se posiciona para coger todo el aire del exterior y se repite el ciclo de la fase de pintado, pero sin funcionar el intercambiador.

***Consejos útiles***

No desconectar nunca la corriente general cuando la cabina está funcionando en esta fase, el grupo ventilador se pararía, impidiendo un enfriamiento controlado del intercambiador de calor que puede aumentar su temperatura y dañarlo.

## 4.4.13 Equipamiento auxiliar

Además del equipamiento relacionado anteriormente, en los procesos de aplicación de los productos se utilizan otros equipos y herramientas como los relacionados a continuación:

- Viscosímetro.
- Balanzas de precisión.
- Equipos informáticos.
- Secadores por infrarrojos.
- Recicladores de disolventes.
- Lavadoras de pistolas aerográficas.

## 4.5 EQUIPAMIENTO PARA LA LIMPIEZA

Entre estos equipos se pueden destacar las lavadoras de pistolas y los equipos de reciclado de disolventes.

### 4.5.1 Lavadoras de pistolas

Son máquinas destinadas específicamente a la limpieza de las pistolas aerográficas, aunque pueden utilizarse para limpiar otros utensilios del área de pintura, siempre que se respete el correcto funcionamiento de la máquina. Con este equipo se consiguen los siguientes objetivos:

- Enjuagar correctamente las pistolas después de cada aplicación.
- Economizar disolvente empleado para la limpieza al tiempo que se disminuye el impacto medioambiental que estos productos ocasionan.
- Mejorar las condiciones de trabajo del operario, ya que evita parte del tiempo en contacto con la pintura y los disolventes.
- Rentabilizar el tiempo del operario, al tener que dedicar menos tiempo a esta operación que si lo realizase a mano.

Aunque existen distintos modelos en el mercado, básicamente todos llevan una bomba accionada de forma neumática, que aspira el disolvente de un depósito estanco y lo hace circular a presión por unos conductos hasta los orificios desde los que se proyecta el disolvente hacia la pistola y vuelve al depósito a través de canalizaciones al efecto. El disolvente circula por dos circuitos:

- Realizando una conexión en la entrada de la/s pistola/s, arrastrando y limpiando todos los restos de productos de su interior.
- Lanzando disolvente al exterior de la pistola para limpiarla desde los difusores.

El disolvente utilizado es filtrado y recogido para ser nuevamente utilizado. Algunos fabricantes instalan en sus máquinas dos depósitos, uno para el primer lavado y otro para el aclarado.

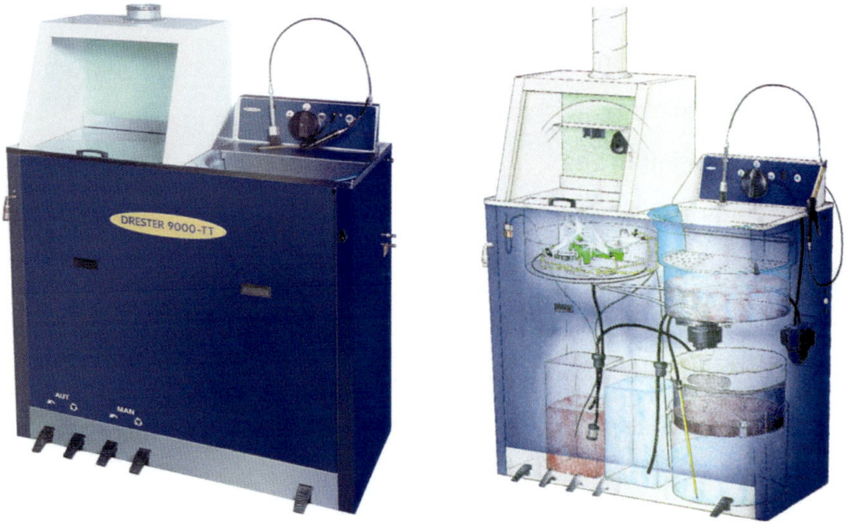


**Figura 4.90.** Lavadora de pistolas mixta y esquema de funcionamiento.

Todos los equipos disponen de sistemas de control y seguridad para el ciclo de funcionamiento y de seguridad como ocurre cuando se abre la compuerta de acceso, que interrumpe el ciclo de funcionamiento hasta que se cierra de nuevo, así se evita la proyección de disolvente con la puerta abierta.

***Precauciones***

- Instalar la máquina en un lugar ventilado.
- Asegurarse que está conectada la toma de tierra.
- Utilizar guantes para evitar el contacto de la piel con el disolvente.
- Vaciar totalmente el depósito de la pistola antes de introducirla en la lavadora. En caso de que no se pueda aprovechar la pintura sobrante, echarla en el contenedor específico de desecho, nunca al desagüe.
- Al conectar la/s pistola/s, asegurarse de montar el útil que mantiene el gatillo apretado para que pueda circular el disolvente por su interior.
- Regular la presión de funcionamiento como recomienda el fabricante.
- No abrir la compuerta durante el ciclo de funcionamiento.
- Una vez terminado el ciclo de limpieza, sacar la pistola y secarla con la ayuda de una pistola sopladora.
- Cambiar el disolvente cuando esté sucio.
- Controlar periódicamente los filtros y limpiarlos o sustituirlos si es necesario.
- No fumar ni encender llamas cerca de la lavadora.

### 4.5.2 Equipos recicladores de disolventes

El principal disolvente de las "pinturas al agua" es básicamente eso, agua, pero no exclusivamente, ya que existe una pequeña proporción de disolventes orgánicos. Por ello, la legislación actual obliga al tratamiento de las pinturas y sus residuos mediante unos procedimientos controlados que no contaminan las aguas.

Para la limpieza de los materiales de las pinturas al agua se emplea agua tratada que una vez sucia puede limpiarse de nuevo y reutilizarse gracias a unos productos floculantes, que hacen que las partículas de pintura formen partículas mayores y decanten. Para la eliminación de las partículas de pintura se emplean filtros que dejan pasar el agua y retienen la parte sólida. De esta forma, el agua queda lista para reutilizarse de nuevo.

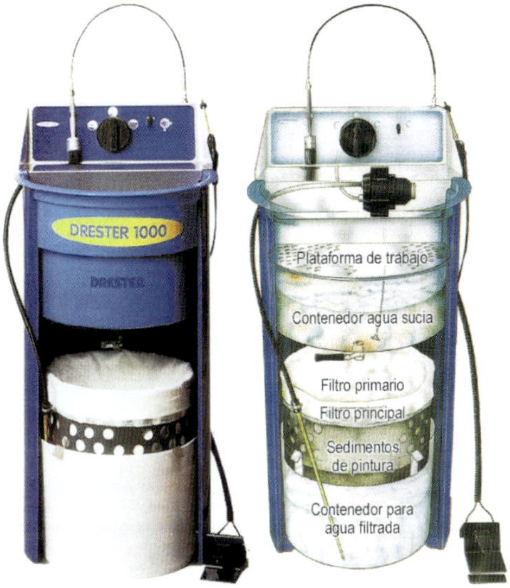


**Figura 4.91.** Sistema de reciclado para el agua de limpieza.

En la Figura 4.91 puede observarse una lavadora de pinturas al agua y el esquema en el que se puede ver la forma de reciclar el agua de limpieza.

En algunos talleres de pintura continúan existiendo los recicladores de disolventes de la pintura tradicional para casos más puntuales.

Estos recicladores basan su funcionamiento en la destilación del disolvente sucio, al calentarlo se evapora mientras que los pigmentos y las partículas con las que es mezclado no.

El equipo máquina está compuesto por:

- Dos depósitos.
- Un serpentín.

**Figura 4.92.** Recicladora de disolventes orgánicos.

- Un sistema de elevación de la temperatura del disolvente.
- Un ventilador de refrigeración.

El funcionamiento básico de estas máquinas consiste en un recipiente perfectamente cerrado, que contiene el disolvente sucio en una bolsa que lo protege; este recipiente está rodeado de aceite, que es calentado por una resistencia eléctrica hasta alcanzar la temperatura de ebullición del disolvente (cada disolvente tiene una temperatura distinta, dependiendo su composición, ver tabla 4.5). El disolvente se evapora y las impurezas (grasas, resto de pintura, barnices, etc.) se quedan en el fondo del recipiente. El vapor pasa por un serpentín que es refrigerado por un ventilador eléctrico, donde se produce la condensación, pasando de vapor a líquido y de ahí al recipiente de recuperación.

Una vez terminado el ciclo de reciclaje, el disolvente puede ser utilizado de nuevo, ya que tiene todas sus propiedades originales y los residuos quedan en la bolsa que protege el recipiente de calentamiento. Esta bolsa con los residuos sólidos se retira para su reciclado y se coloca otra nueva para el siguiente ciclo.

**Tabla 4.5.** Temperaturas de evaporación de algunos disolventes comunes

| Disolventes | Temperatura |
|---|---|
| Alcohol n-butílico | 99 ºC |
| Alcohol isopropílico | 82 ºC |
| Alcohol metílico | 64,4 ºC |
| Ciclohexanona | 157 ºC |
| Xileno | 140 ºC |
| Metil-etil-cetona | 116 ºC |
| Tolueno | 110 ºC |
| Benceno | 80 ºC |
| Tricloroetano | 74 ºC |

***Precauciones***

- Ajustar siempre la temperatura de ebullición en función del disolvente a reciclar.
- La máquina debe instalarse en un lugar aireado.
- La instalación eléctrica del habitáculo donde esté instalada la máquina ha de ser antideflagrante o estar a más de 3 m.
- Utilizar guantes y mascarilla para el vaciado del disolvente.

- Cuando se limpie el recipiente que contiene el disolvente, utilizar utensilios de madera, no utilizar nada metálico para evitar el riesgo de que se produzca una chispa.
- Respetar el ciclo completo de reciclaje.
- Realizar con frecuencia la limpieza del recipiente.
- Asegurarse de que no hay fugas de vapor en el proceso de reciclaje.

## 4.6 EQUIPOS DE SECADO

Una de las operaciones que más tiempo puede ocupar en el taller de pintura es el secado, por lo que si no se gestiona bien y no se dispone de los sistemas y útiles adecuados puede generar los indeseables cuellos de botella en la organización del área de pintura, por tanto, el profesional del taller deberá conocer bien estos equipos, ya que también de la correcta utilización dependerá su vida útil y la calidad de acabado de los trabajos realizados.

En el mercado se encuentran los siguientes equipos de secado:

- Secado por convección de aire caliente.
- Secado por infrarrojos.
- Equipos de rayos ultravioleta (UV).
- Pistola de secado para pinturas al agua.

### 4.6.1 Secado por convección de aire caliente

Este procedimiento se realiza en la cabina de pintura, descrita anteriormente.

### 4.6.2 Secado por infrarrojos

El secado por radiación presenta como diferencia fundamental respecto al sistema de convección, que el sustrato y la fuente de calor no tienen intermediarios; es decir, que la fuente de calor no calienta primero al aire que rodea la pieza y este aire calienta a la pieza, sino que la fuente emisora calienta directamente la pieza, sin calentar el aire que le rodea. Este fenómeno se consigue utilizando como fuente de calor un emisor de rayos infrarrojos que emite energía en forma de ondas electromagnéticas.

Por orden creciente de longitud de onda, el espectro electromagnético está compuesto por los elementos que aparecen en la Figura 4.93.

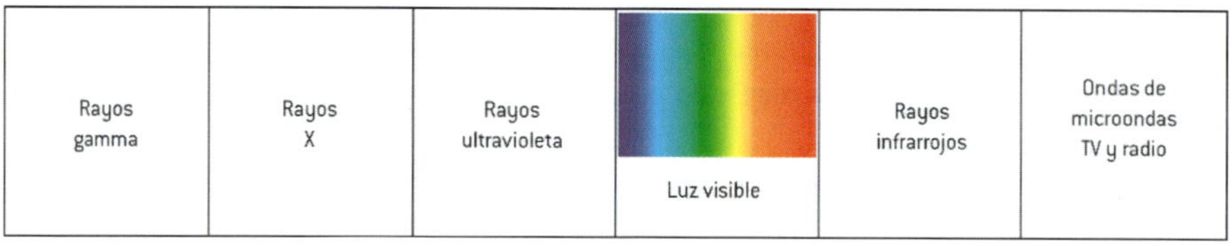


**Figura 4.93.** Composición esquemática del espectro electromagnético.

Estas ondas son producidas por la oscilación y aceleración de cargas eléctricas y magnéticas que oscilan perpendicularmente entre sí a una velocidad cercana a la de la luz (299.782 km/s), produciendo una radiación que puede ordenarse en función de su longitud de onda (distancia entre dos crestas consecutivas) (Figura 4.94).

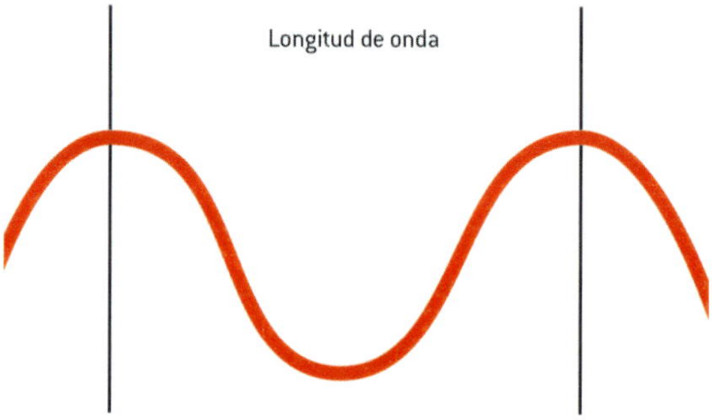


**Figura 4.94.** Medida de longitud de onda.

Las ondas electromagnéticas que producen los rayos infrarrojos se encuentran inmediatamente después de la zona roja de la radiación visible por el ojo humano y tienen una longitud de onda comprendida aproximadamente entre 750 nm (nm nanómetro = una millonésima de milímetro) y un milímetro. A menor longitud de onda, significa que tiene una mayor frecuencia (número de crestas que pasan por un punto determinado cada segundo), y mayor será la cantidad de calor que comunica.

Por el contrario, a mayor longitud de onda, menor frecuencia y menor cantidad de calor transmite.

En función de la longitud de onda que emiten los sistemas de rayos infrarrojos se clasifican en tres grupos (Figura 4.95):

- Rayos infrarrojos de onda corta: poca longitud de onda, alta frecuencia, transmite mucho calor (1.200 a 2.200 ºC).
- Rayos infrarrojos de onda media: longitud de onda y frecuencia mediana, transmite menos calor (500 a 1.200 ºC).
- Rayos infrarrojos de onda larga: longitud de onda larga, baja frecuencia; es la que transmite menos calor (+/– 600 ºC).

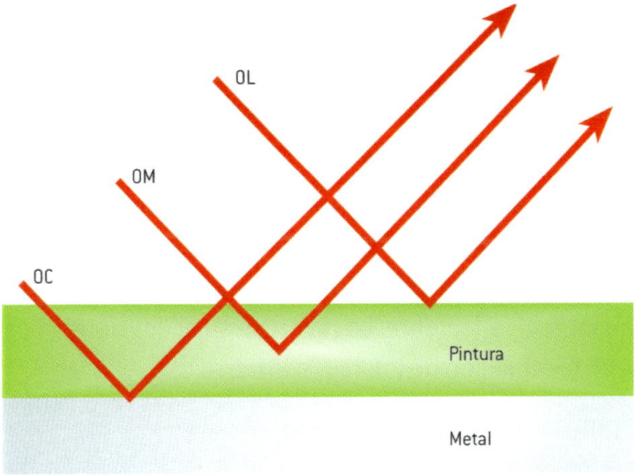


**Figura 4.95.** Ondas infrarrojas en función de su poder de penetración.

## Funcionamiento

El funcionamiento de los equipos de infrarrojos se basa en la transmisión de calor por medio de lámparas, tubos de cuarzo o placas cerámicas sobre la zona pintada. Las ondas electromagnéticas emitidas atraviesan las distintas capas de barniz sin calentarlas y sin que absorban energía o en pequeñas cantidades, dependiendo del color de la pintura, ya que las pinturas oscuras absorben más energía que las claras (Figura 4.96). Las ondas llegan a la chapa, que se calienta elevando su temperatura y transmitiendo este calor a la película de pintura, realizando el secado desde dentro hacia fuera, al contrario de lo que sucede en el sistema por convección. De esta forma se asegura la evaporación de los disolventes y bases acuosas, así como el perfecto curado de los componentes empleados en la preparación de la superficie (masilla, aparejo, imprimación, etc.).

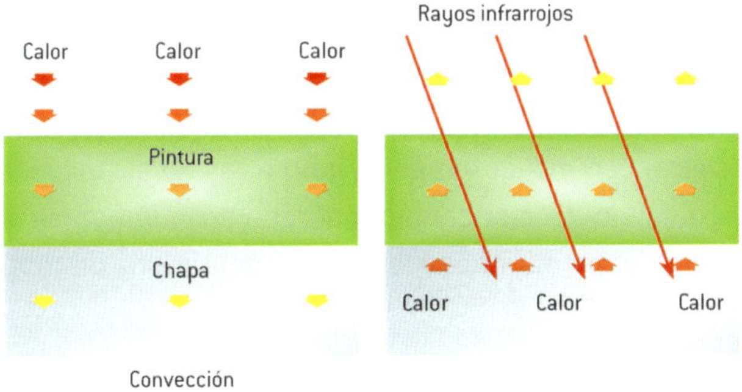


**Figura 4.96.** Izquierda, calentamiento exterior: el calor actúa desde fuera hacia dentro. Derecha, infrarrojos: el calor actúa desde dentro hacia fuera.

## Equipos de secado por infrarrojos

En la actualidad existen en el mercado diferentes posibilidades de uso en los tres tipos de ondas (corta, media y larga), aunque los equipos más utilizados en los talleres son los de onda corta.

Los **equipos de onda corta** utilizan normalmente un reflector de acero inoxidable, recubierto de una lámina de un material que refleje perfectamente los rayos infrarrojos. Dependiendo de la calidad del aparato, esta capa puede ser de oro puro o de otro material reflectante. La razón de su aplicación radica en que el oro refleja el 95 % de la radiación de los rayos infrarrojos.

Existen dos tipos de reflectores (Figura 4.97):

- **Reflectores de haz elípticos:** dirigen la radiación de forma convergente. Se utilizan principalmente para el secado de pequeñas zonas.
- **Reflectores de haz parabólicos:** dirigen la radiación en un haz más ancho, de rayos paralelos. Son los más utilizados para secar grandes superficies.

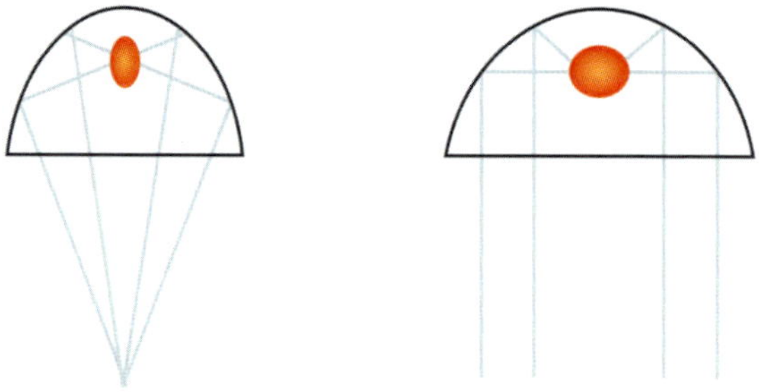
Elíptica
Parabólica

**Figura 4.97.** Tipos de reflectores por la forma de construcción de su curvatura.

En el interior de cada reflector se sitúa la lámpara, que se compone normalmente de un cristal de cuarzo con una gran capacidad para transmitir las radiaciones infrarrojas y un filamento de tungsteno. Estas lámparas generan una luz roja o anaranjada muy característica cuando emiten los rayos infrarrojos.

Los reflectores están fijados al cuerpo del secador, suelen ser de aleación ligera (aluminio) y cada equipo puede tener uno o varios reflectores. En caso de tener varios, hay que asegurarse de que están bien sujetos y en la orientación adecuada (Figura 4.98), para evitar el cruce de radiaciones que originaría que algunas zonas alcancen mayor temperatura y otras no alcancen la temperatura programada. Cuando los fabricantes montan varias lámparas en un mismo equipo, las instalan sobre patrones fijos para asegurar una distribución regular del calor.

Los equipos de onda corta alcanzan la temperatura de trabajo en pocos segundos y al desconectarse se enfrían rápidamente, por lo que se dice que tienen poca inercia térmica.

**Figura 4.98.** Equipos de infrarrojos. Izquierda, de un solo reflector. Derecha, de varios reflectores. En este caso uno de ellos mal orientado.

La temperatura de trabajo se aplica en dos fases. En primer lugar, un período de tiempo a temperatura más baja, para facilitar la total evaporación de los disolventes y a continuación el resto del tiempo programado a la temperatura de trabajo, para realizar el curado.

Estos equipos suelen disponer de una serie de controladores, como captadores de temperatura (para saber la temperatura que está alcanzando la superficie), programadores de funcionamiento, medidores de distancias o un sistema totalmente computarizado.

Los **equipos de onda media:** para generar rayos infrarrojos utilizan placas cerámicas, se nota si están funcionando por el calor que desprenden. La temperatura de trabajo se alcanza de forma más lenta que en el caso anterior. Presentan una mayor inercia térmica, tanto al conectarse como al desconectarse.

Ambos modelos pueden disponer, además de una serie de controladores, como captadores de temperatura (para saber la temperatura que está alcanzando la superficie), programadores de funcionamiento, medidores de distancias o un sistema totalmente computarizado.

Los **equipos de onda larga:** para generar los rayos infrarrojos utilizan lámparas incandescentes y resistencias. Su inercia térmica es muy grande y el rendimiento bajo, actualmente casi no se utilizan.

Los equipos de uso más extendido son los de onda corta, sus modelos varían de acuerdo con su utilización o el tamaño de las superficies. Existen secadores de rayos infrarrojos de onda corta en combinación con instalación de corriente de aire para favorecer la evaporación de los disolventes. Los más usuales se describen a continuación.

## Secadores por infrarrojos modulares

Se utilizan para reparaciones parciales, tanto para secado de pinturas y barnices, como para el curado de masillas y aparejos. Suelen tener uno o varios reflectores que pueden estar sujetos de muy diversas formas, como en carriles colgantes dentro de la cabina de pintura o en soportes rodantes. Su principal característica es su movilidad y adaptabilidad (Figuras 4.99 y 4.100).

**Figura 4.99.** Equipo modular sobre puente desplazable.

**Figura 4.100.** Equipo modular en soporte de ruedas.

## Secadores por infrarrojos manuales

Se utilizan para reparaciones de pequeñas dimensiones. Consisten en un pequeño reflector que normalmente puede estar sujeto en un soporte o manejado por el operario (Figura 4.101).

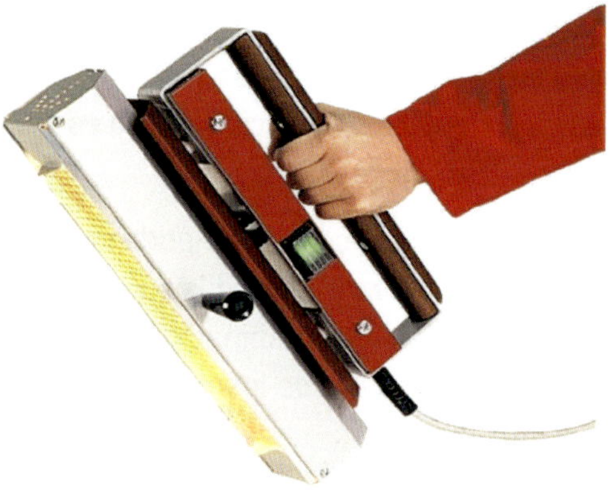

**Figura 4.101.** Secador de infrarrojos manual.

## Arcos de secado por infrarrojos

Están diseñados para su utilización dentro de las cabinas; por tanto, se utilizan principalmente para el secado de pinturas de acabado. Están constituidos por varios reflectores colocados a distintas alturas e inclinaciones para producir el secado de forma uniforme por todo el vehículo, si así fuese necesario (Figura 4.102).

**Figura 4.102.** Arco de secado por infrarrojos empleado en la fabricación del Renault Grandmodus.

En este caso, es el arco el que se desplaza a lo largo del vehículo a una velocidad constante, detectando en todo momento qué parte es la que tiene que ser secada y cuál no. También puede utilizarse activando solo algunas partes de sus módulos para secar una zona concreta. Todo el equipo está controlado por un sistema computarizado.

## Principales características de los equipos de infrarrojos

- Realiza el secado de forma más uniforme que el sistema por convección y en un tiempo mucho más corto (hasta un 75 % menor).
- Realiza el secado desde dentro hacia fuera, evitando la formación de piel en la superficie de la pintura que dificultaría la evaporación del disolvente.
- Representa un ahorro de energía considerable, sobre todo cuando es una reparación parcial, ya que se calienta solamente la zona específica y no toda la cabina.
- Disminuye la contaminación ambiental y mejora las condiciones de trabajo.

***Precauciones***

- Respetar en todo momento las instrucciones de uso del equipo.
- Aunque una menor distancia acorta los tiempos de secado, se debe regular siempre el equipo basándose en las características indicadas por el fabricante, tanto en lo referente a la distancia como al tiempo de funcionamiento.
- No usar el equipo en habitáculos donde se genere polvo.
- En los equipos que funcionan en una sola etapa, respetar el tiempo de evaporación de los disolventes antes de conectar los rayos infrarrojos.
- Es indispensable que las capas de productos utilizados en la reparación previa a la pintura de acabado estén completamente secas para evitar los problemas de hervidos.
- Asegurarse de que toda la zona a secar está cubierta por los rayos infrarrojos de forma homogénea.

## 4.6.3 Equipos de secado por rayos ultravioleta (UV)

El secado de la pintura puede ser uno de los principales cuellos de botella para la distribución del trabajo en el taller, si a esto le añadimos la importancia de entregar rápidamente al cliente su vehículo, entonces cobra mayor importancia la agilización del secado y el sistema más rápido para conseguirlos consiste en emplear la técnica de secado mediante luz ultravioleta: por fotopolimerización (Figura 4.103).

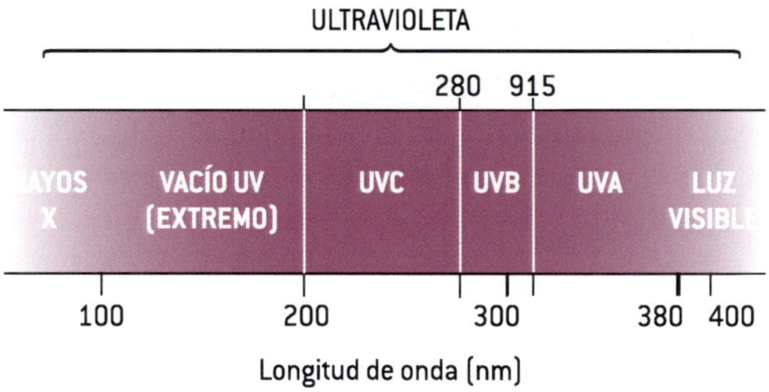


**Figura 4.103.** Representación del espectro de ondas de las radiaciones ultravioletas.

Los sistemas de secado por radiación ultravioleta consisten en el empleo de pinturas cuya resina cura (polimeriza) muy rápidamente gracias a la tecnología que emplea este tipo de radiación.

Con su utilización se consiguen tiempos de secado completo que puede bajar de los dos minutos, con lo que su empleo es muy apropiado para las reparaciones rápidas.

Son gamas de pintura completas diseñadas para reparaciones pequeñas y medianas e incluyen todos los productos necesarios, desde la masilla hasta el barniz de la capa final (Figura 4.104).

**Figura 4.104.** Productos de secado rápido mediante tecnología UV.

Los rayos ultravioleta hacen interactuar las moléculas de resina que forman parte de los productos UV y consiguen un secado muy rápido del producto. Aunque esta tecnología no es nueva, la ventaja que proporcionan las nuevas gamas consiste en el sistema con tecnología UV de "tipo A" que mejora la protección de los pintores.

La lámpara específica combina rayos ultravioletas e infrarrojos para emitir únicamente rayos ultravioletas A (UV-A va desde 320 nm hasta 400 nm, donde empieza la luz visible), sin producir radiación UV-B, que son perjudiciales para el ser humano. Por ello, este sistema proporciona mayor seguridad para el personal: para su aplicación no se requiere ninguna indumentaria de protección especial (siempre se recomienda que el personal utilice todo el equipo de protección normal, como guantes y gafas) (Figura 4.105).

No requiere habilitar una zona específica del taller para su aplicación y no produce ozono. La aplicación de los productos no varía respecto a la convencional, simplemente usan lámparas UV específicas para secado, ofrece una auténtica solución de vanguardia, en especial por el ahorro de tiempo que consigue, gracias a unos tiempos de secado extraordinariamente cortos y por la larga vida de la mezcla. Entre las propiedades demostradas por estos productos pueden destacarse su alta resistencia al rayado, su larga vida y un acabado final brillante.

Otras ventajas:

- Menor exposición del técnico a productos con compuestos orgánicos volátiles (VOC).

**Figura 4.105.** Nueva lámpara específica (UV-A) para el secado con esta tecnología.

- Menor contaminación del ambiente por el bajo contenido de VOC.
- Reducción de defectos como "sangrado" y "exceso de porosidad" por la ausencia de peróxido.
- Reducción de tiempos de preparación, aplicación y secado.
- Almacenamiento prolongado y abatimiento de desecho de productos.

# CUESTIONES

**1.** Indica los diferentes elementos y tipos de partículas que debe eliminar el filtro que forma parte del grupo de tratamiento del aire, instalado entre la conexión de la pistola y el circuito del aire.

**2.** Indica los nombres de los elementos numerados en la red de aire comprimido de la siguiente figura:

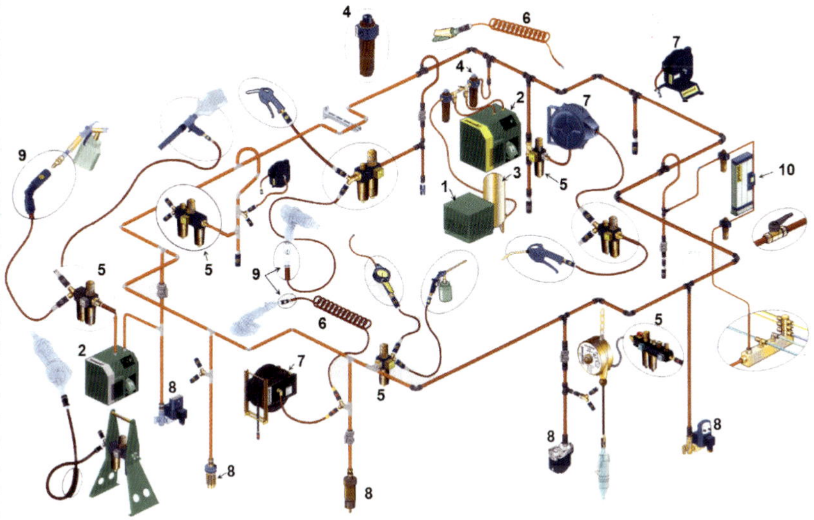

**3.** Enumera las características que deben reunir las mangueras de aire que se utilizan en el interior de las cabinas de pintura.

**4.** Indica qué procedimientos son los más usuales para la fijación de los abrasivos a los tacos y soportes de lijado.

**5.** ¿Qué tipo de máquinas lijadoras están especialmente indicadas para trabajos de desbarbado de metal, eliminación de puntos de soldadura, limpieza de corrosión y corte de paneles de puerta para su extracción?

**6.** Relaciona cada huella de lijado con el tipo de máquina lijadora correspondiente.

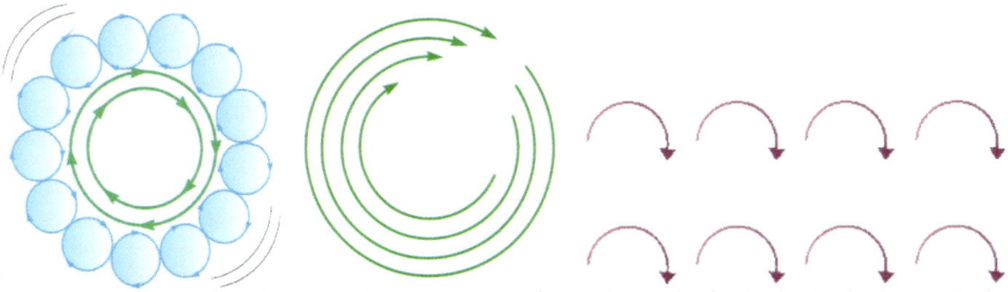

**7.** ¿A qué tipo de máquinas lijadoras corresponden los parámetros de uso descritos gráficamente en la siguiente figura?

**8.** Enumera los diferentes productos que se utilizan en las operaciones de enmascarado.

**9.** ¿Cómo suele eliminarse la laca pelable utilizada en el enmascarado?

**10.** Identifica cada uno de los productos de enmascarado de la siguiente figura:

**11.** Representa una clasificación de pistolas aerográficas en función de sus características más representativas:

| **Características** | **Tipos** | | |
|---|---|---|---|
| Proyección y atomización | | | |
| Posición del depósito | | | |
| Tamaño | | | |
| Presión de trabajo | | | |
| Manejo | | | |

**12.** Señala las características más importantes de los sistemas de proyección y atomización: *airless, airmix* o presión de aire.

**13.** ¿Qué tipo de pistolas aerográficas se utilizan más frecuentemente en los talleres de reparación, las de sistema *airless,* o las de sistema *airmix*? Razona la respuesta.

**14.** ¿Qué desventajas presentan las pistolas aerográficas convencionales respecto a las HVLP?

**15.** Enumera las partes principales de la pistola aerográfica representada en la siguiente figura:

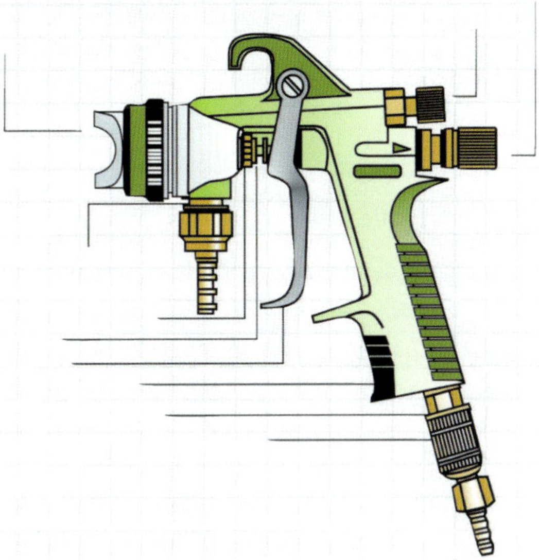

**16.** Indica los tres cometidos que ha de cumplir el abanico que se forma en la boquilla de la pistola aerográfica.

**17.** Relaciona las siguientes características con el tipo de colocación de los orificios laterales de las boquillas de las pistolas aerográficas:

1= Colocación de los orificios laterales paralelamente al suelo.

2= Colocación de los orificios laterales verticalmente al suelo.

☐ Pintado de grandes superficies (como la de los autocares o las cajas de los camiones).

☐ Desplazamiento de la pistola realizando ligeros movimientos de izquierda a derecha.

☐ Desplazamiento de la pistola de arriba abajo o viceversa.

☐ Pintado de vehículos (turismos o similares).

**18.** Indica los tres factores de los que depende la elección del tamaño (diámetro interior) del pico de fluido a emplear.

**19.** ¿Qué es el "prensaestopa" de una pistola aerográfica? Indica las piezas que forman parte de este conjunto.

**20.** ¿Qué indica el valor del "grado de transferencia" de una pistola aerográfica?

**21.** Relaciona las siguientes características con el tipo de pistola aerográfica:

1= Pistola convencional.

2= Pistola HVLP.

- [ ] La presión de pulverización se regula de 3,2 a 3,7 bar.
- [ ] La boquilla de aire trabaja con mayor caudal de aire a una presión inferior.
- [ ] La distancia de aplicación suele ser de unos 25 cm.
- [ ] El pico de fluido es, normalmente, de mayor diámetro, para un mismo tipo de aplicación.
- [ ] Su manejo es ligeramente más complejo.

**22.** Enumera los diferentes tipos de filtros que suelen equipar las cabinas de pintura.

**23.** En el funcionamiento de una cabina de pintura, ¿por qué el caudal de aire que entra es mayor que el caudal que sale?

**24.** El caudal de renovación del aire de una cabina de pintura suele estár comprendido entre:

- [ ] 20.000 $m^3$ y 35.000 $m^3$ a la hora.
- [ ] 50.000 $m^3$ y 75.000 $m^3$ a la hora.
- [ ] 5.000 $m^3$ y 15.000 $m^3$ a la hora.
- [ ] 1.000 $m^3$ y 3.500 $m^3$ a la hora.

**25.** Describe brevemente el funcionamiento básico de los equipos de reciclado de disolventes.

**26.** Indica los diferentes equipos de secado que suele haber en el mercado.

**27.** En los equipos de rayos de infrarrojos de onda corta, media y larga, ¿cuál de ellos emite mayor cantidad de calor?

**28.** Describe brevemente los dos tipos de reflectores más habituales de onda corta.

**29.** ¿Qué ventajas aporta la utilización de los sistemas de secado UV-A frente a los UV?

# 5. Procesos de pintado de protección de superficies

## Contenidos

## INTRODUCCIÓN

Una cuidadosa preparación de superficies antes y durante el desarrollo de un proceso de reparación, permitirá obtener una mejor protección del substrato base que redundará en un acabado de mejor calidad a un coste más reducido.

Dependiendo de factores como el tipo de material y si la pieza es nueva o reparada, se aplicarán diferentes procesos de preparación de superficies; aunque en la práctica y a grandes rasgos, son todos muy similares.

En el caso de piezas reparadas, el proceso de preparación también dependerá del tipo de daño que haya sufrido.

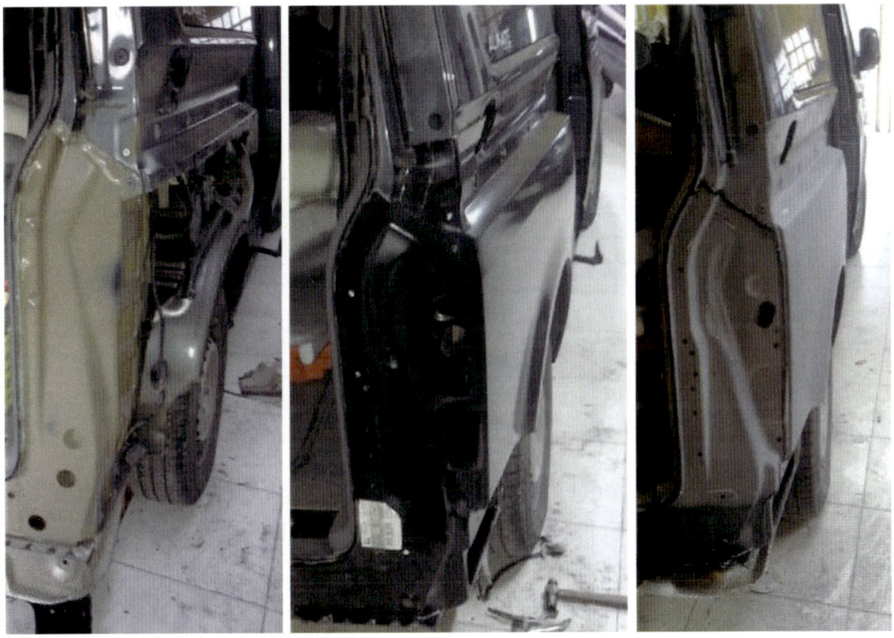

**Figura 5.1.** Detalle de proceso de reparación. Izquierda: aleta trasera desmontada. Centro: pieza nueva instalada (con tratamiento anticorrosivo). Derecha: pieza con aparejo aplicado.

## 5.1 PIEZAS DE ACERO

Independientemente de las características de la pieza de acero a tratar (nueva, reparada o con daño superficial), hay una serie de operaciones comunes a todos los procesos.

### Pieza nueva

Las operaciones a realizar en una pieza nueva serían las siguientes:

- Planificación y preparación previa.
- Preparación de la pieza.
- Limpieza y desengrasado.
- Enmascarado.
- Lijado.
- Aplicación de imprimación.
- Aplicación del aparejo.
- Secado.
- Lijado.
- Limpieza y desengrasado.
- Aplicación de pintura de acabado

## Planificación y preparación previa

En primer lugar se elegirá el sistema más adecuado para los resultados requeridos, se preparará la zona de trabajo con los útiles necesarios: normalmente el plano aspirante o cabina, la manguera, el soporte y los medios de protección personal.

A continuación hay que tener presente las siguientes condiciones de aplicación, que pueden afectar a la aplicación de los recubrimientos:

- **Temperatura.** El rango de temperatura óptima para la aplicación de un recubrimiento oscila entre 15 y 32 °C. Generalmente, los recubrimientos no deben ser aplicados cuando la temperatura del medio ambiente sea inferior a 4 °C o superior a 43 °C, durante la aplicación. Si la pintura es aplicada por encima de los 32 °C puede ocasionar que la película seque demasiado pronto y traiga como consecuencia falta de uniformidad en la película y mala adherencia. Si la temperatura es inferior a 10 °C puede alargarse el tiempo de secado y curado de la película hasta puntos inaceptables. No debe aplicarse la pintura, si existe la posibilidad de que la temperatura baje al punto de congelación, antes de que esta haya secado.
- **Humedad.** La adherencia de la mayoría de las pinturas de recubrimiento resulta seriamente dañada si la superficie a recubrir es contaminada con agua. En general, debe evitarse pintar cuando la humedad relativa sea mayor del 85 %.

## Preparación de la pieza

Seguidamente se comprueba el estado de la pieza, se limpia (siempre resulta conveniente un repaso como mínimo), se protegen las piezas anexas y se comprueba su estado superficial por si es necesario un lijado previo. En este caso, repetir la limpieza antes de la siguiente operación.

## Limpieza y desengrasado

La limpieza resulta imprescindible para que la adhesión del aparejo sea óptima y no se produzcan desprendimientos de material que afecten al acabado. La suciedad que dificulta la correcta adhesión del aparejo suele ser fundamentalmente el polvo del lijado, por esta razón es preferible comenzarla con el uso de aire comprimido (Figura 5.2) para la limpieza del área afectada.

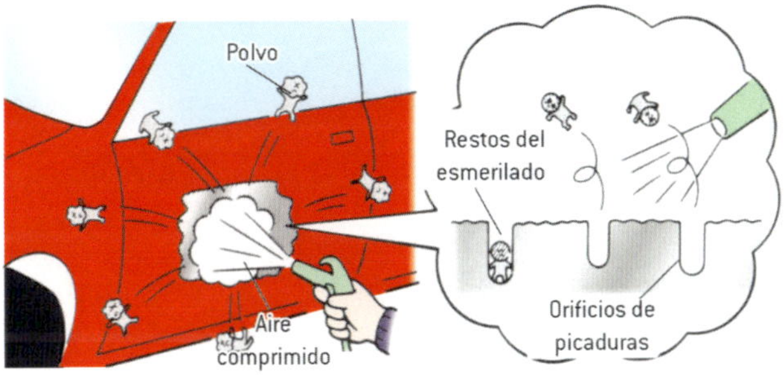


**Figura 5.2.** Limpieza con aire comprimido.

A continuación se realiza el desengrasado (Figura 5.3), para ello, con un papel limpio y la pieza humedecida con desengrasante, frotamos la zona objeto de la limpieza y antes de que el disolvente se evapore pasamos otro papel seco y limpio que absorba y elimine la suciedad removida.

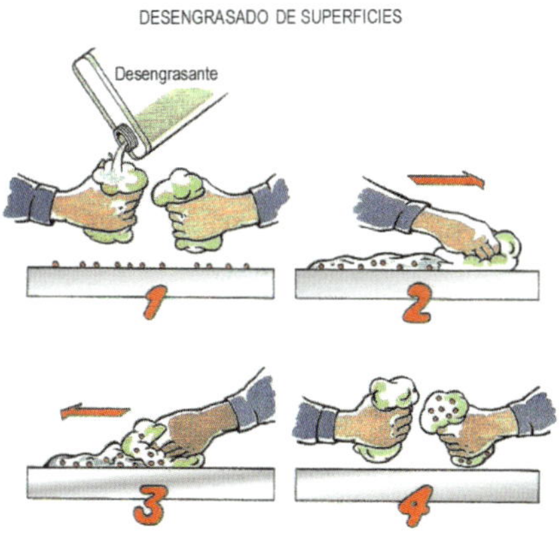


**Figura 5.3.** Limpieza con disolvente.

Como los disolventes y desengrasantes se evaporan rápidamente, si no se permite que este se evapore parcialmente sin pasar el papel de limpieza a tiempo, la suciedad se remueve pero no se elimina.

Para facilitar el proceso de desengrasado es recomendable emplear envases pequeños dotados de pulverizadores con los que controlar mejor la cantidad necesaria, la zona y el momento de aplicación más oportuno, frente al empleo de los grandes envases que se sirven para la distribución, estos son pesados y dificultan el correcto dosificado.

**Figura 5.4.** Limpiadores desengrasantes.

## Enmascarado

Como consecuencia de la aplicación de cualquier tipo de pintura, siempre se genera una niebla de la que es necesario proteger al resto del vehículo. Para evitar trabajos de limpieza posteriores a la aplicación por efecto del depósito de estas nieblas en el vehículo, es necesario enmascarar el área circundante a la zona a reparar, siempre que la pieza no se encuentre desmontada.

## Lijado

Consiste en un lijado superficial que tiene por objeto el mateado de la capa de cataforesis para asegurar una buena adherencia de los tratamientos posteriores. Se utilizan lijas de grano P-320 o P-400 con lijadoras roto-orbitales. Conviene dejar los extremos y bordes para hacerlos al final y a mano, empleando almohadillas.

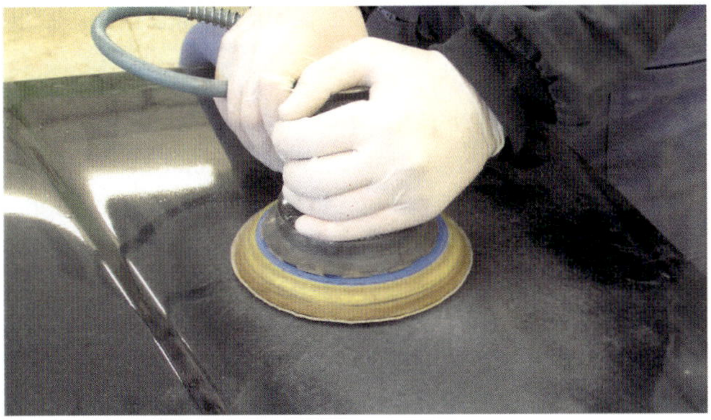

**Figura 5.5.** Lijado de la capa de cataforesis.

## Aplicación de la imprimación anticorrosiva

Complementa la acción anticorrosiva de la capa de cataforesis evitando los eventuales efectos perjudiciales del lijado anterior si se han dejado zonas de chapa desnudas. Así mismo, proporciona una adecuada adherencia para la aplicación de posteriores productos.

Se aplican sobre superficies limpias y desengrasadas. Suelen ir mezcladas con catalizador 1:1 (una parte de imprimación y otra de catalizador).

Antes de aplicar la imprimación, ajustar bien la viscosidad de la pintura, elegir el pico de fluido adecuado y adecuar la presión de aplicación. Dejar secar entre 15 y 20 minutos.

***¡Cuidado!***

Para la mezcla no se deben utilizar recipientes de acero, ya que parte de las cargas se quedarán en él y disminuye el poder anticorrosivo del producto. Atención a su preparación y al contenido de cromatos (emplear siempre los medios de protección personal).

## Aplicación del aparejo

Los aparejos son pinturas de fondo cuyas misiones principales consisten en aislar y nivelar el fondo, a la vez que sirven de soporte a las pinturas de acabado.

Su primer cometido, de aislamiento, se debe a la porosidad superficial de las masillas y la naturaleza ácida de las imprimaciones. Si no están aisladas convenientemente absorben la pintura provocando rechupados, pérdidas de brillo y otros problemas derivados de la falta de aislamiento.

El segundo cometido, de mejora de la nivelación, se debe a que tanto las masillas como las imprimaciones no tienen una buena calidad superficial, primero por la porosidad de las masillas y también por el bajo nivel de cubrición que proporcionan las imprimaciones.

El tercer cometido, proporcionar el soporte adecuado, lo consigue gracias a las resinas que además de ser buenos aislantes proporcionan un óptimo agarre sobre el fondo y para las pinturas de acabado. También son un soporte adecuado por las cargas que llevan, de gran lisura y espesor de capa que proporciona el cuerpo necesario para la protección del sustrato.

En resumen, con la aplicación de los aparejos se consigue un soporte óptimo, ya que se adhiere y aísla a las pinturas de fondo, a la vez que proporciona una superficie adecuada a las pinturas de acabado, desarrollando sus propiedades de extensibilidad y brillo.

Para la aplicación del aparejo se ha de elegir la pistola con el pico de fluido adecuado al aparejo y realizar el relleno del vaso de la pistola con el aparejo, de acuerdo con el sistema empleado, respetando las reglas básicas de pintado, distancia, velocidad, perpendicularidad, etc.

## Secado

El secado de la pieza puede realizarse empleando diferentes técnicas de acuerdo a la carga de trabajo del taller y el proceso elegido. Con cualquiera de ellas se debe seguir las recomendaciones del fabricante de la pintura en cuanto a tiempos, temperaturas, distancias o equipos seleccionados:

- A temperatura ambiente.
- En la cabina.
  - Mantener la ventilación el tiempo necesario para la evaporación de disolventes.
  - Programar la cabina para el secado. Tiempos, temperatura o sopladores.
  - Activar la fase de secado.
- Mediante el empleo de equipos infrarrojos.
  - Mantener la ventilación el tiempo necesario para la evaporación de disolventes.
  - Colocar el equipo frente a la parte a secar orientando los reflectores y comprobando la distancia entre ambos.
  - Elegir el programa de secado apropiado.
  - Poner en marcha el equipo.

Evitar las sacudidas del equipo al terminar el secado, cuando aún está caliente.

La fase de secado contemplará:

- Para los aparejos 1K, la completa evaporación de todos los disolventes.
- Para los aparejos 2K, la completa evaporación de todos los disolventes además de la reacción del aparejo con el catalizador.

## Lijado

La operación de lijado del aparejo es muy importante, ya que sobre su superficie se depositará la capa de pintura de acabado, por lo que en el lijado de aparejo se debe considerar, por un lado, la necesidad de nivelar correctamente el panel, eliminando las pequeñas irregularidades que pudieran existir en su superficie, y por otro, la de realizar una degradación progresiva en el lijado que permita eliminar los surcos de los granos abrasivos más bastos por otros más finos que permitan la adhesión de la pintura de acabado, para resaltar todas sus cualidades en cuanto a la extensibilidad y brillo (Figura 5.6).

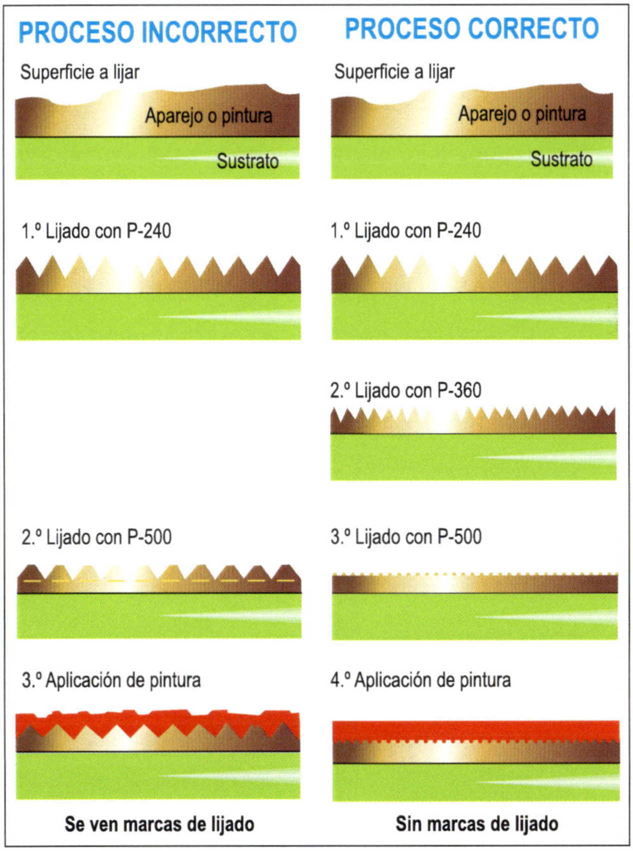


**Figura 5.6.** Procesos de lijado correctos e incorrectos.

## Limpieza y desengrasado

Antes de aplicar la pintura de acabado es necesaria una limpieza escrupulosa de la pieza para eliminar todo resto de suciedad.

## Aplicación de la pintura de acabado

Son las pinturas que se aplican especialmente para embellecer el vehículo, dándoles un aspecto estético definitivo de color, brillo, efecto y dureza. Aunque también tienen la misión de mejorar la protección de la carrocería por medio del sellado.

## Consideraciones sobre los procesos de pintado de productos de protección sobre piezas nuevas de acero

En algunas ocasiones las piezas nuevas pueden presentar pequeños desperfectos debido a diferentes causas: deficiente embalaje, incorrecto transporte o inadecuada manipulación.

En estos casos es necesario introducir algunas operaciones adicionales al proceso descrito anteriormente. Estas son en síntesis:

- Lijado de la pieza hasta dejar al descubierto la zona deteriorada (en un área ligeramente mayor).
- Aplicación de masilla de poliéster ligera que presenta una densidad especialmente baja y una gran sencillez para ser aplicada y lijada.
- Lijado de la masilla una vez seca con máquina roto-orbital y lijas P-150 y posteriormente P-240.

**Figura 5.7.** Masilla ligera.

## Pieza reparada o con daño superficial

El proceso completo es bastante similar al descrito para las piezas nuevas, por lo que solo se hará referencia a las diferencias más notables en el conjunto de operaciones.

- Planificación y preparación previa.
- Preparación de la pieza.
- Limpieza y desengrasado.
- Lijado
- Limpieza y desengrasado.
- Aplicación de la masilla.
- Secado.
- Lijado.
- Limpieza y desengrasado.
- Enmascarado.
- Aplicación de imprimación.
- Aplicación del aparejo.
- Secado.
- Lijado.
- Limpieza y desengrasado.
- Aplicación de pintura de acabado

### Planificación y preparación previa

### Preparación de la pieza

### Limpieza y desengrasado

### Lijado

Una vez limpia la pieza, se lija la superficie dañada comenzando con una lija de grano P-80, con la que se elimina la pintura dañada o cualquier resto de óxido.

Atención a la elección del método correcto para la eliminación del óxido.

Preparar un área que sobrepase de la zona de reparación entre 5 o 10 cm, con una lija de grano P-180 y máquina roto-orbital.

Uno de los objetivos del lijado en la preparación de la chapa, para la posterior aplicación de masillas, es asegurar su correcto agarre en las zonas de transición entre las superficies de pintura y las zonas de chapa desnuda mediante la eliminación de bruscos cambios de nivel que lo dificultarían (Figura 5.8).

El correcto lijado de bordes se detecta fácilmente por la sucesión de las capas de pintura que forman el contorno de la reparación.

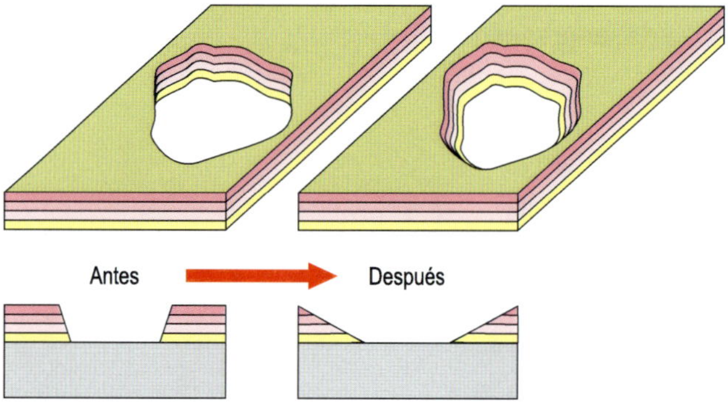


**Figura 5.8.** Lijado de bordes con un degradado correcto.

## Limpieza y desengrasado

## Aplicación de la masilla

El útil de aplicación es la espátula (Figura 5.9), esta debe ser elástica para que se adapte a los diferentes perfiles. Generalmente se fabrican de acero, plástico o goma.

A la hora de aplicar la masilla, tener presente ciertas recomendaciones, como:

- Asegurarse que la superficie sobre la que se aplica tenga una temperatura superior a los 5 °C, de lo contrario se aumentaría el tiempo de curado y afectaría negativamente a la adhesión de la mezcla.

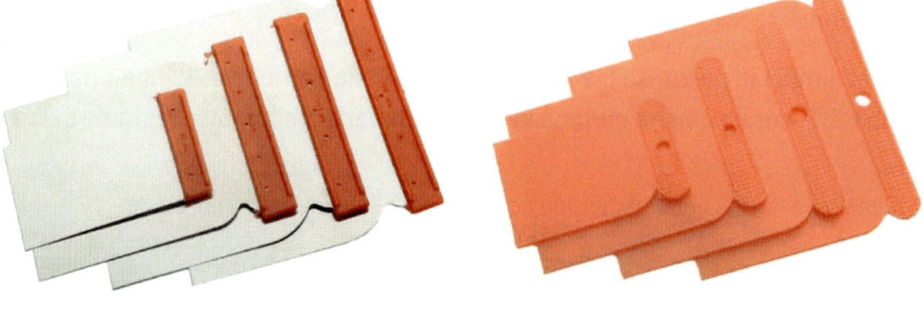

**Figura 5.9.** Juego de espátulas: de acero y de plástico.

- Es recomendable aplicar la masilla en dos o tres pasadas, así se evita la aparición posterior de burbujas de aire y pequeños agujeros. Especialmente en caso de rellenar deformaciones profundas es preferible la aplicación en varias capas con secado total.
- Es muy importante tener presente que sobre las chapas galvanizadas o con recubrimientos de cinc (Figura 5.10), hay que aplicar la masilla específica para estos materiales, ya que estos metales crean rápidamente una capa de óxido que dificulta la adhesión de la masilla. Como alternativa también se puede aplicar una masilla de poliéster sobre la superficie cincada empleando una imprimación epoxi o eliminando la capa de galvanizado como se muestra en los esquemas de la citada figura.

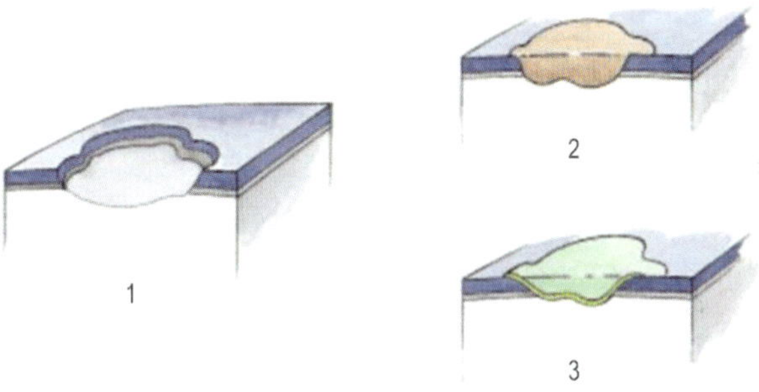


**Figura 5.10.** Aplicación de masilla en chapas cincadas. 1) Pieza reparada. 2) Aplicación de imprimación adherente. 3) Aplicación de masilla.

Aplicar la masilla de forma decidida y efectiva (Figura 5.11), controlando el tiempo de vida de la mezcla para evitar que comience su endurecimiento antes de terminar su aplicación (de 5 a 10 minutos), de lo contrario comienza a "rizarse".

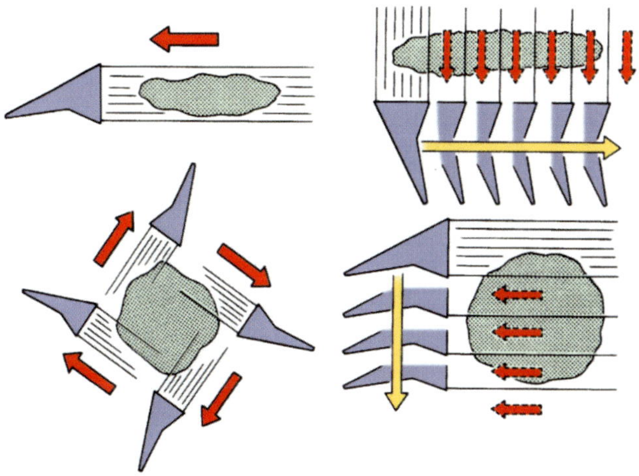

**Figura 5.11.** Dirección de aplicación en función de la dirección de la deformación.

## Secado

Debe realizarse entre 5 ºC y 30 ºC de temperatura, oscilando el tiempo de secado entre 30 y 45 minutos dependiendo del producto que se utilice, y de la temperatura ambiente. Cuando se trabaja a temperaturas bajas, se puede acelerar la velocidad de curado con infrarrojos, en este caso es conveniente que se trate de un sistema de onda media o larga siguiendo cuidadosamente las instrucciones del fabricante en cuanto a tiempo y distancia de exposición, acortando los tiempos de secado a 4 o 6 minutos. Antes de comenzar el lijado puede resultar necesario cerciorarse del secado de la masilla (Figura 5.12), arañando la superficie de esta para comprobar el secado definitivo y proceder al lijado.

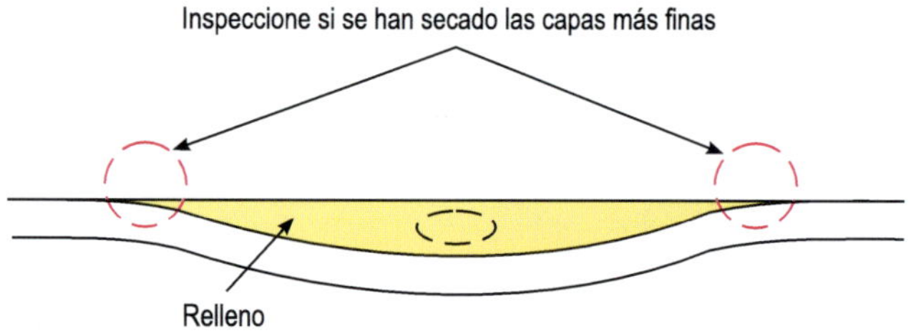


**Figura 5.12.** Zonas de control de secado.

## Lijado

El lijado debe realizarse en seco, ya que por la composición de estos productos la masilla atrapa la humedad con facilidad, lo que podría ocasionar problemas durante la fase de aparejado y pintado en forma de hervidos, además de favorecer la formación de óxido.

Por lo que se refiere a las herramientas de lijado, es preferible el uso de lijadoras vibratorias en zonas planas y de gran superficie y en zonas curvas las roto-orbitales. En superficies más irregulares es necesario el lijado a mano.

En el lijado de masillas, comenzar utilizando lijas de grano P-80 o P-100, con ello tratamos de realizar un desbaste rápido de material (Figura 5.13), procurando en todo momento que este lijado se adapte a la forma del panel que se desea reparar. Nunca apurando hasta enrasar con el panel la masilla aplicada; es necesario dejar una pequeña cantidad de masilla que será eliminada con un abrasivo más fino.

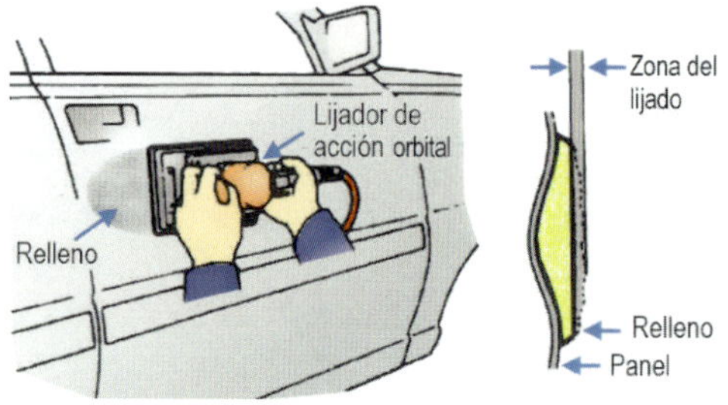


**Figura 5.13.** Lijado inicial P-80, P-100.

Seguir de una forma progresiva (Figura 5.14) con lijas de grano más pequeño hasta conseguir una superficie lisa (P-150 y P-180). Se trata de continuar el desbaste de material, pero a la vez eliminando los surcos ocasionados por los granos de las lijas P-80 y P-100.

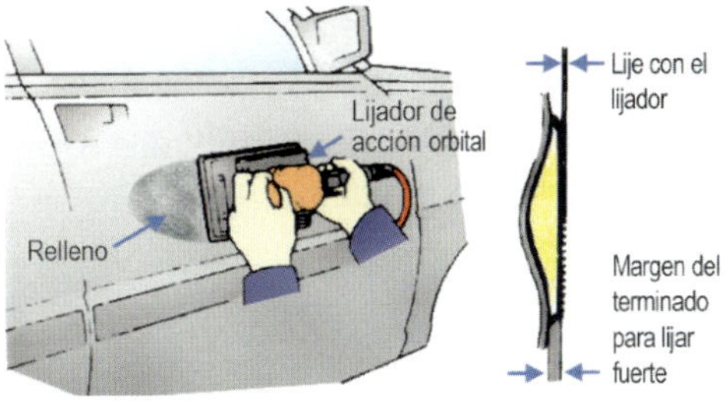


**Figura 5.14.** Lijado con P-150, P-180.

El siguiente paso continúa con la eliminación progresiva de material, pero con abrasivos de grano aún más fino (P-220, P-240) que eliminan los surcos ocasionados por las lijas de grano P-150, P-180, suavizando la superficie y dejándola lista para la aplicación de aparejos (Figura 5.15).

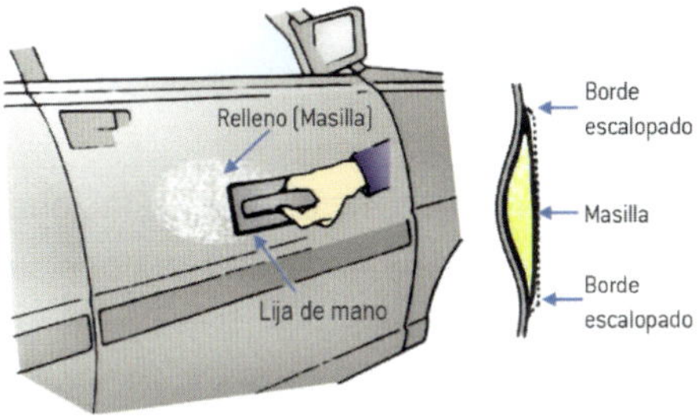


**Figura 5.15.** Preparación de bordes con P-220, P-240.

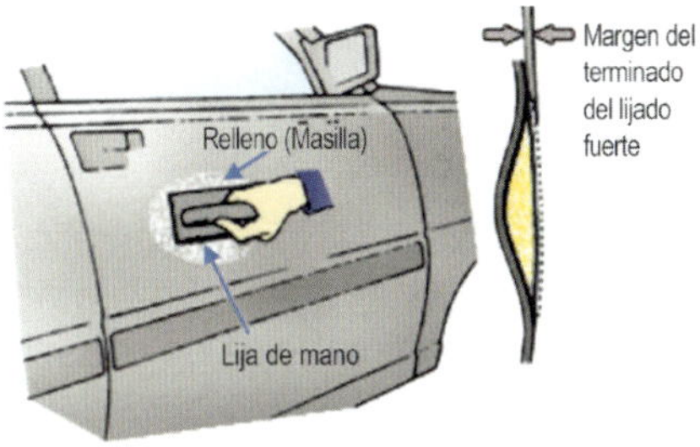


**Figura 5.16.** Lijado de afinado con P-320.

En el caso de pequeñas deformaciones o en áreas donde las lijadoras no se adapten a la superficie se puede realizar este proceso a mano, mientras que si las superficies son amplias es preferible trabajar a máquina.

No es necesario un acabado excesivamente fino en el lijado de masillas (Figura 5.16), más bien se trata de realizar un desbaste rápido y liso, ya que sobre ellas se aplicarán productos de preparación posteriores que pueden corregir pequeños defectos del lijado.

## Limpieza y desengrasado

Eliminar el polvo con aire comprimido, realizando posteriormente una buena limpieza y desengrasado.

## Enmascarado

Como consecuencia de la aplicación de cualquier tipo de pintura (en este caso aparejo), siempre se genera una niebla de la que es necesario proteger al resto del vehículo (Figura 5.17). Para evitar trabajos de limpieza posteriores a la aplicación por efecto del depósito de estas nieblas en el vehículo, es necesario enmascarar el área circundante a la zona a reparar, siempre que la pieza no se encuentre desmontada.

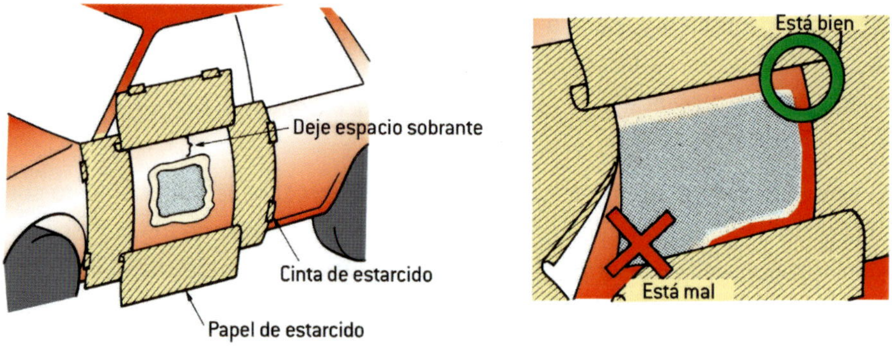


**Figura 5.17.** Forma correcta de enmascarado.

Siempre que se trate de limitar la pulverización a una parte de una pieza, la zona que deja descubierta el enmascarado deberá ser más amplia que la zona que se aparejará, se recomienda un espacio mínimo alrededor de unos 10 cm entre la zona en la que hay que aplicar el aparejo y la enmascarada (Figura 5.18). Esto tiene por finalidad que, al retirar el papel de enmascarar, no quede un escalón entre el aparejo y la pintura antigua en el desnivel creado por el producto del enmascarado, ya que este escalón es de difícil nivelación. Cuando el aparejo se aplique cerca de otra pieza, enmascarar la pieza siguiente sirviéndose de las separaciones entre piezas o los cambios de plano.

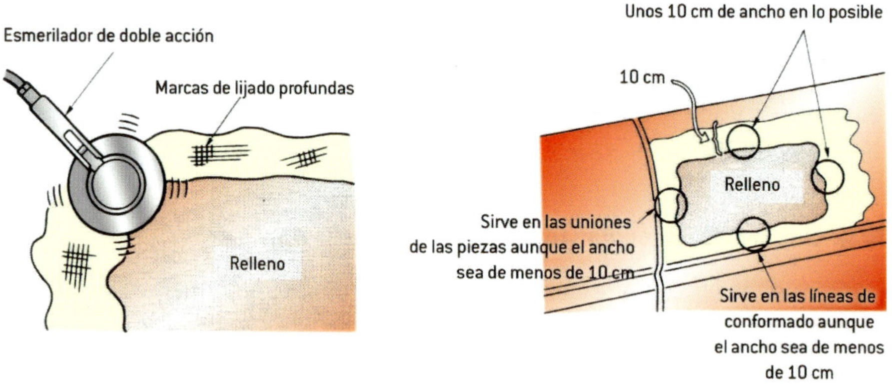


**Figura 5.18.** Áreas de aplicación.

## Aplicación de imprimación

## Aplicación del aparejo

Aplicar una cantidad de aparejo algo mayor en la zona enmasillada o imprimada, que son las que en definitiva lo necesitan (Figura 5.19 superior). Si los daños reparados están dispersos por toda la pieza a reparar (Figura 5.19 inferior), es aconsejable aplicar el aparejo sobre un paño completo.

**Figura 5.19.** Parte superior: Aparejo aplicado parcialmente. Parte inferior: Aparejo aplicado en la totalidad de la pieza.

La primera mano se extiende a lo largo de la zona reparada sobrepasando esta área de 5 a 10 cm en todo el contorno.

Para aplicar la segunda mano es muy importante respetar los tiempos de evaporación entre manos (Figura 5.20).

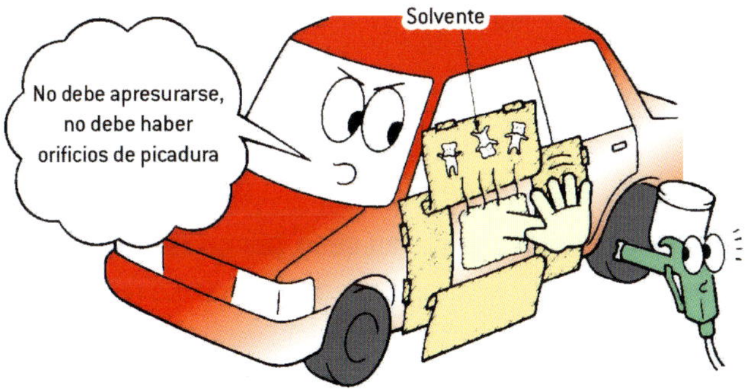


**Figura 5.20.** Dejar evaporar los diluyentes.

La siguiente capa debe aplicarse en un área inferior a la anterior aplicación (Figura 5.21), de tal manera que los pulverizados producidos en la primera aplicación no queden cubiertos por la segunda mano y en la fase de lijado posterior queden al descubierto, provocando rechupados cuando se aplique la pintura de acabado.

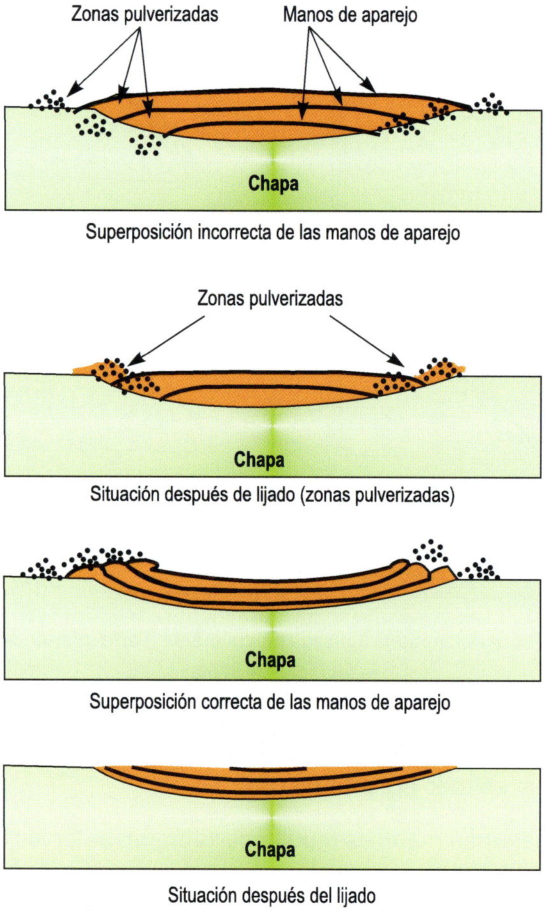


**Figura 5.21.** Ejemplo de superposición de capas (manos).

## Secado

## Lijado

Los fabricantes recomiendan el lijado en seco, por su rapidez, comodidad y gracias a los nuevos sistemas de aspiración más limpios. Es recomendable comenzar el lijado con una lijadora roto-orbital provista de soporte semirrígido (blando para superficies angulosas), y lija de grano P-320. Dejar los extremos y bordes para hacerlos al final y a mano, empleando almohadillas.

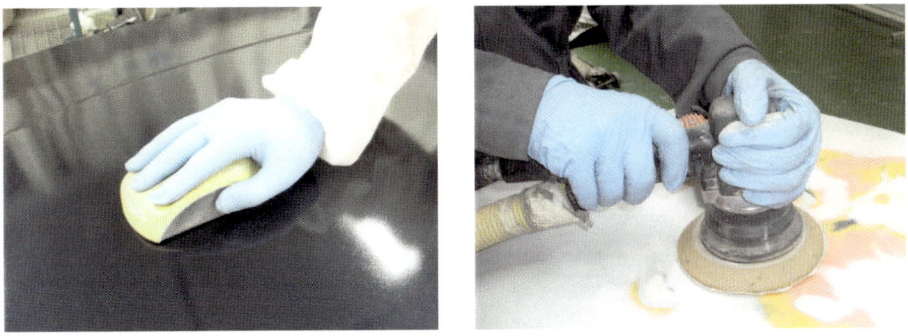

**Figura 5.22.** Lijado en seco del aparejo, manual con taco y a máquina.

Para lijar el aparejo es recomendable el uso de guías de lijado, son productos que colorean la superficie con un tono diferente que facilita la detección de zonas donde se marcan los pequeños huecos que aún no se han terminado de lijar. A medida que se pasa la lija por la superficie se produce un cambio de tono que indica si han desaparecido todos los puntos más oscuros, estos son los pequeños huecos donde aún queda la guía porque el lijado todavía no ha sido suficiente para alcanzar su fondo.

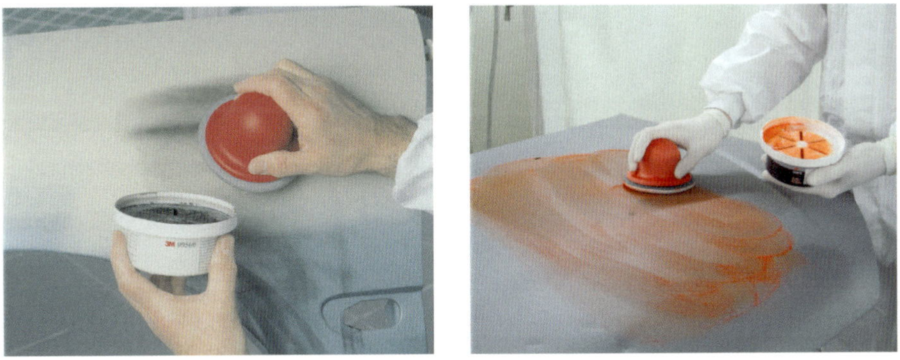

**Figura 5.23.** Guías de lijado convencionales. La diferencia de colores se usa para asegurar los contrastes con toda la gama de nuevos aparejos que van apareciendo y sus distintos colores.

Este lijado terminará cuando sobre la superficie no se detecten los pequeños puntos donde se vea localizada la guía de lijado.

Si con el método anterior o a simple vista aparece algún pequeño desperfecto que no se soluciona con el lijado, este puede ser solucionado con la aplicación de masilla de retoques sin necesidad de repetir las operaciones anteriores.

Cuando aparece alguna duda sobre la posibilidad de que queden pequeños desperfectos en la reparación, se puede emplear otro método capaz destacarlos y facilitar su localización, que consiste en proporcionar a la superficie brillo. Para ello se vienen empleando pinturas en base a celulosa preparadas especialmente en botes de aerosol. Normalmente, estas pinturas se eliminan antes de continuar con el lijado, limpiándolas con desengrasantes apropiados.

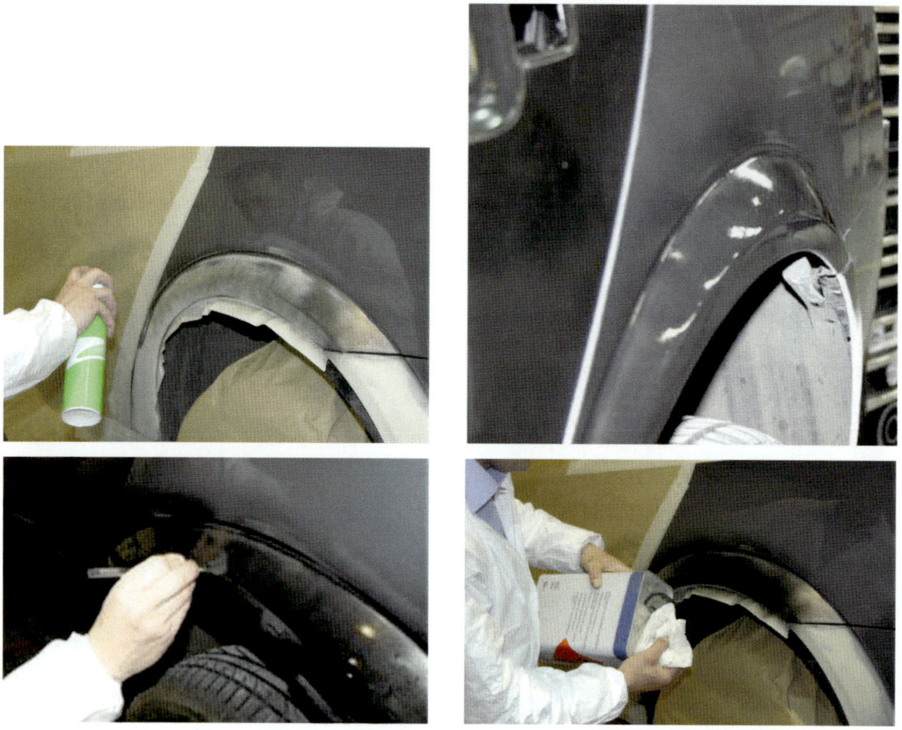

**Figura 5.24.** Aplicación de pinturas de base celulosa. Aspecto brillante que proporciona el producto. Marcado del defecto. Limpieza.

A continuación, es conveniente realizar el afinado general para el que se recomienda emplear lijas de grano P-400 para pinturas monocapa, P-500 para pinturas bicapa normales y hasta P-800 en pinturas de alto brillo. Sin olvidar el degradado correcto de las marcas de lijado cuando se cambia el grano de las lijas.

Finalmente, repasar los contornos y huecos a mano con las almohadillas finas para el desbaste inicial, seguidas de superfinas en pinturas normales y ultrafinas para pinturas de alto brillo.

## Limpieza y desengrasado

## Aplicación de pintura de acabado

En la siguiente tabla se indican de forma resumida las operaciones necesarias para el pintado de una pieza de acero.

**Tabla 5.1.** Pintado de piezas de acero

| Proceso | Operaciones | Productos empleados |
|---|---|---|
| Limpieza | Eliminación de residuos sólidos y desengrasado | 1. Agua con jabón<br>2. Agua limpia (aclarado)<br>3. Desengrasar con *sprit wipe* |
| Protección del soporte | Aplicar pintura especial anticorrosiva | Imprimación anticorrosiva |
| Adherencia o sellado de las pinturas | Aplicar el aparejo adecuado a la reparación | Aparejos de función específica |

## 5.2 PIEZAS DE MATERIALES NO FÉRRICOS

En este apartado se abordarán las particularidades de los procesos de pintado de piezas de aluminio por ser el material metálico no férrico de uso más extendido.

Comparativamente con las piezas de acero, las superficies de aluminio presentan las siguientes particularidades:

- **El agarre.** Para mejorar la baja adherencia que presenta por su tensión superficial se aplica una imprimación adherente de resina epoxi.
- **La protección.** El proceso de corrosión del aluminio se realiza de tal forma que, una vez que se oxida su capa superficial, crea una superficie muy lisa y hermética que impide que la corrosión continúe hacia el interior del material, quedando autoprotegido, por lo que no necesita imprimación anticorrosiva.

La baja capacidad de adherencia se produce al formarse sobre su superficie una película de óxido protector (alúmina). Para conseguir unos óptimos resultados en los procesos de aplicación de pinturas de fondo se suele recurrir a la utilización de masillas de poliéster y de imprimaciones anticorrosivas fosfatantes que se aplican sobre el aluminio una vez completado el lijado. En otras ocasiones se aplican imprimaciones epoxi sobre las superficies de aluminio antes del proceso de enmasillado.

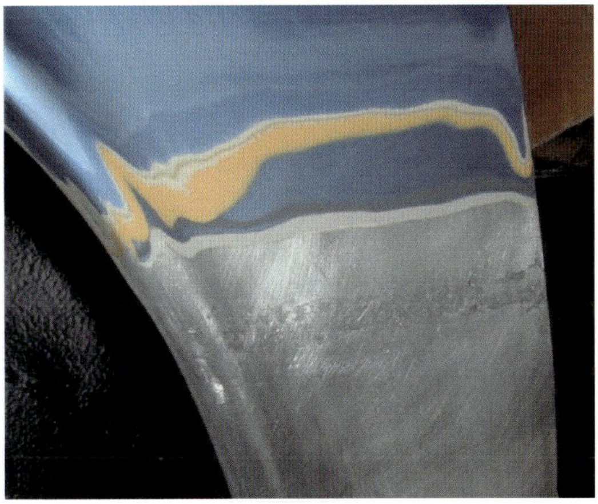

**Figura 5.25.** Reparación de pieza de aluminio.

## Pieza nueva

En las piezas nuevas de aluminio, el proceso de pintado de productos de protección de superficies es similar al de las piezas de acero, teniendo en cuenta que si la pieza se suministra sin tratamiento alguno, será conveniente aplicar una imprimación epoxi como base para el resto de productos que se emplearán con posterioridad.

## Pieza reparada o con daño superficial

Prácticamente no existe ninguna diferencia con los procesos similares sobre piezas de acero.

Como resumen, la siguiente tabla muestra las operaciones necesarias para el pintado de piezas metálicas, tanto separadas como con pequeños defectos.

**Tabla 5.2.** Resumen de operaciones básicas en el pintado de piezas metálicas

| PINTADO DE PIEZAS METÁLICAS (PINTURA DE FONDO) | | |
|---|---|---|
| **Panel reparado** | **Panel con pequeños daños** | **Productos empleados** |
| Lavar y desengrasar | Lavar y desengrasar | Desengrasar |
| Aplicar masilla de poliéster | | Comprobar el tipo de imprimación |
| Lijado en seco | Lijado al agua | Lijado al agua |
| Desengrasar | Desengrasar | Desengrasar |
| Imprimación corrosiva | | |
| Secado | | |
| Aparejo medios o altos sólidos | Aparejo normal | Aparejo normal |
| Secado | Secado | Secado |

## CUESTIONES

1. Enumera de forma secuencial las operaciones necesarias para realizar correctamente el proceso de pintado de una pieza nueva de acero con productos de protección de superficies.

2. El rango de temperatura óptima para la aplicación de un recubrimiento suele oscilar entre:
   - 4 y 25 ºC.
   - 4 y 40 ºC.
   - 20 y 35 ºC.
   - 15 y 32 ºC.

3. ¿Qué sucedería si la pintura se aplica por encima del rango de temperatura adecuado?

4. Debe evitarse realizar procesos de pintado cuando la humedad relativa sea superior al:
   - 85 %.
   - 50 %.
   - 60 %.
   - 100 %.

5. ¿Qué tipo de lijas se utilizan para el "mateado" de la capa de cataforesis?

6. ¿Es necesario aplicar una imprimación anticorrosiva si no se ha eliminado la capa de cataforesis (no hay zonas de chapa al desnudo)?

7. ¿Puede emplearse cualquier tipo de recipiente para la preparación de una imprimación anticorrosiva?

8. ¿Qué son los productos denominados "aparejos"?

9. Explica cuál es el objeto de la operación que se describe de forma gráfica en la siguiente figura:

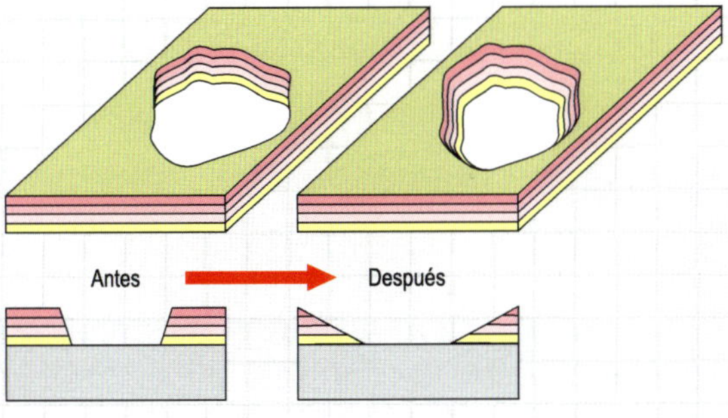

**10.** ¿Por qué resulta apropiado aplicar la masilla en dos o tres pasadas?

**11.** ¿Puede aplicarse masilla de poliéster sobre chapas galvanizadas o con recubrimientos de cinc?

**12.** En el siguiente ejemplo gráfico de superposición de capas (manos) de aparejo, relaciona cada uno de los gráficos con la definición correspondiente:

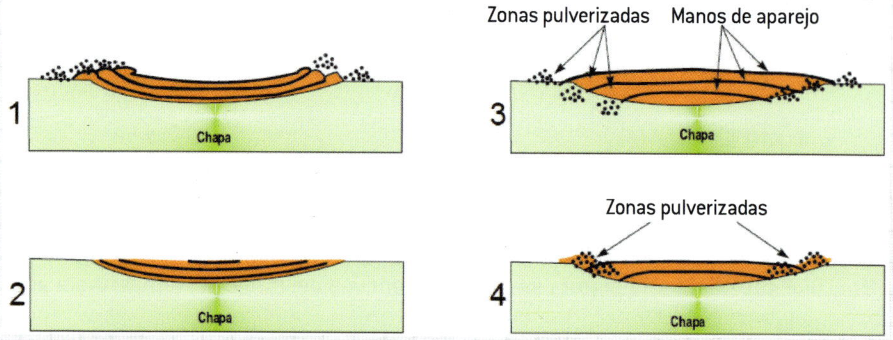


- Superposición incorrecta de capas de aparejo.
- Situación después del lijado (zonas pulverizadas).
- Superposición correcta de las manos de aparejo.
- Situación después del lijado.

**13.** ¿Qué son las guías de lijado que se suelen utilizar para lijar el aparejo?

**14.** ¿Qué otros métodos existen cuya finalidad sea similar a la utilización de las guías de lijado?

**15.** ¿Las piezas de aluminio necesitan la aplicación de imprimaciones anticorrosivas?